远洋吹填珊瑚砂岛礁机场建造关键技术

张晋勋　著

U0386854

科学出版社

北京

内 容 简 介

本书介绍了印度洋珊瑚砂的物理特性、强度力学特性、地基原位测试结果、大型航煤储罐地基柔性荷载板"加载—卸载—再加载"试验测试结果，分析了珊瑚砂的工程特性，系统研究了远洋岛礁吹填造陆、新吹填陆域护岸工程、吹填陆域机场跑道地基处理和机场跑道水泥稳定珊瑚砂砾应用等技术，建立了远洋吹填珊瑚砂岛礁机场建造关键技术体系。本书成果应用于"一带一路"倡议的重点项目——马尔代夫国际机场，首次在远洋珊瑚岛礁填海造陆、护岸，建造了3400m 4F级跑道系统，跑道3年工后沉降在2mm之内。马尔代夫国际机场为全球十多个海上国际机场中唯一的远洋海岛国际机场，树立了远洋珊瑚岛礁填海建设工程范本。

本书为从事岛礁工程的科研和工程建设、勘察设计、施工、工程管理的技术人员，相关专业的博士、硕士研究生和大学本科高年级学生提供工作、学习的参考。

图书在版编目（CIP）数据

远洋吹填珊瑚砂岛礁机场建造关键技术／张晋勋著 . —北京：科学出版社，2024.1

ISBN 978-7-03-076910-7

Ⅰ. ①远… Ⅱ. ①张… Ⅲ. ①珊瑚岛–砂土地基–吹填造地–地基处理–应用–机场–建筑工程 Ⅳ. ①TU248.6

中国国家版本馆 CIP 数据核字（2023）第 215991 号

责任编辑：韦　沁／责任校对：何艳萍
责任印制：肖　兴／封面设计：北京图阅盛世

科 学 出 版 社 出版
北京东黄城根北街 16 号
邮政编码：100717
http://www.sciencep.com
北京建宏印刷有限公司 印刷
科学出版社发行　各地新华书店经销

*

2024 年 1 月第 一 版　开本：787×1092　1/16
2024 年 1 月第一次印刷　印张：16
字数：380 000

定价：238.00 元
（如有印装质量问题，我社负责调换）

序　　一

全球粮食、资源、能源供应紧张与人口迅速增长的矛盾日益突出，开发利用海洋中丰富的资源，已是必然趋势。随着世界各国国防战略和岛礁旅游业开发的需要，越来越多的构筑物开始在岛礁和海上建设，规模也越来越大。20 世纪初，各国均开始了海底油气的开发，大量的石油平台开始修建，同时，许多国家因民用、工业及军事的需要，开始大面积采用珊瑚砂填海造陆。从 60 年代开始，在世界许多地区的海洋建设中都遇到珊瑚砂，由于当时对其特殊的物理力学性质缺乏了解，使工程在建设和使用过程中出现了一系列问题，继而引发了对珊瑚砂的力学特性和工程特性的相关研究，但是整体来说，珊瑚砂的工程数据大部分尚未公开，国内外与珊瑚砂相关的工程资料公开较少。

《远洋吹填珊瑚砂岛礁机场建造关键技术》针对远洋珊瑚砂吹填岛礁机场建造技术需求，研究形成了开敞式无围堰珊瑚砂岛礁吹填技术、远洋岛礁地貌条件下新吹填陆域护岸工程技术、机场跑道吹填珊瑚砂地基处理及变形控制技术、机场跑道水泥稳定珊瑚砂砾应用等关键技术，取得了五项技术创新。

（1）系统地研究了吹填珊瑚砂的工程物理特性；揭示了珊瑚砂填料吹填运移特性；提出了考虑颗粒破碎影响的珊瑚砂侧向土压力表达式，建立了珊瑚砂的本构模型。

（2）基于珊瑚砂的吹填运移特性及海洋环境水动力条件，提出了开敞式无围堰珊瑚砂吹填适用条件、吹填工艺和质量控制与环境保护措施。

（3）系统研究揭示了岛礁海域动力泥沙环境条件，分析了岛礁稳定性特点，确定了陡坡岛礁地形上斜坡式护岸结构稳定条件；揭示了板桩结构与珊瑚砂地基的相互作用规律及钢板桩桩身弯矩和侧向土压力分布模式。

（4）基于机场跑道地基受力特性和珊瑚砂的颗粒结构特点，开发了机场吹填珊瑚砂振动压实地基处理方法，确定了其施工参数和检测方法；首次提出了珊瑚砂蠕变沉降计算方法，形成了机场吹填珊瑚砂地基变形控制技术。

（5）研发了水泥稳定珊瑚砂砾、水泥稳定珊瑚砂碎石相关配合比及施工工艺，并首次大面积成功应用于机场跑道、联络道及机坪基层。

技术成果成功应用于马尔代夫维拉纳国际机场改扩建项目，生态环境监测表明工程建设对海洋环境没有不利影响，实现了远洋珊瑚砂吹填岛礁机场的高效建造，经济效益和社会效益显著。"一带一路"沿线也分布有大量的珊瑚砂岛礁，在保护生态环境的前提下，科学的珊瑚砂工程应用对于"一带一路"沿线的工程建设具有一定的积极意义。

中国工程院院士

2023 年 11 月

序　二

  在我国广袤的南海海域中，分布着东沙、西沙、中沙、南沙诸群岛，各群岛主要由大小不等的珊瑚岛、珊瑚礁盘等组成。研究在该区建设各种海洋工程的可行性，对于发展我国的国防和工农业生产，增强我国的综合国力有着十分重要的意义。中国科学院从"六五"计划开始，连续组织了多次南沙综合科学考察，对南沙海域的水文、气象、地质、地貌、生物等方面进行了详细的科学考察，取得了大量的研究成果。中国科学院武汉岩土力学研究所自"七五"计划开始，一直是科学考察队的主要成员单位之一。主要从事于该区岩土介质的工程地质特性研究，为该区海洋工程的建设提供设计参数和评价依据。本人从1982 年开始，亲历上述研究过程，对海洋土研究取得了一些成果和认识。我国南海岛礁工程建设技术资料没有对外公开，国内外目前也基本没有可以查询的珊瑚砂吹填和工程建设案例。

  《远洋吹填珊瑚砂岛礁机场建造关键技术》依托于马尔代夫维拉纳国际机场改扩建工程，通过深入研究工程建设场地及周边的水文、地质环境，对远洋岛礁无围堰开敞式珊瑚砂岛礁吹填技术、远洋岛礁地貌条件下新吹填陆域护岸工程技术、机场跑道吹填珊瑚砂地基处理及变形控制技术、机场跑道水泥稳定基层珊瑚砂砾应用技术等四项关键技术进行专题研究与应用，取得了较大的工程技术创新成果。项目成果应用后，工程质量良好，取得了不错的实施效果。

  珊瑚砂地质条件在世界范围内广泛分布，不仅在马尔代夫，在中国南海分布的众多岛礁也均是珊瑚砂岛礁。随着岛礁工程开发的需要，越来越多的机场、道路等逐渐在岛礁和海上建设，规模也越来越大，该书成果可以推广应用到国内及"一带一路"沿线有类似特征的建设项目中去。

汪稔

2023 年 11 月

前　　言

随着经济全球化的进一步发展和建设"21 世纪海上丝绸之路"战略构想的提出，促使我国和东盟等国家陆续提出沿海城市和离岸海岛港口、机场等大型交通基础设施建设规划。自第一座海上机场（日本长崎机场）建成以来，世界上陆续完成了十多座海上大型国际机场，全都是近海离岸型和大陆延伸半岛型，填海造陆材料多为砂石、泥土类。远洋海岛由于面积和跑道长度有限，一般不能满足起降大型民航客机的需要，这严重限制了航空交通运输规模和旅行舒适性。远洋海岛需用珊瑚砂等当地钙质土材料填海造陆方能建成大型机场跑道，目前国内外学者已对珊瑚砂等钙质土的工程性质开展了部分研究，但是远洋填海造陆尚未有公开技术报道。

本书在远洋岛礁吹填造陆、新吹填陆域护岸工程、吹填陆域机场跑道地基处理和机场跑道水泥稳定珊瑚砂砾应用技术等方面进行了创新研究，建立了远洋吹填珊瑚砂岛礁机场建造关键技术体系，取得 4 项创新成果。

（1）开发了远洋岛礁无围堰开敞式珊瑚砂吹填技术。提出了实现无围堰吹填的吹填材料工程特性与水文及水动力环境技术条件，建立了岛礁珊瑚砂无围堰吹填原理及其控制技术。

（2）建立了远洋岛礁地貌条件下新吹填陆域护岸工程技术。建立了远洋岛礁海域复杂地形潮流泥沙动力模型，揭示了其岸滩演变规律和稳定性；创立了多尺度波浪计算模型方法，探明了远洋岛礁复杂边界条件下波浪场分布特征；提出了陡坡岛礁地形上斜坡式护岸结构稳定动力机制和稳定条件，建立了远洋岛礁新吹填陆域斜坡式护岸设计方法；建立了基于珊瑚砂颗粒破碎规律的本构模型，首次提出了考虑颗粒破碎影响的珊瑚砂侧向土压力表达式；揭示了钢板桩桩身弯矩和侧向土压力分布模式，建立了远洋岛礁新吹填陆域板桩式护岸结构设计方法。

（3）创立了机场跑道吹填珊瑚砂地基处理及变形控制技术。开发了机场跑道吹填珊瑚砂地基处理的振动碾压方法，提出了机场跑道吹填珊瑚砂地基工后沉降计算方法和变形控制技术。

（4）开发了机场跑道水泥稳定珊瑚砂砾应用技术。开发了水泥稳定珊瑚砂砾基层配制及施工技术，首次将水泥稳定珊瑚砂砾应用于机场跑道工程。

综合印度洋珊瑚砂的物理特性、强度力学特性、地基原位测试结果、大型航空煤油储罐地基柔性荷载板"加载—卸载—再加载"试验测试结果，系统研究了珊瑚砂的工程特性，以期对海上丝绸之路沿线广泛分布的珊瑚礁岛区域的工程建设起到一定的实用参考价值。

远洋吹填珊瑚砂岛礁机场建造关键技术填补了该领域技术空白。成果应用于"一带一路"倡议的重点项目——马尔代夫国际机场，首次在远洋珊瑚岛礁填海造陆、护岸、建造了 3400m 4F 级跑道系统，节约成本 1.83 亿元，节省工期 262 天，跑道 3 年工后沉降在

2mm 之内，使马尔代夫维拉纳国际机场成为全球十多个海上国际机场中唯一的远洋海岛国际机场，树立了远洋珊瑚岛礁填海建设工程范本，预期在海上丝绸之路沿线珊瑚砂地质条件的国家和地区机场工程建设具有广泛的应用前景。

马尔代夫维拉纳国际机场改扩建工程实施之前，国内基本没有可以查询的珊瑚砂吹填工程案例，唯一已知的珊瑚砂吹填工程位于中国南沙群岛，其数据资料完全保密，国外相关工程建设实例也很少。为了攻克马尔代夫维拉纳国际机场改扩建工程中的填海工程、地基处理、护岸工程缺乏可供借鉴的工程实例和建造技术资料给项目实施带来的挑战，我作为工程设计–采购–施工（engineering-procurement-construction，EPC）建设总承包方北京城建集团技术负责人，识别了工程建设需要解决的科学和工程问题，联合国内知名科研院所、勘察、设计单位，建立了产–学–研–用科研攻关团队，确定了研究技术路线和研究计划，在课题团队协同配合研究下，于 2018 年 12 月圆满完成工程任务。课题参与人员包括北京城建集团有限责任公司李道松、杜峰、杨庆德、张雷、李秦，马尔代夫维拉纳国际机场改扩建工程项目部张凤林、张绍栋、李兴、窦硕、王广兴、杨旭、赵兴文、王五洲、柴婷婷、吴安黎、郭欣，南京水利科学研究院夏云峰、蔡正银、徐华、关云飞、曹永勇、王登婷，中国航空规划设计研究总院有限公司王勇传、王程亮，以及中航勘察设计研究院有限公司王笃礼、李建光、陈文博。

本书综合工程研究成果，参考大量专业文献编写而成，谨在此向课题研究人员和相关作者深表感谢。

由于作者水平有限，书中难免存在一些不足之处，欢迎批评指正。

2022 年 1 月于北京城建大厦

目　　录

第1章 绪 论

1.1 珊瑚砂岛礁工程建设现状与发展趋势

在热带-亚热带地区，海洋中分布着很多的珊瑚岛和珊瑚礁。这些岛礁是由成千上万的碳酸钙组成的珊瑚虫骨骼，在数千万年的生长过程中不断加厚、扩大形成的。在我国广袤的南海海域中，分布着东沙、西沙、中沙、南沙诸群岛，各群岛主要都由大小不等的珊瑚岛和珊瑚礁盘等组成，是我国富饶的海产品基地，蕴藏着丰富的石油、天然气及各种金属、非金属矿产，该区是亚洲地区通往世界各大洋的咽喉，也是我国海防的前沿阵地。

国际上，最早与珊瑚砂相关的工程建设是 1968 年伊朗的石油平台建设。此后，在澳大利亚、菲律宾、巴西等国的海洋石油平台建设过程中，珊瑚砂引起了一系列工程问题，并造成重大损失，这才引起了人们的关注，继而对珊瑚砂的力学特性和工程特性进行了研究。

学术界把珊瑚砂归类为钙质砂，钙质砂是分布于热带海洋中的一种特殊岩土介质，其成因和构组上的特点导致其物理力学性质与常规的陆源砂不同。钙质砂质脆，与石英砂比较起来，在较低应力水平下就会产生颗粒破碎。而海洋工程的建（构）筑物往往十分庞大，作为地基的钙质砂承受的应力水平很高，因此常伴有大量的颗粒破碎产生。实践证明，颗粒破碎是影响钙质砂力学性质的主要因素，因此对钙质砂在高应力水平下的颗粒破碎研究就显得十分重要。目前，国内对钙质砂的研究主要集中在低应力水平下的静、动力学性质上，对高应力水平下的工作开展甚少，而对颗粒破碎的研究则更不多见。1988 年，在澳大利亚珀斯（Perth）举行的钙质沉积物工程会议是国际钙质砂研究的高峰，但相关的工程建设实例仍然很少。

20 世纪初，各国均开始了海底油气的开发，大量的石油平台开始修建，同时，许多国家因民用、工业及军事的需要，开始大面积采用珊瑚砂填海造陆。随着经济全球化的进一步发展，世界各国在国防战略和岛礁旅游业开发需求越发显著，越来越多的构筑物开始在岛礁和海上建设，规模也越来越大。

我国珊瑚岛礁主要分布在南海海域，研究在该区建设各种海洋工程的可行性，对于发展我国的国防和工农业生产，增强综合国力有着十分重要的意义。中国科学院从"六五"规划开始，一直到"十三五"规划期间，连续组织了多次南沙综合科学考察，对南沙海域的水文、气象、地质、地貌、生物等方面进行了详细的科学考察，取得了大量的研究成果。但是目前，国内基本没有可以公开查询的珊瑚砂岛礁工程建设案例，我国南沙群岛工程技术数据资料也未见报道。

建设"21 世纪海上丝绸之路"战略构想提出之后，促使我国和东盟各国等陆续提出沿海城市和离岸海岛港口、机场等大型交通基础设施建设规划。自第一座海上机场——日本长崎机场建成以来，世界上陆续完成了十多座海上大型国际机场，全都是近海离岸型和大陆延伸半岛型两种，而且填海造陆材料多为砂石、泥土类。远洋海岛由于面积和跑道长度有限，一般不能满足起降大型民航客机的需要，这严重限制了航空交通运输规模和旅行舒适性，另外远洋海岛需用珊瑚砂等当地钙质土材料填海造陆方能建成大型机场跑道。

1.2　远洋珊瑚砂岛礁机场建造工程特点与面临难点

远洋珊瑚岛礁机场建设，需要解决远洋岛礁珊瑚砂吹填造陆、远洋岛礁地貌条件下新吹填陆域护岸、机场跑道吹填珊瑚砂地基处理及变形控制、应用珊瑚砂砾建造机场跑道基层等关键技术难题。

以马尔代夫国际机场改扩建工程为例，机场所在的瑚湖尔岛（Hulhulé）陆地面积极为有限，在南北向的长度方向上不能满足布置3400m跑道的需要，在东西向的宽度方向上不能满足布置新跑道及平行滑行道的间距要求。为解决机场岛的土地短缺问题，需要进行填海造地工程。新建飞行区总占地面积约为235hm^2，其中新填海面积约为75hm^2。根据马尔代夫当地条件，采用珊瑚砂作为填料进行陆域吹填，并采用直立板桩式或斜坡式块石护岸对吹填区域的边坡进行支护。对于跑道及联络道的建设区域，在场道工程施工前要做好地基处理，以便满足上部结构的地基承载力及变形要求。场道工程施工中，要尽可能采用珊瑚砂作为基层材料，以解决当地材料采购困难的问题。

综上，远洋珊瑚砂岛礁机场建造工程面临以下4项难题。

1. 远洋珊瑚砂岛礁吹填造陆工程技术难题

远洋岛礁的珊瑚砂、礁灰岩材质特殊，作为主要填海造陆材料的工程案例的公开科研和工程技术资料稀缺，对于工程实施中挖泥船的选取，吹填工艺等的选择等存在一定的影响。同时，填海造陆区域的海域缺少相关水文测验数据，吹填区域周边海洋环境和水动力环境认知较少，难以为吹填工程的设计及施工提供数据支撑。

2. 远洋珊瑚砂岛礁新吹填陆域护岸结构设计难题

远洋岛礁护岸区域一般岸坡陡峭，波浪破碎严重，且破波区域位于护岸外坡坡脚附近，护岸实施条件较为恶劣。目前，对岛礁地形上护岸工程相关成果鲜有报道，复杂岛礁海洋地貌条件下护岸工程的波浪、风、潮荷载作用研究较少，陡坡岛礁地形上护岸工程结构稳定和受力变形的关键设计参数不明确，难以为护岸工程设计提供支撑。

3. 远洋珊瑚砂岛礁新吹填陆域地基处理难题

远洋岛礁天然珊瑚砂一般为非均匀材料，具有物理力学性质差异较大、无法通过常规击实试验确定珊瑚砂的最大干密度、常规的压实度指标不可用于珊瑚砂地基检测、渗透系数较大、研究区域内地下水位受海水影响较为明显、拟建跑道道基位于地下水位波动范围以内、地下水位以下无法取得地基反应模量及加州承载比（California bearing ratio，CBR）检测指标等不利特性，如何选择技术合理、成本经济、满足上部结构稳定性和变形要求的地基处理方法成为一个不可避免的工程难题。

4. 远洋岛礁珊瑚砂工程应用难题

远洋岛礁工程建设原材料采购十分困难，如何就地取材、合理有效地利用岛礁地区丰富的珊瑚砂资源，在满足工程力学性能的前提下部分替代或者完全替代工程结构原材料，是一个经济效益潜力巨大的研究课题。

珊瑚砂主要由珊瑚礁岩分解而成，一般不太均匀、级配较差，颗粒含内孔隙，物理基本特点是疏松、多孔、高脆性、易破碎、压缩性较大，工程性质存在一定劣势。且受取砂深度及区域影响，物理性状变化较大，同时受海水冲刷影响，现场堆砂局部区域含泥量较大，亚甲蓝（methylene blue，MB）值变化明显，因此在使用前将淤泥、腐殖土等清除，从而控制其含泥量。

例如，选取马尔代夫机场岛礁新吹填珊瑚砂样品在国内进行检测（图1.1），珊瑚砂材质松散堆积密度较小，松散堆积密度空隙率偏大，不能满足《建设用砂》（GB/T 14684—2011）规定的检测指标。

1.3 远洋吹填珊瑚砂岛礁机场建造关键技术

北京城建集团有限责任公司牵头，联合水利部交通运输部国家能源局南京水利科学研究院、中航勘察设计研究院有限公司、中国航空规划设计研究总院有限公司等单位研究人员，成立了产-学-研-用结合的科研攻关团队，从2016年7月至2018年12月历时两年半，攻克了前文所述4项工程难题，在远洋岛礁吹填造陆、新吹填陆域护岸工程、吹填陆域机场跑道地基处理和机场跑道水泥稳定（水稳）珊瑚砂砾应用等方面取得了自主创新，形成了远洋吹填珊瑚砂岛礁机场建造关键技术体系。

研究成果应用于"一带一路"倡议的重点项目——马尔代夫维拉纳国际机场改扩建工程，首次在远洋珊瑚岛礁填海造陆、护岸、建造了3400m 4F级跑道系统，节约成本1.83亿元，节省工期262天，新建4F级机场跑道完工3年工后沉降在2mm之内，使马尔代夫维拉纳国际机场成为全球十多个海上国际机场中唯一的远洋海岛国际机场，树立了远洋珊瑚岛礁填海建设工程范本。项目成果在海上丝绸之路沿线珊瑚砂地质条件的国家和地区的机场工程建设中具有广泛的应用前景。

1.3.1 远洋岛礁无围堰开敞式珊瑚砂吹填技术

本书研究团队开发了岛礁珊瑚砂无围堰吹填技术，揭示了实现无围堰吹填的吹填材料工程特性与水文及水动力环境技术条件，建立了岛礁珊瑚砂无围堰吹填原理及其控制技术，减少了传统填海施工中先做临时围堰后吹填的施工步骤，质量可控、绿色环保、施工高效。

（1）首次提出了无围堰开敞式吹填技术条件，包括吹填材料特性和周边水文与水动力两项条件。

国 家 建 筑 工 程 质 量 监 督 检 验 中 心 检 验 报 告

TEST REPORT OF NATIONAL CENTER FOR QUALITY
SUPERVISION AND TEST OF BUILDING ENGINEERING

报告编号（No. of Report）：BETC-CL2-2016-02820   第 2 页 共 2 页（Page 2 of 2）

序号	检验项目	标准要求			检验结果	单项结论
		I 类	II 类	III 类		
1	MB 值	≤0.5	≤1.0	≤1.4	0.2	I 类
2	石粉含量（按质量计）/%	≤10.0			2.8	
3	表观密度，kg/m³	≥2500			2750	合格
4	松散堆积密度，kg/m³	≥1400			1220	不合格
5	松散堆积密度空隙率，%	≤44			56	不合格
6	吸水率，%	---			5.4	---
7	轻物质（按质量计）/%	≤1.0			0.3	合格
8	有机物	合格			合格	合格
9	硫化物及硫酸盐（按 SO₃ 质量计）/%	≤0.5			0.52	不合格
10	云母（按质量计）/%	≤1.0	≤2.0	≤2.0	0.0	I 类
11	氯化物（以氯离子质量计）/%	≤0.01	≤0.02	≤0.06	0.16	不合格
12	坚固性（质量损失）/%	≤8	≤8	≤10	5	I 类
13	碱集料反应	快速碱-硅酸反应	1) 当 14d 膨胀率小于 0.10% 时，可判定为无潜在碱-硅酸反应危害；2) 当 14d 膨胀率大于 0.20% 时，可判定为有潜在碱-硅酸反应危害；3) 当 14d 膨胀率在 0.10%~0.20% 时，不能最终判定有潜在碱-硅酸反应危害，需按砂浆长度法再进行试验判定。		0.02%	无潜在碱-硅酸反应危害

图 1.1 马尔代夫机场岛吹填用珊瑚砂检验报告

①珊瑚砂吹填运移特性满足无围堰开敞式吹填技术条件。通过室内试验，揭示了珊瑚砂的颗粒粒径和吹填水动力特性，珊瑚砂主要是由风化的海洋生物（珊瑚、海藻、贝壳）的碎块组成，其颗粒特性表现为棱角度高、形状不规则、表面粗糙、布满孔隙等；具有独特的单粒支撑结构，摩擦角大、休止角大、自然吹填放坡小；填料排水快、可成形好、变形易控制、含泥量低、吹填后变形小、承载力高，珊瑚砂材质非常适合无围堰吹填。

②珊瑚环礁内海波浪、潮流动力相对较弱，利于吹填堆积，其水文和水动力环境满足无围堰开敞式吹填技术条件。通过对工程马尔代夫机场岛的海洋地形地貌、潮流动力环境和工程现场波浪观测，建立了工程海域潮流泥沙数学模型，研究了工程区海域的流场分布特征及相关工程对周围海域水流及泥沙冲淤的影响。结果表明，潟湖侧海域海浪、潮流较小，对填海砂体冲刷较小，适合无围堰吹填，西北侧海域虽然海浪、潮流比潟湖侧大，但仍属于较小的波浪、潮流，采用无围堰填海整体流失量也较少；潟湖侧基本无泥沙冲淤，该项吹填工程建设不会引起周围泥沙冲淤环境的改变，对于周边环境影响较小，确保对周围生态环境的保护，避免对工程区周边珊瑚礁盘环境的破坏。

（2）首创了远洋岛礁无围堰开敞式珊瑚砂吹填及控制技术，形成了取砂区质量控制技术、吹填功效控制技术、吹填珊瑚砂损失控制技术、吹填地层初步找平碾压处理技术、吹填区沉降监控技术、漂浮物隔绝清理防止局部污染等无围堰开敞式珊瑚砂吹填的完整工艺技术体系。

1.3.2 远洋岛礁地貌条件下新吹填陆域护岸工程技术

本书研究团队建立了远洋岛礁地貌条件下新吹填陆域护岸工程技术，建立了远洋岛礁新吹填陆域斜坡式和板桩式护岸设计方法，攻克了远洋岛礁潮流波浪、地质条件复杂、新填陆域护岸技术空白等难题。

（1）建立了远洋岛礁海域复杂地形潮流泥沙动力模型，揭示了其岸滩演变规律和稳定性，构建了远洋岛礁海域潮流泥沙数学模型，分析探明了岛礁形成演化特征和岸滩总体稳定性。

（2）建立了远洋岛礁地貌条件下工程区设计波浪要素计算方法，创立了多尺度波浪计算模型方法，探明了远洋岛礁复杂边界条件下波浪场分布特征。波浪是关系到岛礁地形上的护岸工程设施安全最重要的动力因素。波浪在由外海向近岸的传播过程中，由于受到复杂地形、障碍物和水流等因素的影响，将发生浅化、折射、绕射、反射、底摩擦能量耗散以及破碎等一系列复杂现象。珊瑚岛礁作为一种特殊的海岸（洋）地貌形式，与常见的海岸类型不同，珊瑚岛礁地形具有礁前坡度大、礁坪平坦、水深变化剧烈等特点。采用三重嵌套网格技术，构建了不同范围尺度风浪模型，大范围风浪模型为次级范围的模型提供边界条件。通过现场波浪观测对模型进行验证，进而计算工程区设计波浪要素。

（3）建立了珊瑚砂的状态相关剪胀理论和本构模型，提出了考虑颗粒破碎影响的珊瑚砂侧向土压力表达式，为珊瑚砂地区板桩式护岸结构设计提供了理论基础。

（4）提出了陡坡岛礁地形上斜坡式护岸结构稳定动力机制和稳定条件，建立了远洋岛礁新吹填陆域斜坡式护岸设计方法。依据数值模拟推算得到的波浪要素，开展了斜坡式护岸的断面模型试验和局部整体模型试验，揭示了陡坡岛礁地形上斜坡式护岸结构稳定动力机制和稳定条件，形成了新吹填陆域斜坡式护岸设计方法。

（5）揭示了钢板桩桩身弯矩和侧向土压力分布模式，建立了远洋岛礁新吹填陆域板桩式护岸结构设计方法。通过室内试验、离心模型试验、数值模拟和现场监测综合试验，分析了板桩式护岸结构与土体相互作用以及整体稳定性，结果表明，主桩弯矩主要是在施工期产生，运行期主桩单宽弯矩基本趋于稳定。主桩上部海侧受拉、下部陆侧受拉，弯矩沿深度呈先变大后变小的"S形"分布，锚桩弯矩均为陆侧受拉。采用这种型式的钢板桩护岸结构与珊瑚砂相互作用合理，板桩两侧土体均未达到极限平衡状态，整体稳定性良好、结构内力处于合理区间。

1.3.3 机场跑道吹填珊瑚砂地基处理及变形控制技术

本书研究团队创立了机场跑道吹填珊瑚砂地基处理及变形控制技术。开发了机场跑道吹填珊瑚砂地基处理的振动碾压方法，提出了机场跑道吹填珊瑚砂地基工后沉降计算方法和变形控制技术。与采用传统振冲、强夯方式进行地基处理相比，极大降低了工程成本和施工工期。

（1）通过室内试验和原位测试，系统揭示了吹填珊瑚砂的颗粒结构和蠕变性质等岩土工程特性。

（2）开发了机场跑道吹填珊瑚砂地基处理的振动碾压方法，确定了施工工艺参数和检测方法。基于飞行区跑道地基受力特征及其性能要求，以及珊瑚砂的颗粒结构特点，分析了振动碾压、冲击碾压、振冲法和强夯法4种常用的地基处理方法的特点，开发了振动碾压地基处理方法，处理深度可达到5.6m。振动处理后地基各项指标均能满足机场跑道地基要求；动力触探可以用于振动碾压法地基处理深度检测；干密度可以用于振动碾压法地基处理质量检测。

（3）首次提出了珊瑚砂工后沉降计算方法，形成了机场跑道吹填珊瑚砂地基变形控制技术。

1.3.4 机场跑道水泥稳定基层珊瑚砂砾应用技术

本书研究团队开发了机场跑道水泥稳定珊瑚砂砾应用技术，提出了水泥稳定珊瑚砂砾基层配制及施工技术。首次将水泥稳定珊瑚砂砾应用于机场跑道工程，破解了远洋岛礁砂石匮乏、应用珊瑚砂砾的技术空白，具有极大的经济效益和应用前景。

（1）开发了机场跑道水泥稳定珊瑚砂砾应用技术。普通的水泥稳定碎石基层是以级配碎石作骨料，采用一定数量的胶凝材料和足够的灰浆体积填充骨料的空隙，按嵌挤原理摊铺压实，使其压实度接近于密实度，强度则主要靠碎石间的嵌挤锁结原理，同时用足够的灰浆体积来填充骨料的空隙，因而其初期强度较高，且强度随龄期的增长很快结成板体，使其具有较高的强度、抗渗性和抗冻性。采用珊瑚砂石配制水稳层则是依据上述原理，以大于5mm的珊瑚礁石定为碎石，小于5mm的珊瑚礁砂定为细土，通过合理搭配珊瑚砂石的比例提高嵌挤锁结强度，再通过水泥的胶结稳定作用使得珊瑚砂石水稳层具有较好的浸水稳定性、抗裂性及较高的无侧限抗压强度。

（2）提出了水泥稳定珊瑚砂基层配制及施工技术，建立了包括拌合、摊铺、碾压和养生的完整水泥稳定珊瑚砂基层工艺控制重点，形成了标准工艺工法。

1.4　马尔代夫维拉纳国际机场改扩建工程

马尔代夫位于印度洋中北部，其东、北和西分别由爪哇岛至安达曼群岛、南亚大陆和非洲大陆为边界。马尔代夫维拉纳国际机场是马尔代夫唯一的国际机场，位于马尔代夫首都马累（Malé）东北部 2km 的珊湖尔岛，并通过陆路与胡鲁马累岛（Hulhumalé）连接，距离最近大陆约 500km。机场现有基础设施已趋于饱和，无法满足航空业务量快速增长的需要，严重影响马尔代夫经济社会的发展，机场规模急需扩建。

马尔代夫维拉纳国际机场改扩建工程建设内容包括：填海护岸工程；新建 1 条 3400m×60m 的 4F 级跑道，现状跑道调整为 F 类滑行道；新建 8 条垂直联络道、7 条机坪进出口滑行道；新建东机坪，改造及扩建西机坪；新建导航台站、灯光变电站、围界、巡场路、隔离机位等辅助设施。该工程由北京城建集团有限责任公司 EPC 总承包建设。

马尔代夫维拉纳国际机场改扩建工程于 2014 年 9 月由中马两国领导人见证签约，是"一带一路"倡议标志性项目，拥有世界上在远洋珊瑚岛礁填海造陆建设的第一条可起降 A380-800 级大型民航客机 4F 级跑道，对马尔代夫国家经济发展和我国在印度洋区域的市场拓展都具有重大意义。

第2章　远洋珊瑚岛礁岸滩演变及波浪作用

2.1　研究背景

2.1.1　工程背景和意义

吹填岛礁相关工程如护堤、码头、吹填陆域等工程区的稳定性，首先取决于岛礁岸滩区域的自然稳定性，以及相关工程实施后的动力泥沙环境影响和地形冲淤调整，为此需要开展珊瑚岛礁海岸冲淤特征及其演变分析，为工程可行性研究和相关设计、评价提供基础依据。

吹填岛礁护岸工程水域受到的动波浪作用是海洋岛礁护岸工程独特的重要荷载，故需要建立波浪传播分析方法和模型，研究工程区海域典型方向的波浪场分布，提供护岸前特征点位置的设计波浪作用。

2.1.2　国内外研究现状

岸滩演变及波浪作用分析属于海岸动力学的学科范畴，海岸动力学的任务就是要研究自然动力因素，主要是波浪、潮汐、潮流等，对于海岸与海岸建筑物的作用。海岸动力学对于利用与开发海岸带、保护海岸是必不可少的。海岸动力学研究内容以海洋水文学、流体动力学、河流动力学和高等数学为基础，与海洋学、地貌学及计算科学等也有密切关系。

20世纪后半叶，海岸动力学在理论和实践上取得了巨大的进展。但从微观上而言，上述的动力因素的许多方面尚不能确切地加以描述，特别是近岸地带波浪与水流受到地形与建筑影响而更加复杂化。从宏观方面而言，海岸地区的泥沙运动以及岸滩演变在时间及空间上的跨度都很大，给研究工作带来很大困难。因此，这门科学远未成熟，尚有许多重要问题还没有获得满意的解答，多数问题的解决仍停留在定性阶段。直至现在，我们还不能完全解决与海岸泥沙运动、岸滩演变有关的工程问题，如要确切地定量计算海港、航道的泥沙冲淤就有着一定的困难。

珊瑚岛是指由珊瑚礁生物碎屑、砂砾等构成，发育在珊瑚礁礁坪且略高于海平面的堆积体，又称灰沙岛。珊瑚岛在大洋中广泛分布。珊瑚岛一般面积较小且相对低矮，通常仅高出海平面 3~5m，故受人类活动和环境变化的影响极为明显。特别是近年来，全球气候变化引起海平面上升，台风的强度和频率不断增强，一些海拔较低的珊瑚岛面临可能被侵蚀、被淹没的威胁，珊瑚岛的动态演变及其稳定性已成为当前国际珊瑚礁研究的热点。

珊瑚礁海岸水动力学是一个涉及生态、环境、地质和工程学的交叉学科，开始于20

世纪 40 年代，近几十年来一直备受国外学者们的关注。国内在该领域的研究起步较晚，2013 年来，随着中国南海珊瑚岛礁开发步伐的加快，与波浪作用相关的珊瑚礁海岸水动力学研究迅速成为一个前沿和热点问题。随着南海开发的稳步推进，中国在南海远海珊瑚岛礁周围进行填礁造陆的工程活动日益增多，建设了诸如机场、码头、灯塔、通信和气象等相关设施。在远海复杂的海洋动力环境下，这些工程建设的安全性问题日益受到学者们的关注。

2.1.3 本章内容

本章主要阐述珊瑚岛礁海岸冲淤特征及其演变分析方法，建立了珊瑚岛礁波浪作用分析方法；进行了马尔代夫维拉纳国际机场改扩建工程海岸冲淤特征及其演变分析、设计波浪作用要素分析和实测标定、吹填珊瑚岛礁工程稳定性评价、护岸工程波浪荷载设计输入分析。

2.2 远洋岛礁岸滩演变分析方法

在波浪和水流作用下，海岸泥沙的运动必然会引起岸滩的冲淤演变，这对于海岸带资源的开发和海岸工程的建设有重要的现实意义。一般来说，岸滩有两种时间尺度明显不同的变形：一种为长期演变，表现为海岸线长期后退或前进，历时可达数年、数十年乃至百年以上；另一种为短期演变或季节性演变，海滩剖面随季节性风浪大小而作节律性变动，这两种岸滩演变分别由泥沙横向运动和纵向运动所引起。真实的岸滩演变是在海洋动力因素作用下的三维地形变化，短期变化往往是叠加在长期变化之上的，问题非常复杂。为了简化问题，常把泥沙纵向运动引起的长期演变和横向运动引起的短期演变分开来进行研究。

在进行一项港口工程或海岸防护工程之前，往往需要全面查清工程所在海岸的岸滩变形规律，即天然条件下的泥沙运动情况及海岸的冲淤情况。在大多数情况下，还要对工程建设对岸滩演变的影响趋势做出预测，以确定工程项目的可行性和设计的合理性。对岸滩演变规律的估计可以分为两类，一类是定性的，另一类是定量的。定性估计主要是根据泥沙来源调查或以往的岸滩变形规律对未来一段时间内的岸滩演变做出初步估计；定量估计则主要是根据物理模拟或数值模拟方法来揭示岸滩的演变规律。

针对远洋珊瑚岛礁，首先要分析其海岸发育背景。珊瑚岛礁是在接近海面处由珊瑚礁形成的碳酸钙沉积物在礁平台上或大洋中脊环礁上在波浪和水流作用下堆积而成的岛屿。根据同位素测年，大多数珊瑚礁岛都是在全新世中期至晚期以来形成的，这一过程与冰后期海侵过程和之后的海平面相对稳定相对应。因此，海平面是珊瑚礁岛形成和变化的控制性因素。诸多已有的研究认为，海平面附近珊瑚礁的发育是珊瑚礁岛形成的先决条件，这种基本理论已在印度洋和太平洋上诸多岛礁中得到证实，认为珊瑚礁岛对海平面控制下的礁盘水深变化非常敏感。

然后，应分析海岸动力环境特征因素特征，包括潮汐、水流、风、波浪、泥沙等特性，并对岸滩变形趋势做出定性估计。常用方法主要有两种，其一是由鲍恩和英曼提出的海滩泥沙进出量平衡计算；其二是根据历史地形测量数据进行估计。

在岸滩演变研究中，特别是对于一些重大工程项目的建设，为了可靠和安全起见，常广泛采用物理模型试验方法来预测工程建设后可能发生的岸滩变形和港口冲淤问题。海岸带的泥沙常常是在波浪和水流共同作用下运动的，相比之下，波浪的作用比水流更强。所以在沿岸输沙和岸滩变形问题的研究中，波浪往往占有主导地位。波浪不仅能将床面泥沙掀起，而且波生流本身还具有一定的输沙能力，在破波带内更是如此。因此，岸滩变形物理模型试验首先应该满足波浪运动的相似性，即满足波浪浅水变形折射绕射波浪破碎、波速、水质点运动速度等各方面的相似。另外，岸线的长期变形主要是由沿岸流作用引起的沿岸输沙造成的，因此，在研究岸滩长期变形时，模型还应实现沿岸流运动的相似性、泥沙起动的相似性、破碎波掀沙的相似性及沿岸流输沙的相似性。要同时实现上述众多的相似是很困难的，目前还找不到一种相似准则能够同时满足上述所有相似性要求。

在物理模型试验中，岸滩的演变可以根据工程设计方案，利用海岸和建筑物的比尺模型在一定的控制条件下进行研究。然而正如前面所述，岸滩演变的模型试验涉及比尺效应，存在动床模型相似性难以建立的问题。此外，模型试验需要有昂贵的设备，耗费较多的人力和较长的时间。随着计算机技术高速发展和数值模拟方法研究不断取得进展，数值模型在很多方面有逐渐取代传统物理模型的趋势。工程上，广泛采用物理模型或物理模型与数值模型相结合的方法来预测工程建设后可能发生的岸滩变形和港口冲淤问题。

2.3　远洋岛礁波浪作用分析方法

本书相关研究采用非结构性网格的 SWAN 海浪模型，依据不同方向的重现期设计风速进行大范围水域波浪场数值模拟，得出护岸工程控制点位置的设计波浪要素。

2.3.1　风浪数学模型

风浪数学模型建立依据的基本方程和原理如下。

基于波作用能量平衡方程为

$$\frac{\partial}{\partial t}N + \frac{\partial}{\partial x}C_x N + \frac{\partial}{\partial y}C_y N + \frac{\partial}{\partial \sigma}C_\sigma N + \frac{\partial}{\partial \theta}C_\theta N = \frac{S}{\sigma} \qquad (2.1)$$

式中，N 为动谱能量密度；σ 为相对波浪频率（当坐标系随水流运动时观测到的频率）；θ 为波向；C_x、C_y 为波浪沿 x、y 方向传播的速度；C_σ、C_θ 为波浪在 σ、θ 坐标下的传播速度；S 为源汇项，可表示为

$$S = S_{in} + S_{nl} + S_{ds} + S_{bot} + S_{surf} \qquad (2.2)$$

式中，S_{in} 为风能输入项；S_{nl} 为非线性波-波相互作用的能量传输；S_{ds} 为波浪白帽损耗造成的能量损失；S_{bot} 为波浪底部摩阻造成的能量损失；S_{surf} 为波浪破碎造成的能量损失。

1. 风能输入项

研究表明，风浪的成长率由波龄决定。这是因为海洋表面的空气拖曳力在风浪的生成中起着重要作用。风能输入项（S_{in}）可以采用如下形式表示：

$$S_{in}(f,\theta) = \max(\alpha, \gamma E(f,\theta)) \qquad (2.3)$$

式中，α 为线性增长率；γ 为非线性增长率；E 为波能；f 为频率；θ 为波向。

非线性增长率（γ）可如下表示：

$$\begin{cases} \gamma = \left(\dfrac{\rho_a}{\rho_w}\right)\left(\dfrac{1.2}{\kappa^2}\mu \ln^4\mu\right)\sigma\left[\left(\dfrac{\mu_*}{c}+z_\alpha\right)\cos(\theta-\theta_w)\right], & \mu \leqslant 1 \\ \gamma = 0, & \mu > 1 \end{cases} \tag{2.4}$$

式中，ρ_a 为空气密度；ρ_w 为水体密度；κ 为卡门常数，$\kappa=0.41$；σ 为相对角度；μ_* 为风摩阻速度；c 为波速，θ、θ_w 分别为波向和风向；μ 为无量纲临界高度，如下表示：

$$\mu = kz_0\exp(\kappa/x) \tag{2.5}$$

$$x = \left(\frac{\mu_*}{c}+z_\alpha\right)\cos(\theta-\theta_w) \tag{2.6}$$

$$z_\alpha = 0.011 \tag{2.7}$$

k 为波数；z_0 为摩阻长度。

线性增长率（α）可如下表示：

$$\begin{cases} \alpha = \dfrac{c}{g^2 2\pi}\left\{-\left[\mu_*\cos(\theta-\theta_w)^4\right]\right\}\exp\left(-\left(\dfrac{\sigma}{\sigma_{PM}}\right)^{-4}\right), & \cos(\theta-\theta_w) > 0 \\ \alpha = 0, & \cos(\theta-\theta_w) \leqslant 0 \end{cases} \tag{2.8}$$

式中，$c=1.5\times10^{-5}$；g 为重力加速度；σ_{PM} 为谱峰频率，可表示为

$$\sigma_{PM} = \frac{0.13g}{28\mu_*} \tag{2.9}$$

拖曳系数（C_D）可表示为

$$\begin{cases} C_D = 1.2875\cdot10^{-3}, & U_w < 7.5\text{m/s} \\ C_D = 0.8\cdot10^{-3}+6.5\cdot10^{-5}U_w, & U_w \geqslant 7.5\text{m/s} \end{cases} \tag{2.10}$$

式中，U_w 为10m 高度风速。

2. 非线性波–波相互作用项

四波相互作用项按照 Hasselmann 等所提出离散相互作用近似（discrete interaction approximation，DIA）量化考虑非线性波–波相互作用的能量传输（S_{nl}）。DIA 经发展以后，广泛采用于第三代波浪模型中间。

三波相互作用在浅水条件时显得十分重要，因为它会导致能量在各个频率之间发生穿越传递。模型采用由 Eldeberky 和 Battjes 给出的简化方法考虑三波相互作用。

3. 白帽损耗项

假设白帽损耗的动力学诱因是由于压力引起的能量损失，波浪白帽损耗造成的能量损失可表示为

$$S_{ds} = -\omega E \tag{2.11}$$

可以进一步表示为

$$S_{ds}(f,\theta) = -C_{ds}\left(\frac{\tilde{\alpha}}{\tilde{\alpha}_{PM}}\right)^m\left[(1-\delta)\frac{k}{\bar{k}}+\delta\left(\frac{k}{\bar{k}}\right)^2\right]\bar{\sigma}E(f,\theta) \tag{2.12}$$

式中，$\tilde{\alpha}$ 为全局谱陡，如下表示：

$$\tilde{\alpha} = \bar{k}\sqrt{E_{tot}} \tag{2.13}$$

E_{tot} 为波能谱总波能；$\tilde{\alpha}_{PM}$ 为 PM 谱波陡；在 WAM Cycle 4 中，常数 $C_{ds} = 4.1 \times 10^{-5}$，$\delta = 0.5$，$m = 4$；$\bar{\sigma}$ 为平均相对角频；k 为波数；$\bar{k}$ 为平均波数。

4. 底部摩阻损耗项

因波浪底部摩阻造成的能量损失可由下式表示

$$S_{bot}(f,\theta) = -\left(C_f + f_c(\bar{u}\cdot\bar{k})/k\right)\frac{k}{\sinh(2kd)}E(f,\theta) \tag{2.14}$$

式中，C_f 为摩阻系数；k 为波数；$\bar{k}$ 为平均波数；d 为水深；f_c 为水流摩阻系数；$\bar{u}$ 为平均流速。C_f 范围介于 $0.001 \sim 0.1$m/s，具体取值需根据底床条件及水流条件综合考虑，默认取值为 0.0077m/s。同时，C_f 可做如下定义：

$$C_f = f_w u_b \tag{2.15}$$

式中，f_w 为恒定摩擦因子；u_b 为波浪圆周质点速度均方差，由下式给出：

$$u_b = \left[2\int_{f_1}^{f_{max}}\int_\theta \frac{\bar{\sigma}^2}{\sinh^2(k_n)}E(f,\theta)\,\mathrm{d}\theta\mathrm{d}f\right]^{1/2} \tag{2.16}$$

其中，参数尼古拉斯粗糙高度（k_n）用以描述当地地理性质糙率，由此摩擦因子可进一步表示为

$$\begin{cases}f_w = e^{-5.977+5.213(a_b/k_n)^{-0.194}}, & a_b/k_n \geqslant 2.016389 \\ f_w = 0.24, & a_b/k_n < 2.016389\end{cases} \tag{2.17}$$

式中，a_b 为波浪底部质点圆周位移，可表示为

$$a_b = \left[2\int_{f_1}^{f_{max}}\int_\theta \frac{1}{\sinh^2(k_n)}E(f,\theta)\,\mathrm{d}\theta\mathrm{d}f\right]^{1/2} \tag{2.18}$$

其中，k_n 的默认值为 0.04m，根据以往经验取值，k_n 取值范围为 $0.01 \sim 0.04$m。

5. 波浪破碎损耗项

浅水地区波浪破碎造成的能量损失可表示为

$$S_{surf}(f,\theta) = -\frac{2\alpha_{BJ}Q_b\bar{f}}{X}E(f,\theta) \tag{2.19}$$

式中，α_{BJ} 为率定常数，用以衡量波浪破碎率；Q_b 为波浪破碎部分；$\bar{f}$ 为平均频率；X 为以当前随机波总波能与最大允许传播波高波能的比率，如下式定义：

$$X = \frac{E_{tot}}{(H_{max}^2/8)} = \left(\frac{H_{rms}}{H_{max}}\right)^2 \tag{2.20}$$

式中，E_{tot} 为总波能；H_{rms} 为均方根波高；H_{max} 为最大波高，在浅水中，最大波高往往受到当地水深的影响，因此可以用相对波高（γ）指标来判断波浪破碎与否，γ 取值为 $0.5 \sim 1.0$，且受到岸滩边坡大小和波要素的影响，γ 为当地波数（k）和水深（d）的函数：

$$\gamma = 0.76kd + 0.29 \tag{2.21}$$

式（2.21）在起伏地形和平坦地形上均有良好的应用。

根据瑞利分布，Q_b 可由下式决定：

$$\frac{Q_b - 1}{\ln Q_b} = X = \left(\frac{H_{rms}}{H_{max}}\right)^2 \tag{2.22}$$

式（2.22）可采用 Newton-RapHson 迭代方法求解，其非线性迭代的初值可由下列显式近似给出：

$$\begin{cases} Q_b = (1 + 2x^2)\exp(-1/x), x < 0.5 \\ Q_b = 1 - (2.04z)(1 - 0.44z), z = 1 - x, 0.5 \leqslant x < 1 \\ Q_b = 1, x \geqslant 1 \end{cases} \tag{2.23}$$

6. 绕射

模型中采用联合折绕射近似来考虑波浪的绕射，该方法在忽略相位信息的前提下，基于缓坡方程来考虑波浪的绕射和折射。在考虑绕射时，模型中波数（k）可以表示为

$$k^2 = \kappa^2(1 + \delta_a) \tag{2.24}$$

式中，κ 为线性波理论决定的分离参数；δ_a 为绕射参数，由下式决定：

$$\delta_a = \frac{\nabla \cdot (cc_g \nabla a)}{\kappa^2 cc_g a} \tag{2.25}$$

其中，c 和 c_g 为未考虑绕射作用下的波浪相位速度和波群速度；a 为波幅。

7. 定解条件

1）边界条件

数学模型通常使用开边界（水边）和闭边界（岸边）两种边界条件。对于开边界，采用涌浪边界：

$$\zeta|_b = \zeta(x, y, t) \tag{2.26}$$

进行控制。对于闭边界则根据不可入原理，取波浪边界为 0，即

$$\zeta|_b = 0 \tag{2.27}$$

实际模型计算中，采用无反射透浪边界。

2）初始条件

计算开始时，整个计算区域内各点的波作用量就是计算的初始条件，即

$$\zeta(x, y, t_0) = \zeta_0(x, y) \tag{2.28}$$

2.3.2　多尺度风浪模型计算方法

基于上述非结构性网格的 SWAN 风浪模型，依据多年的风场数据，可以进行波浪场模拟。构建不同尺度范围的风浪模型，大范围风浪模型涵盖整个大洋海域，风浪模型采用透浪边界条件，以 CCMP（Cross-Calibrated Multi-Platform）风场作为主要波浪驱动力，用于研究季风带生成风浪对于工程区域波浪场的影响，计算大范围大洋海域波浪场情况，为小范围风浪模型提供波浪边界条件。小范围风浪模型覆盖工程周边海域，采用大范围模型提供的风、涌浪混合边界条件，辅以 CCMP 风场驱动波浪，主要用于计算工程区波浪受近岸地形影响发生的波浪变形。大范围和小范围风浪模型之间，可视计算精度要求设置一个或多个中间范围

风浪模型，如图2.1所示。

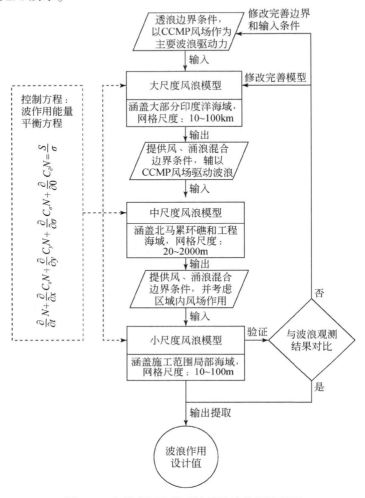

图2.1　多尺度风浪模型计算波浪作用流程图

2.4　马尔代夫维拉纳国际机场改扩建工程分析

2.4.1　机场岛岸滩冲淤特征及其演变分析①

2.4.1.1　区域概况

马尔代夫维拉纳国际机场改扩建工程位于印度洋中北部。马尔代夫位于印度洋西北

---

① 南京水利科学研究院，2016，马尔代夫易卜拉欣·纳西尔国际机场改扩建工程岸滩演变分析研究报告。

部，其东、北和西分别由爪哇岛至安达曼群岛、南亚大陆和非洲大陆为边界，海域向南较为开敞，整体水深为 3000~4000m。印度洋海底地貌错综复杂，除洋底中部有呈入字形的大洋中脊外，东部尚有东印度洋海岭、岛弧和海沟带，在海岭、海丘、海台之间分布着许多海盆，北部由查戈斯–拉克代夫海岭（Chagos-Laccadive Ridge）和东经 90°海岭（Ninety East Ridge）分割为 3 个部分，东南部的西澳大利亚海盆、中部的中印度海盆和西北部的阿拉伯海盆。马尔代夫即位于中印度海盆和阿拉伯海盆之间的查戈斯–拉克代夫海岭。

马尔代夫岛链近南北走向，东临中印度海盆，马尔代夫维拉纳国际机场改扩建工程连接的马累岛和胡鲁马累岛位于岛链中部的北马累环礁东南角，其南侧为北马累环礁与南马累环礁之间的 Wadu 通道，该通道宽约 5km，水深达 400m 左右。

马累是马尔代夫首都，人口密集、开发成程度高，老港区均位于马累岛靠近环礁内湖的北侧，南侧主要为礁盘围垦形成的区域，目前礁盘宽度仅约 100m；东侧靠近 Gaadhoo Koa 通道区局部礁盘较宽，东南角最宽处可达 500m 左右。整个马累岛周边目前全部为人工岸线，由海堤、防波堤和港口包围，近西侧靠近 Gaadhoo Koa 通道附近局部有很小的沙滩，也多是在构筑物掩护下聚集泥沙所成。

马尔代夫维拉纳国际机场改扩建工程所在的胡鲁马累岛是在 1997 年起由礁盘填筑而成的人工岛，与机场相连。随着机场扩建和围填，其周边也均成为人工岸线，机场附近基本没有沙滩分布。目前的胡鲁马累岛南北长约 7km、东西宽约 1.5km，西侧靠近环礁潟湖，水深较浅；东侧面临中印度海盆，水深直达 2000m 以上。人工岛围填后，西侧北段留有宽约 200m 的礁盘，围填线与礁盘边缘基本平行，围堤外围为沙滩。南侧靠近基础跑道附近的礁盘宽度约 100m，外围无沙滩分布。因此，靠近拟建工程的 Gaadhoo Koa 通道附近的陆域，其周边基本为人工岸线，基本没有沙滩分布，礁盘也相对较窄（图 2.2）。

2.4.1.2　海岸发育特征

马尔代夫的各岛礁均遵循岛礁发育的基本规律，如图 2.3 所示。据 Ali（2000）的研究，整个马尔代夫岛链是发育在水深 2000m 左右的大洋中脊极地之上的。目前，各岛礁都是末次冰期以来随着海平面上升逐渐形成的。岛礁上部主要为末次冰期以后海平面上升至现今海平面附近时形成的，礁盘基础深度一般在约 -50m 至 -15m，形成于 11 万年前。末次冰期阶段，该基底出露为岛，并在外缘形成 130m 左右的陡崖。基底上部新的珊瑚礁都是在距今 8500 年开始向上生长，最大生长速度可达每年 0.9cm，潟湖内的生长速度略慢，每年约 0.3cm。在全新世最大海侵以来，海平面逐渐稳定，礁盘上升停止，并开始形成沙岛，礁盘高程稳定在低潮位附近。沙岛的形成基本都是在最近 4000 年，礁盘停止向上发育，新生珊瑚礁在波浪和水流作用下在礁盘局部聚集，形成沙岛并逐步淤高。岛上植被发育后，沙岛位置也逐渐稳定下来，并在其下部形成海滩岩。因末次冰期以来海平面上升较快，珊瑚礁生长速度快，所形成的碳酸盐相对松散，固结度较低。在各大环礁中，环礁内潟湖水深基本都在 40~50m，通向环礁内的各通道水深与环礁内接近。

图 2.2　胡鲁马累岛岸线与礁盘分布特征（2016 年 8 月 26 日卫星影像）

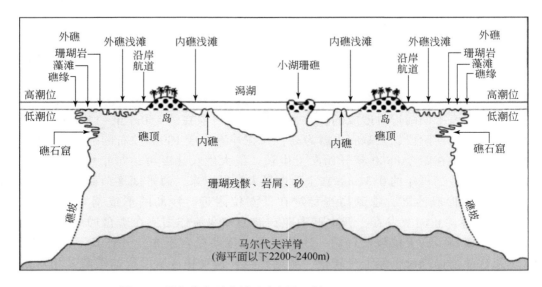

图 2.3　马尔代夫环礁断面示意图（据 Harris et al.，2011）

2.4.1.3 动力环境特征

1. 潮汐特征

马尔代夫群岛四周均为开敞海域，潮波传递过程中的形变较小，整体潮差较小。根据工程区南岸的马累岛长期潮位观测资料，周边较为开敞，海域潮差较小。根据 2015 年 4 月 2 日至 5 月 2 日实测潮位资料（逐分钟），该海域潮差较小，大潮最大潮差为 1.07m，小潮仅 0.25m（图 2.4）。

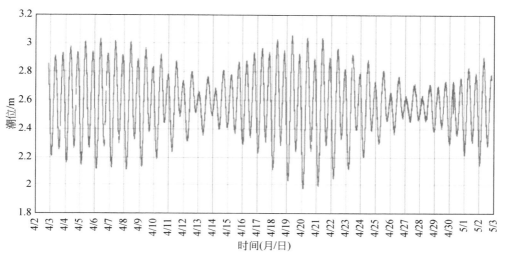

图 2.4　工程区 2015 年 4 月 2 日至 5 月 2 日实测潮位图（逐分钟）

另外根据马累 1989～2012 年逐时潮位资料（图 2.5），该海域潮位长期较为规律，未出现明显的异常高低潮位，23 年间的最高潮位和最低潮位差也仅 1.46m。可见，因海域向四周开敞，且处于赤道无风带附近，受风暴潮影响较小，异常增减水不明显。

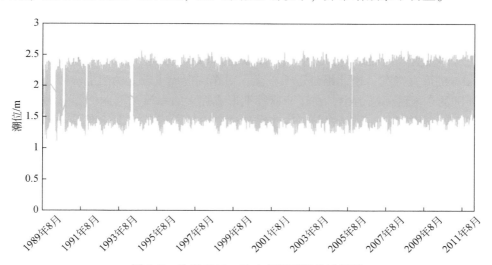

图 2.5　马累 1989～2012 年逐时潮位过程图

马累机场潮位特征值如图 2.6 所示。

潮位:		相对平均海平面/m
最高天文潮位	(HAT)	0.64
平均较高高潮位	(MHHW)	0.34
平均较低高潮位	(MLHW)	0.14
平均海平面	(MSL)	0
平均较高低潮位	(MHLW)	−0.16
平均较低低潮位	(MLLW)	−0.36
最低天文潮位	(LAT)	−0.56

图 2.6　马累机场潮位特征值统计图

2. 水流

马尔代夫所在的北印度洋海域，洋流受季风控制，5~9 月的夏季为东流，11 月至 3 月的冬季为西流，过渡期洋流较为紊乱。根据美国国家海洋和大气管理局（National Oceanic and Atmospheric Administration，NOAA）资料（图 2.7），马尔代夫附近夏季和冬季近表层洋流流速均可达 0.8~1.0m/s。

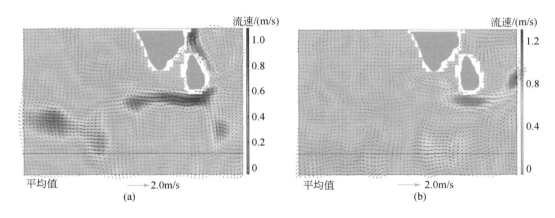

图 2.7　工程区附近的北印度冬季（a）和夏季（b）近表层洋流流速（5 天间隔）示意图

因海域洋流为东向和西向，也呈经向洋流，而马尔代夫群岛整体呈南北走向，在水深超过 2000m 的海盆隆起，南北绵延近千千米，对洋流形成了较大的阻隔。因此，在环礁之间以及环礁的东西两侧通道中，在洋流盛行期形成强大的水流。因此，尽管海域存在一定的涨落潮，但在洋流和地形影响下，这些水流通道内的水流基本为长期单向水流，涨落潮过程仅对水流大小产生影响。

对于环礁区域，环礁内是一个巨大的纳潮水体，在冬季东北季风影响期，海流为西流，环礁东侧口门和西侧口门均为向西的水流，涨潮时东侧口门水流更大，落潮时东侧口门水流减缓；西侧恰好相反，表现为涨潮时出水较少、水流减缓，落潮时出水增多、水流增强。拟建工程西南侧的 Gaadhoo Koa 通道位于北马累潟湖东南角，具有东侧通道的水流特征。根据印度洋领航指南，该通道最大水流可达 6 节（3.09m/s）。

根据 2015 年 4 月在 Gaadhoo Koa 外口门北侧的实测资料，该点长期基本以方向 260°

左右的西向水流为主，可见 4 月时西向海流仍然在这一海域起控制作用。尽管潮差在大潮和小潮期间差别较大，但大潮和小潮期间每日均有流速达到 1m/s 左右的最大流速，观测期间垂向平均最大流速也仅 1.54m/s（图 2.8）。可见潮汐在水流中的作用相对较小。

从流速变化情况看，流速在落潮阶段大，涨潮阶段很小。最大流速出现在落潮的中潮位附近（图 2.9）。从流速垂线分布情况看，流速在垂向上无明显的自表层向底层递减的规律，最大流速一般出现在中层（图 2.10），表明测点附近水流受地形影响较大。

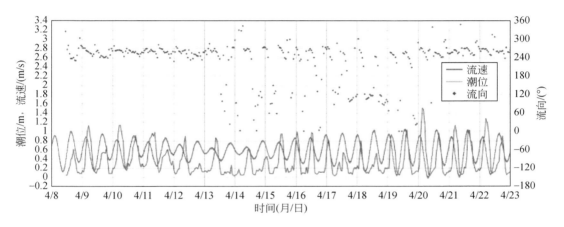

图 2.8　测点处 2015 年 4 月 8～23 日流速、流向和潮位过程图

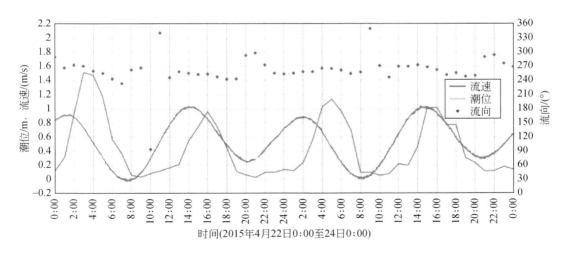

图 2.9　测点处 2015 年 4 月 22～24 日流速、流向和潮位过程图

设置了 C1、C2 和 W1 3 个观测点进行观测，水文观测点位置见表 2.1 和图 2.11。

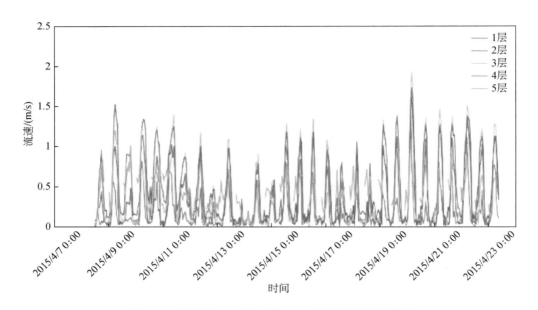

图 2.10　测点处 2015 年 4 月 8 ~ 23 日分层流速过程图

表 2.1　测点位置和水深统计表

观测点	位置（经纬度）		水深/m
C1	73°31′30″E	4°12′00″N	42
C2	73°32′00″E	4°12′57″N	12
W1	73°31′42″E	4°12′2″N	32

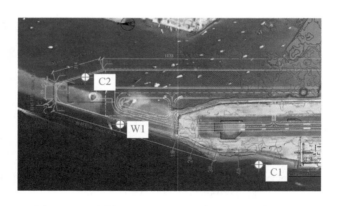

图 2.11　观测点 C1、C2 和 W1 布置图（左侧为 N）

从 2016 年 7 月的实测流速分析结果来看，观测点 C1 表层最大点流速为 1.26m/s，观测点 C2 和 W1 最大流速分别为 0.32m/s 和 0.30m/s。3 个观测点大潮期的垂向平均流速分别为 0.12m/s、0.03m/s 和 0.05m/s；小潮期的垂向平均流速分别为 0.07m/s、0.02m/s 和 0.05m/s，工程区垂向平均流速均较小。观测点 C1、C2 和 W1 的大、小潮间流速特征值统计见表 2.2。

表 2.2 流速特征值统计表

观测点	最大流速/(m/s)		最大垂向流速/(m/s)		垂向平均流速/(m/s)	
	大潮	小潮	大潮	小潮	大潮	小潮
C1	1.26(表层)	1.01(表层)	0.27	0.19	0.12	0.07
C2	0.16(表层)	0.32(表层)	0.07	0.12	0.03	0.02
W1	0.30(表层、底层)	0.27(表层、底层)	0.20	0.14	0.05	0.05

3. 风

工程区位于北纬 4°左右,研究表明 5°以内的赤道区域热带气旋发生的概率极低。根据 1975～2013 年瑚湖尔岛站的风速统计资料,最大平均风速发生在 1 月,而最低风速发生于 3 月。风速玫瑰图如图 2.12 所示,其中 W 风、ENE 风向频率较高。

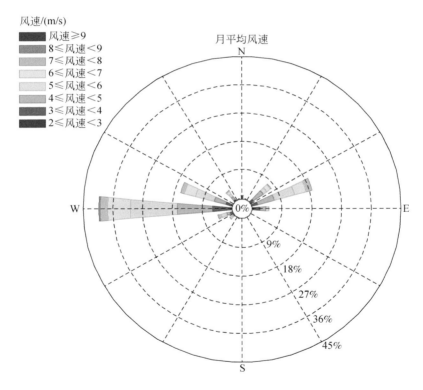

图 2.12 工程区风速玫瑰图

因处于印度洋赤道无风带附近,工程区受台风浪影响相对较少。据记载,1877～2004 年的 128 年间,直接穿过马尔代夫的台风只有 11 次(图 2.13)。大部分在北纬 6°以北,除一次是 4 月外,其余全部在 10 月至 1 月间。在 1877～2004 年间,台风中心距离马累小于 500km 的出现过 21 次,且其中 15 次的风速不足 28 节(图 2.14)。

图 2.13　影响马尔代夫的台风路径（1877～2004 年）

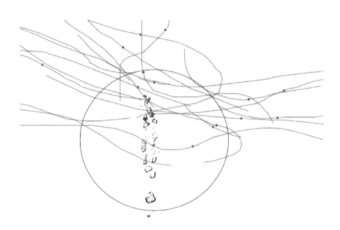

图 2.14　中心距离马累小于 500km 的台风路径（1877～2004 年）

4. 波浪

工程区处于印度洋开敞海域，除了受季风和少量台风影响形成局部风浪外，南印度洋涌浪对海域影响也较大。根据海浪预报（surf-forecost）提供的马累东北约 20km 处的深水区涌浪资料，马累附近因处于马尔代夫群岛的东岸，WS 向涌浪受到岛链掩护，全年涌浪方向均基本为 SSE 向。其中冬春季涌浪相对较大，夏秋季涌浪相对较小。其中局部风浪一般周期在 3～8s，涌浪周期在 14～20s。其中马累附近严重的灾害主要由涌浪造成。

根据以往研究和记载，少有 3m 以上大浪的报道，但船上的目测记录中有过最大波高 6.5m 的记录（Anderson，1998）。根据日本国际协力机构（Japan International Cooperation Agency，JICA）计算，马尔代夫岸外最大有效波高为 4.1m，周期 14s，增水 1m。因礁盘水深限制，在最高水位时防波堤附近的设计波高采用 2.0m。

1987 年 4 月 10～12 日，距工程约 4000km 的印度洋东南部风暴涌浪对工程附近造成巨大灾难。据测算，该次涌浪的最大有效波高可达 3m，增水 0.75m，最高水位达平均海平面以上 1.22m。马累岛和机场岛均受到很大影响，是近数十年来对马累附近造成影响最大的一次波浪过程。

由于工程区靠近机场岛中部，受机场岛掩护，SSE 向涌浪对工程区影响较小，根据 2016 年 7 月观测点 W1 为期 1 个月的波浪现场实测数据，有效波高（$H_{1/3}$ 或 H_s，波阵列中全部波段的 1/3 最高波的波峰到波谷之间高度的平均值）的平均值为 0.3m，$H_{1/10}$（波阵列中全部波段的 1/10 最高波的波峰到波谷之间高度的平均值）的平均值为 0.4m，平均波周期（T_{mean}）的平均值为 2.3s，最大波高（H_{max}）为 1.3m，对应波周期为 3s，发生时间是 2016 年 8 月 20 日 1：00，对应波向为 313°（NW 方向）。

5. 泥沙

工程区两侧的马累岛和胡鲁马累岛都是珊瑚砂岛，珊瑚砂粒径一般都在 0.1~0.4mm，局部有珊瑚礁块和碎屑。目前在靠近拟建工程附近基本没有天然沙滩分布，马累岛西侧的防波堤掩护下的人工沙滩内泥沙主要来自附近礁盘。机场岛东侧沙滩为围填过程中在潟湖区域抽取的珊瑚砂，粒径略粗。

根据马尔代夫维拉纳国际机场改扩建工程 2016 年 7 月现场底质调查，近岸浅滩区域底质多为砂及砾石，潟湖内砂粒径较细，观测点 C1、C2 和 W1 的底质调查结果如表 2.3 所示。

表 2.3　底质调查结果一览表

观测点	颗粒组成/%						平均粒径（d_{50}）/mm	界限系数	
	砾石	粗砂	中砂	细砂	粉粒	黏粒		不均匀系数（C_u）	曲率系数（C_c）
	>2mm	2~0.5mm	0.5~0.25mm	0.25~0.075mm	0.075~0.005mm	<0.005mm			
C1	0.7	14.3	24.9	58.9	1.2	0	0.22	1.91	1
C2	0.7	17.1	10.4	26.7	45.1	0	0.10	4.84	0.46
W1	6.7	40	33.6	19.7	0	0	0.47	2.99	0.93

2.4.1.4　海岸冲淤特征

马尔代夫环礁是在现海平面以下 2000m 左右的大洋中脊上发育起来的珊瑚礁岛链。全新世最大海侵以来，随着海平面稳定，珊瑚礁逐渐堆积形成现代岛礁。这些岛礁基本在距今 8000 多年以来自水下 30m 左右的古近系、新近系老礁体上随海平面上升而生长而成，大多数岛屿是在近 4000 年以来海平面稳定后珊瑚礁碎屑堆积而成的。因此，包括工程区附近的岛礁在内的马尔代夫岛礁体系，是一个较新的动力地貌体系，是在近 4000 年来海平面和海洋动力边界变化很小的情况下发育而成的，是在海洋动力相对稳定背景下，稳定的海洋生物过程和沉积动力过程塑造出来的地貌体系，也是生物过程和沉积过程适应动力条件的产物。因此，从自然演变角度，这些岛礁和环礁体系是稳定的，不存在发生大的格局变化的条件。

在礁盘和水道等区域，因海床结构以珊瑚礁为主，仅在珊瑚礁之间有可活动的珊瑚砂分布，但相对坚固的珊瑚礁依然控制着海床和礁盘结构。因此，在动力格局没有显著变化的情况下，这一格局不致发生改变。在礁盘上发育的珊瑚砂岛，因以碎屑物质为主，在动力条件异常情况下存在一定的冲淤波动和变化，如受季节性风浪条件的周期性变化影响，大风浪和海啸等极端条件下的冲淤波动在所难免。但在马累岛和机场岛附近，因岛屿四周已全部为人工岸线，对岛体现状和地形格局起到明显的"固定"作用。因此，尽管1987年风暴潮和2004年印度洋海啸对马累岛和机场岛冲击严重并造成巨大损失（Kench et al.，2006），但主要表现为设施的破坏，防波堤、海堤及临海建筑物损毁严重，对岛体周边的地形格局并未形成明显影响，也未见Gaadhoo Koa通道及航道附近出现冲淤变化的相关报道。因此，尽管这一海域地形起伏明显，缺少地形冲淤变化分析所必需的高精度地形资料，但从动力泥沙条件和地形格局分析，海域整体格局较为稳定。

根据工程区附近2001年和2016年高精度卫星影像对比（图2.15），机场所在岛屿原本为一个接近环礁的形态，因东侧波浪作用强，形成相对宽阔的礁盘，西侧靠近大环礁内侧，仅发育狭窄的边缘坝。潟湖水域主要集中在西侧，且因潟湖周边礁盘高程有限，潟湖并无明显口门。目前礁盘和岛屿的状况，基本为通过人工疏浚形成潟湖并吹填形成陆域的过程实现的人工地貌。大规模人工疏浚和吹填，已完全改变了礁盘的地形地貌格局。但从1969～2016年礁盘轮廓变化过程来看，参考Kench等（2003）和吴宋仁（2000）相关研究成果，因礁盘边缘以珊瑚礁为主，基本抗冲刷强度大，礁盘轮廓不致因局部疏浚和吹填而发生变化。

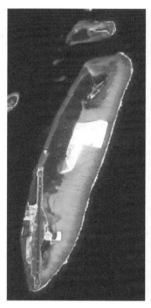

图2.15　2001年和2016年工程附近岛礁形态卫星遥感影像对比图

2.4.1.5 工程敏感部位的冲淤分析

1. 内湖护岸

机场西北的内潟湖沿线目前除局部存在可活动泥沙外，其余岸段均没有活动性泥沙分布。从现场调查情况看，内潟湖岸段现有无防护岸段存在一定的冲刷现象（图2.16），但因吹填泥沙中也含有大量礁石，泥沙冲刷后礁石成为"护面"，对岸滩起到一定的保护作用。在实施块石防护岸段，岸线基本能够稳定。为保障岸线稳定，在吹填区临水段实施抛石护岸或珊瑚礁块护岸等形式，保护岸滩泥沙。

图 2.16 潟湖内岸线的局部冲刷和抛石防护

马尔代夫维拉纳国际机场改扩建工程主要围填区集中在机场的北部和东部，护岸范围包括了全部新建区域的岸线。其中，机场北部吹填区的西侧，护岸处水深普遍大于2m，护岸外侧不存在活动泥沙，均为珊瑚礁基质，护岸工程附近不存在泥沙冲淤问题；新建围填区的东侧为内潟湖区域，护岸前沿均为开挖后的潟湖水域，现状水深普遍大于5m，在潟湖内的水流和波浪条件下，护岸前沿泥沙不具备起动的基本条件；在围填区北端的礁盘区，拟建的护岸北侧已在实施吹填工程（图2.17），吹填后的的礁盘不再过水，现状礁盘区的高程多在-0.8m左右，局部的泥沙冲刷也不致危及新建的护岸工程。

2. 机场岛西北部护岸

马尔代夫维拉纳国际机场改扩建工程新增围填区中，位于机场北部西侧的护岸面对相对开敞的水域，礁盘宽度相对较小，是围填工程防护的重点。

根据2005年以来的高精度卫星影像对比，拟建工程区东北部礁盘较为狭窄，隔开开敞的潟湖水域和机场东北部的内湖水域，平均宽度仅150m左右。礁盘边缘清晰，历年来礁盘外边缘没有发生明显变化，即便在边界较为曲折的部位，也未出现冲淤变化（图2.18）。可见，以珊瑚礁为主的礁盘，其边界在目前动力条件下不具备冲淤变化的基本条件。

机场东北部2013年围填区外侧的地形特征，礁盘高程非常平缓，平均高程在-2.0~-1.5m附近，在-3.0m以下明显变陡，坡度可达60%~80%，直至-40m左右的深水区。卫星影像与水下地形图叠合后也显示，卫星影像所显示的礁盘边缘与-4.0~-3.0m地形吻合，表明卫星影像可视的礁盘边界所代表的-4.0m以上礁盘是稳定的。

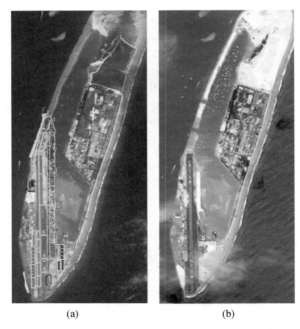

(a)　　　　　　　　　　(b)

图 2.17　工程平面布置（a）和卫星影像（b）（2016 年 8 月 26 日）示意图

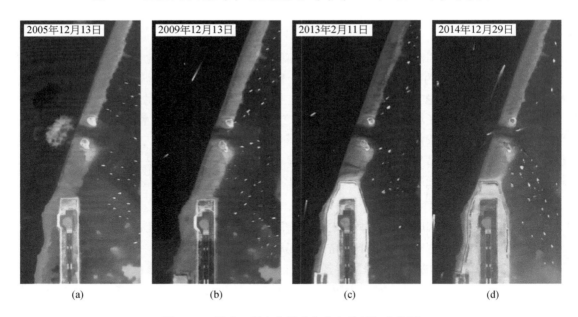

(a)　　　　　　　(b)　　　　　　　(c)　　　　　　　(d)

图 2.18　拟建工程东北部礁盘分布特征与变化图

从 2012～2013 年实施的机场北部区域扩建围填区护岸实施后的地形特征看，该区域护岸外围礁盘宽度 15～50m 不等，从断面形态看，围堤护岸前沿未见因护岸工程实施引起的堤前局部冲刷坑，堤外至礁盘边缘地形整体平缓。

各断面中，1#断面所在位置附近堤外礁盘宽度最小，约 13m，相应的礁盘宽度也低于其他各断面。表明较窄的礁盘宽度不利于消浪和泥沙保存，这一部位可能出现过一定的礁盘区冲刷，但堤前位置未见淘刷现象，礁盘剖面表现为缓降，可能存在因礁盘过窄导致的泥沙向礁盘边缘外围深水区流失的现象。

4#断面附近约200m岸段的护岸前沿有一条宽15~20m、最大水底高程−4m左右的沟槽，其−2m线封闭，未表现出与周边连通的迹象。但从这一区域围填实施过程情况看（图2.19），这一部位曾于2009年之前进行取砂，形成长约500m、平均宽度约90m的取沙坑［图2.20（b）］。2012~2013年实施的机场北部扩建吹填，这一取沙坑进行了回填，但未全部覆盖，围堤前沿沟槽分布区域正是位于未完全吹填的原取沙坑位置。可见这一沟槽并不是因围堤工程实施形成的局部冲刷。

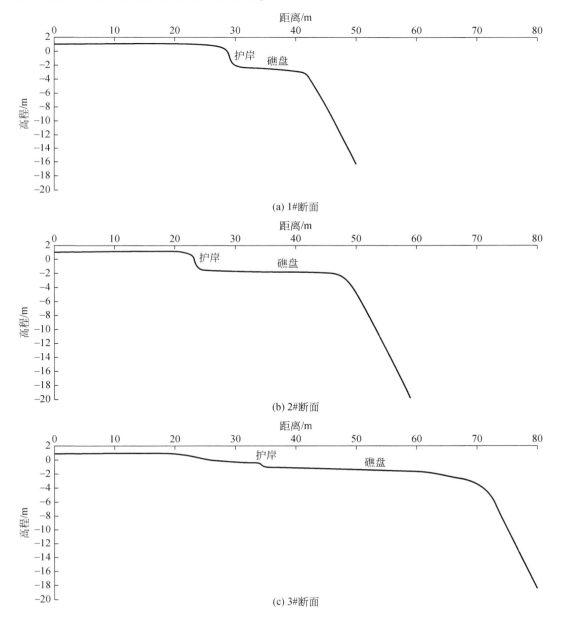

(a) 1#断面

(b) 2#断面

(c) 3#断面

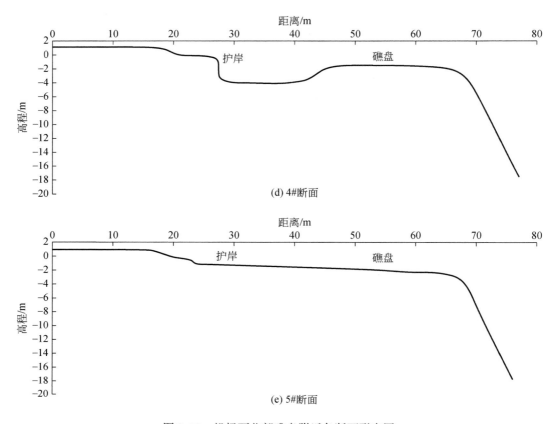

图 2.19　机场西北部礁盘附近各断面形态图

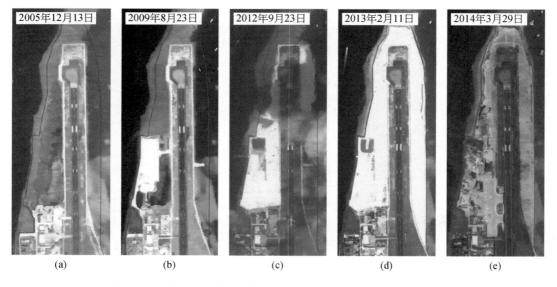

图 2.20　机场东北部已实施扩建工程及取沙坑回填过程示意图

根据工程附近工程地质勘察资料（图 2.21 ~ 图 2.24），位于内湖一侧的 ABH06 孔近表层为松散的含砾块中粗砂，靠近开敞潟湖水域的拟建护岸礁盘区多为珊瑚礁块或珊瑚礁块混合砂。在波浪和潮流均较弱的潟湖区域，由于珊瑚礁块的广泛分布以及礁盘边缘胶结较好的珊瑚礁掩护，礁盘区的冲淤十分有限。护岸前沿平缓的礁盘地形以及礁盘外围−3m以下达到 1∶1.5 左右坡度的地形特征也表明，泥沙运动不是礁盘形成和演变的主要影响因素，泥沙过程也不会是新的护岸工程稳定性的主要影响因素。

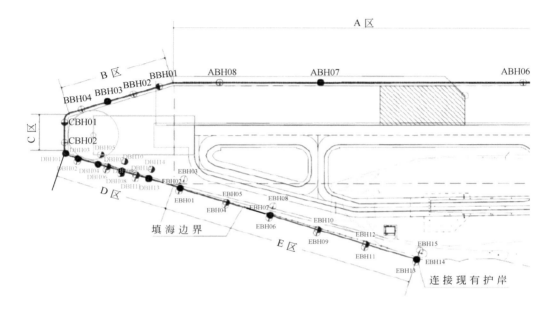

图 2.21　机场扩建区北部钻孔位置示意图

因礁盘边缘地形很陡，尽管其在当地水动力作用下能够保持稳定，礁盘地质结构仍较为松散，护岸距离边缘过近时可能存在礁盘结构不稳定的隐患。特别是在拟建围填区的最北部附近，护岸距离礁盘边缘仅约 10m，礁盘外围坡度达 1∶1.5 左右的情况下，工程后的地质基础稳定性值得关注。同时，在礁盘边缘很窄的情况下，来自深水区的波浪对护岸的直接作用力也将明显增大。建议在满足工程用地需求情况下，适当调整北部围堤护岸边界，以适当增大堤外礁盘宽度。

2.4.2　机场岛波浪作用分析

2.4.2.1　波浪作用概述

马尔代夫维拉纳国际机场改扩建工程位于马尔代夫中部北马累环礁，机场岛东面面临开敞的印度洋，印度洋外海的涌浪可以直接传到环礁东面海岸，在机场岛东面环礁滩涂宽阔、滩面水深较浅，外海涌浪直接在东面礁盘边缘破碎，对机场岛东侧滩面和海岸的影响不大。

钻孔柱状图

工程名称		马尔代夫机场改扩建工程				开孔日期	2016-10-21	终孔日期	2016-10-21
钻孔编号	ABH06	纵坐标	464809.518		初见水位/m		参考水位/m		
孔口高程	−7.34	横坐标	337109.827		稳定水位/m		钻孔深度/m	15.60	

单元体编号	时代成因	岩土名称	地层描述	状态	湿度	柱状图 1:150	分层厚度/m	层底深度/m	层底标高/m	标贯及动探 击数 上端-下端
②-1b	Q_4^0	含砾块珊瑚粗砾砂	灰白色，石灰质，颗粒不均，混约20%的珊瑚砾块，块径一般在2~4cm	松散－稍密	饱和		4.80	4.80	−12.14	6 2.15-2.45 $N_{63.5}=15$ 4.40-4.50
②-3	Q_4^0	珊瑚砾块混粗砾砂	灰白色，岩心主要呈碎块状，块径3~7cm，充填粗砾砂颗粒				2.70	7.50	−14.84	
④	Q_3^0	礁灰岩	灰白色、浅黄色，骨架多为0.5~1.0cm及少量2~4cm珊瑚砾石组成，间夹贝壳屑，不规则夹放射状方解石结晶珊瑚灰岩；颗粒间孔隙发育，多晶状方解石胶结，属弱胶结；岩心多呈2~7cm碎块状短柱状，表面粗糙，似蜂窝状，岩质轻，锤击强度较高				8.10	15.60	−22.94	

编制		校对		审核		日期		图号	

图 2.22　围填区东北侧（内湖）ABH06 孔柱状图①

---

① 中航勘察设计研究院有限公司，2017，马尔代夫机场改扩建项目岩土工程勘察报告（陆域部分）。

钻孔柱状图

工程名称		马尔代夫机场改扩建工程				开孔日期		2016-10-16	终孔日期		2016-10-16
钻孔编号	DBH01		纵坐标		466161.628	初见水位/m			参考水位/m		
孔口高程	-2.10		横坐标		336890.697	稳定水位/m			钻孔深度/m		17.10

单元体编号	时代成因	岩土名称	地层描述	状态	湿度	柱状图 1:150	分层厚度 /m	层底深度 /m	层底标高 /m	标贯及动探 击数 上端-下端
②-1a	Q_4^0	珊瑚粗砾砂混珊瑚砾块	灰白色，散体状，由粗砾砂混珊瑚砾块组成，珊瑚砾块含量约15%，块径多在2~4cm，质轻多孔	松散	饱和		4.00	4.00	-6.10	8 1.75-2.05
②-2a	Q_4^0	珊瑚粗砾砂混珊瑚砾块	灰白色，散体状，由粗砾砂混珊瑚砾块组成，珊瑚砾块含量约15%，块径多在2~4cm，个别达10cm，质轻多孔	稍密	饱和		3.50	7.50	-9.60	12 4.15-4.45 $N_{63.5}=11$ 6.20-6.30
②-1a	Q_4^0	珊瑚粗砾砂	灰白色，石灰质，颗粒不均，混约20%的珊瑚断枝，节长一般在2~4cm	松散	饱和		3.40	10.90	-13.00	3 8.65-8.95 6 10.60-10.90
②-2a	Q_4^0	珊瑚粗砾砂	灰白色，石灰质，颗粒不均，混约20%的珊瑚断枝，节长一般在2~4cm	中密	饱和		2.80	13.70	-15.80	24 13.15-13.45
④	Q_3^0	礁灰岩	灰白色、浅黄色，岩心部分呈1~4cm碎屑状，部分呈2~7cm碎块状，骨架多为0.5~1.0cm及少量2~4cm珊瑚砾石组成，间夹贝壳屑，不规则夹放射状方解石结晶珊瑚灰岩；颗粒间孔隙发育，多晶状方解石胶结，属弱胶结，岩心表面粗糙，似蜂窝状，岩质轻，锤击强度较高				3.40	17.10	-19.20	

编制		校对		审核		日期		图号	

图 2.23　围填区西北角 DBH01 孔柱状图

钻孔柱状图

工程名称			马尔代夫改扩建工程			开孔日期	2016-10-26	终孔日期	2016-10-26
钻孔编号		DBH04	纵坐标	466066.599		初见水位/m		参考水位/m	
孔口高程		−2.29	横坐标	336854.505		稳定水位/m		钻孔深度/m	22.50

单元体编号	时代成因	岩土名称	地层描述	状态	湿度	柱状图 1:150	分层厚度/m	层底深度/m	层底标高/m	标贯及动探 击数 上端–下端
②-3	Q_4^0	珊瑚砾块	灰白色，岩心多成碎块状，块径多在2~6cm，个别达，质轻多孔，锤击强度高				2.60	2.60	−4.89	$N_{63.5}=13$ 2.10~2.20
②-2b	Q_4^0	含砾块珊瑚粗砾砂	灰白色，散体状，由粗砾砂混珊瑚砾块组成，珊瑚砾块含量约35%，块径多在2~4cm，个别达10cm，质轻多孔，10以下混较多灰黑色含糊断枝，节长2~4cm	稍密–中密	饱和		9.80	12.40	−14.69	18 4.25~4.55 12 6.35~6.65 16 8.65~8.95 10 10.75~11.05 $N_{63.5}=21$ 13.10~13.20
④	Q_3^0	礁灰岩	灰白色、浅黄色，骨架多为0.5~1.0cm及少量2~4cm珊瑚砾石组成，间夹贝壳屑，不规则夹放射状方解石结晶珊瑚灰岩；颗粒间孔隙发育，多晶状方解石胶结，属弱胶结；岩心多呈2~7cm碎块状短柱状，表面粗糙，似蜂窝状，岩质轻，锤击强度较高				8.10	15.60	−22.94	

编制		校对		审核		日期		图号	

图 2.24　围填区西北侧（内潟湖）DBH04 孔柱状图

机场扩建工程的主要目的是在原机场陆域的基础上，将机场岛内的潟湖浚深，同时对潟湖内侧的护岸进行加固；机场岛西侧面向环礁内海域侧的滩面部分吹填和护岸加固。有必要开展波浪数学模型研究，推算围填海工程护岸的设计波浪要素，为工程设计提供依据。

从马尔代夫维拉纳国际机场改扩建工程的地理位置来看，护岸工程水域受到的波浪影响主要是两个方面：

（1）岛内潟湖区。由于潟湖内基本上是一个封闭的内湖，因此潟湖内护岸的波浪主要受湾内风区作用的小风区波浪影响，可根据不同方向的设计风速采用风浪经验公式计算得出。

（2）潟湖外机场岛西侧护岸。受北马累大环礁的掩护，主要是北马累环礁内海域的风浪影响。环礁南北长约50km、东西宽20~30km，环礁内水深大，岛屿和礁盘林立，水下地形十分复杂，水域内的波高也十分复杂，可根据礁盘内的地形和相应的风速建立风浪数学模型推算工程水域的重现期波浪分布，得出护岸水域不同方向的设计波浪要素。

2.4.2.2　工程海区风况

马尔代夫气象站位于机场岛，是马尔代夫唯一的风速观测气象站，其地理位置为73.53°E、4.19°N，海拔为1m。从测风站的位置来看，气象站距离工程区很近，工程区的风环境与气象站相似程度很高。

本地区属热带雨林气候，又称"赤道多雨气候"，季节分配均匀，无干旱期。全年风速较小，各月的风速无明显变化。

据1977~2014年日最大阵风风速（时距为3s）观测资料，从实测风速来看，该地区常年风速不大，多年10m高度处最大瞬时风速为31.9m/s，每年出现的最大瞬时风速一般在23~30m/s。若换算成10min平均风速，年最大值一般小于20m/s。

表2.4和表2.5分别是依据马尔代夫机场岛气象站1977~2014年日均值风速、日极值瞬时风速记录资料，统计得到不同方向各风级出现的频率，从表中可以看出，38年的风观测资料中，日均值风速最大为18.0m/s，出现的日极值瞬时风速最大为31.9m/s。从风向的分布来看，偏W向的风出现频率相对较多，最多出现方向为W向，频率为21.90%，WNW向、W向、WSW向出现的频率共计约44.68%，最大值一般也出现在这些方向。

表2.4　马尔代夫机场岛日均值风速不同方向各风级频率统计表

方向	不同风级（m/s）频率/%											总频率/%	平均值/(m/s)	最大值/(m/s)
	<2	2~4	4~6	6~8	8~10	10~12	12~14	14~16	16~18	18~20	>20			
N	0.24	1.60	0.54	0.03	—	—	—	—	—	—	—	2.41	3.1	6.7
NNE	0.08	1.02	0.71	0.07	—	—	—	—	—	—	—	1.89	3.7	7.7
NE	0.14	2.02	2.77	1.56	0.42	0.06	—	—	—	—	—	6.97	5.0	10.8
ENE	0.12	1.56	3.38	4.36	1.66	0.21	—	—	—	—	—	11.29	6.1	11.8

续表

方向	不同风级（m/s）频率/%											总频率/%	平均值/(m/s)	最大值/(m/s)
	<2	2~4	4~6	6~8	8~10	10~12	12~14	14~16	16~18	18~20	>20			
E	0.24	1.53	2.15	1.38	0.35	0.03	0.02	—	—	—	—	5.70	5.0	12.9
ESE	0.06	0.40	0.25	0.10	0.03	—	—	—	—	—	—	0.84	4.0	9.3
SE	0.09	0.23	0.19	0.04	0.01	—	—	—	—	—	—	0.56	3.6	8.7
SSE	0.04	0.36	0.12	0.01	—	—	—	—	—	—	—	0.53	3.2	6.7
S	0.15	0.59	0.27	0.03	—	—	—	—	—	—	—	1.04	3.2	7.2
SSW	0.16	0.99	0.75	0.14	0.01	—	—	—	—	—	—	2.05	3.8	8.7
SW	0.12	1.22	1.82	0.53	0.14	—	0.01	—	—	—	—	3.83	4.6	12.9
WSW	0.16	2.01	3.76	2.18	0.80	0.12	0.01	0.01	—	—	—	9.06	5.3	15.4
W	0.30	4.37	7.57	6.17	2.51	0.80	0.15	0.03	—	—	—	21.90	5.8	14.9
WNW	0.36	2.84	4.62	3.78	1.66	0.34	0.09	0.02	0.01	—	—	13.72	5.7	18.0
NW	0.31	2.31	2.93	1.63	0.48	0.07	—	—	—	—	—	7.72	4.9	11.8
NNW	0.15	1.46	0.81	0.21	0.05	0.01	—	—	—	—	—	2.68	3.8	11.8
C	3.78	3.98	0.06	—	—	—	—	—	—	—	—	7.81	1.8	4.6
总计	6.48	28.48	32.70	22.22	8.12	1.64	0.28	0.06	0.01	—	—	100	—	—

表2.5 马尔代夫机场岛日极值瞬时风速不同方向各风级频率统计表

方向	不同风级（m/s）频率/%											总频率/%	平均值/(m/s)	最大值/(m/s)
	<2	2~4	4~6	6~8	8~10	10~12	12~14	14~16	16~18	18~20	>20			
N	—	0.33	1.00	0.81	0.27	0.23	0.08	0.06	0.01	0.01	0.02	2.84	6.8	23.7
NNE	—	0.19	0.60	0.86	0.50	0.19	0.12	0.02	0.04	—	—	2.51	7.4	17.0
NE	0.01	0.30	1.56	1.89	1.76	1.35	0.53	0.31	0.06	0.01	0.02	7.82	8.4	21.1
ENE	0.01	0.27	1.04	2.57	2.61	2.74	1.20	0.45	0.29	0.09	0.04	11.31	9.5	24.7
E	0.01	0.21	1.00	1.33	1.13	0.95	0.60	0.41	0.17	0.06	0.04	5.92	9.2	23.1
ESE	—	0.05	0.30	0.30	0.24	0.20	0.22	0.13	0.06	0.01	0.03	1.54	9.6	23.1
SE	0.11	0.30	0.17	0.09	0.15	—	0.08	0.01	—	0.01	—	1.00	8.0	20.6
SSE	—	0.12	0.27	0.24	0.12	0.08	0.06	0.01	—	0.01	—	0.92	7.1	19.5
S	0.01	0.18	0.40	0.41	0.13	0.15	0.09	0.03	0.04	0.01	—	1.43	7.3	19.0
SSW	0.01	0.15	0.73	0.63	0.36	0.27	0.11	0.08	0.06	0.01	0.02	2.44	7.7	24.2
SW	0.01	0.27	0.81	1.12	0.59	0.48	0.27	0.12	0.16	0.04	0.07	3.94	8.5	23.1

方向	不同风级（m/s）频率/%										总频率/%	平均值/(m/s)	最大值/(m/s)
	<2	2~4	4~6	6~8	8~10	10~12	12~14	14~16	16~18	18~20	>20			
WSW	0.01	0.26	0.98	1.70	1.44	1.24	0.91	0.76	0.61	0.22	0.38	8.51	10.7	28.3
W	—	0.55	2.64	3.93	3.04	2.82	2.08	2.00	1.80	0.84	1.63	21.33	11.3	31.9
WNW	0.02	0.51	1.85	2.80	2.04	2.02	1.51	1.28	1.12	0.55	1.19	14.91	11.2	28.8
NW	0.04	0.55	1.86	2.24	1.22	1.03	0.69	0.76	0.41	0.25	0.40	9.45	9.5	26.2
NNW	0.02	0.30	1.29	0.88	0.48	0.22	0.21	0.07	0.06	0.03	0.01	3.57	7.2	22.1
C	0.22	0.32	0.01	—	—	—	—	—	—	—	—	0.55	1.7	4.6
总计	0.37	4.67	16.65	21.88	16.04	14.12	8.74	6.59	4.90	2.16	3.88	100	—	—

图 2.25 和图 2.26 分别是根据 3s 瞬时平均风速、日均值风速的最大值的统计结果绘制的气象站风速玫瑰图。从两种风速数据的分方向频率上看，两者基本一致。

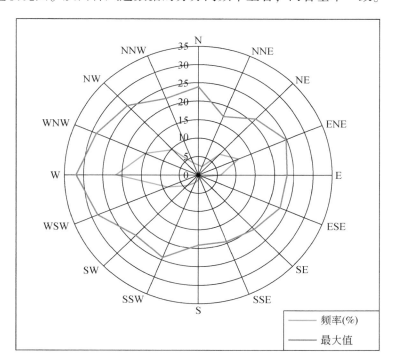

图 2.25　机场岛气象站风速玫瑰图（3s 瞬时平均风速）

根据统计得出气象站分方向的年极值 3s 瞬时平均风速，做频率分析后，得出气象站不同方向的重现期风速值列于表 2.6，各方向的风速频率曲线拟合见图 2.27~图 2.34。从分析结果可以看出，马尔代夫机场岛地区最大风速出现在 W—WNW 向，100 年一遇风速

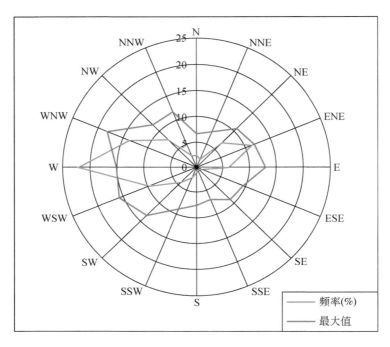

图 2.26　机场岛气象站风速玫瑰图（日均值风速）

达 34.1m/s，50 年一遇风速为 32.7m/s，其他方向的 100 年一遇风速一般小于 30m/s。

　　为了将上述气象站的 3s 瞬时平均风速换算成推算海面波浪所需的 10min 平均风速，可参考美国《海岸工程手册》给出不同时距最大平均风速的换算关系（图 2.35），由图可以得出，时距 3s 的阵风风速和 10min 的平均风速的比值为 1.425，据此关系可将表 2.6 中的不同方向重现期风速其换算为海面的 10min 平均风速，结果见表 2.7。

　　进一步将气象站的 10min 平均风速换算为海面 10m 高度的 10min 平均风速结果列于表 2.8，从表中可以看出，马尔代夫附近海域海面 100 年一遇的 10min 平均风速最大值为 26.3m/s，方向为 W—WNW 向，其他方向的 100 年一遇风速一般在 20.0～23.0m/s。

表 2.6　马尔代夫机场岛重现期风速（3s 瞬时平均）

重现期/年	不同方向风速/(m/s)							
	N—NNE	NE—ENE	E—ESE	SE—SSE	S—SSW	SW—WSW	W—WNW	NW—NNW
100	27.2	29.2	28.9	25.2	26.2	30.1	34.1	28.9
50	25.3	27.3	27.0	22.4	24.6	28.9	32.7	27.8
25	23.3	25.3	25.0	21.4	22.9	27.5	31.4	26.7
10	20.4	22.6	22.2	18.6	20.4	25.5	29.5	25.0
5	17.9	20.5	20.0	16.1	18.1	23.7	27.9	23.5
2	13.9	17.3	16.5	12.0	14.2	20.6	25.5	20.8

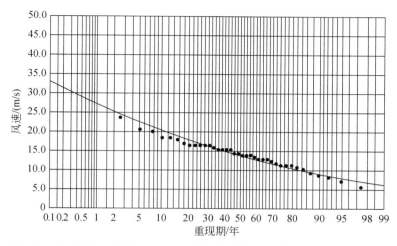

图 2.27　马尔代夫机场岛 N—NNE 向年极值风速皮尔逊 III 型曲线拟合图

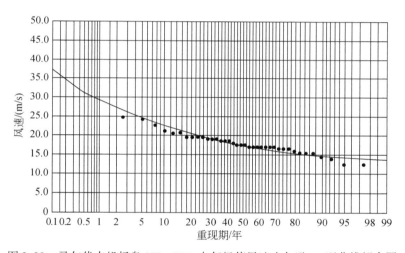

图 2.28　马尔代夫机场岛 NE—ENE 向年极值风速皮尔逊 III 型曲线拟合图

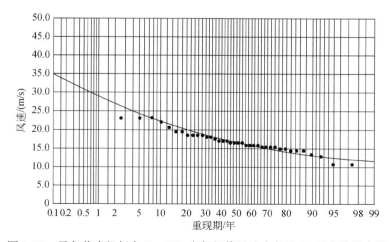

图 2.29　马尔代夫机场岛 E—ESE 向年极值风速皮尔逊 III 型曲线拟合图

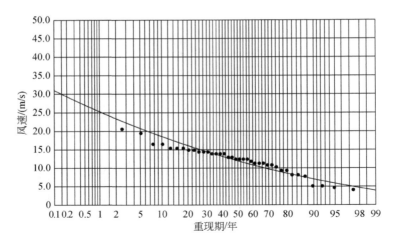

图 2.30　马尔代夫机场岛 SE—SSE 向年极值风速皮尔逊 III 型曲线拟合图

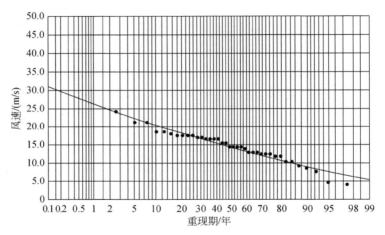

图 2.31　马尔代夫机场岛 S—SSW 向年极值风速皮尔逊 III 型曲线拟合图

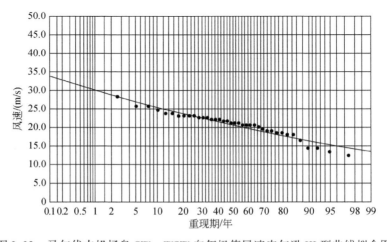

图 2.32　马尔代夫机场岛 SW—WSW 向年极值风速皮尔逊 III 型曲线拟合图

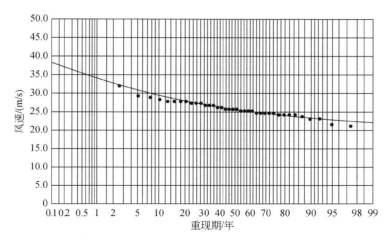

图 2.33　马尔代夫机场岛 W—WNW 向年极值风速皮尔逊 III 型曲线拟合图

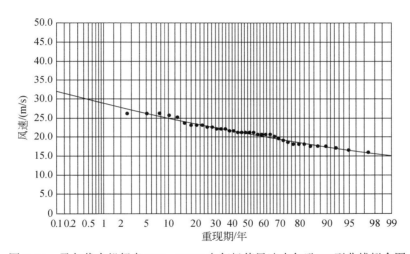

图 2.34　马尔代夫机场岛 NW—NNW 向年极值风速皮尔逊 III 型曲线拟合图

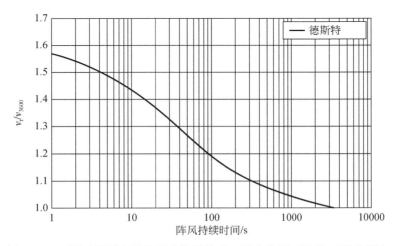

图 2.35　不同时距最大平均风速换算关系（引自美国《海岸工程手册》）

v_t/v_{3600}. ts 的最大平均风速与 3600s（1 小时）平均风速之比

表 2.7 马尔代夫机场岛重现期风速（10min 平均）

重现期/年	不同方向风速/（m/s）							
	N—NNE	NE—ENE	E—ESE	SE—SSE	S—SSW	SW—WSW	W—WNW	NW—NNW
100	19.1	20.5	20.3	17.7	18.4	21.1	23.9	20.3
50	17.8	19.2	18.9	15.7	17.3	20.3	22.9	19.5
25	16.4	17.8	17.5	15.0	16.1	19.3	22.0	18.7
10	14.3	15.9	15.6	13.1	14.3	17.9	20.7	17.5
5	12.6	14.4	14.0	11.3	12.7	16.6	19.6	16.5
2	9.8	12.1	11.6	8.4	10.0	14.5	17.9	14.6

表 2.8 马尔代夫机场岛重现期海面风速（10min 平均）

重现期/年	不同方向风速/（m/s）							
	N—NNE	NE—ENE	E—ESE	SE—SSE	S—SSW	SW—WSW	W—WNW	NW—NNW
100	21.0	22.6	22.3	19.5	20.2	23.2	26.3	22.3
50	19.6	21.1	20.8	17.3	19.0	22.3	25.2	21.5
25	18.0	19.6	19.3	16.5	17.7	21.2	24.2	20.6
10	15.7	17.4	17.1	14.4	15.7	19.7	22.8	19.3
5	13.8	15.8	15.4	12.4	14.0	18.3	21.5	18.1
2	10.7	13.4	12.7	9.3	11.0	15.9	19.7	16.1

2.4.2.3 波浪实测标定和验算基准[①]

1. 水文实测

进行现场水文测验，为马尔代夫维拉纳国际机场改扩建工程波浪分析的参数标定和结果检验提供基础资料。

1）观测内容及要求

（1）现场历时 1 个月、1 个观测点的波浪观测及分析；

（2）现场同步 3 个观测点、历时 26 小时大、小潮期的海流观测及分析；

（3）满足研究需要的同步潮位观测及特征潮位分析；

（4）满足泥沙研究要求的现场泥沙底质、水温、盐度等现场取样及分析。

2）测点布置

（1）观测点 C1、C2 和 W1 分别布置 ADCP（600K）、浪龙 AWAC（1M）和浪龙

---

① 南京水利科学研究院，2016，马尔代夫易卜拉欣·纳西尔国际机场改扩建工程现场水文观测分析报告。

AWAC（600K），3 个观测点同步进行大、小潮流速观测；

（2）观测点 W1 布置浪龙 AWAC（600K）进行为期一个月的波浪观测；

（3）观测点 C1、C2 和 W1 取底质。

3）仪器设备

现场观测仪器设备及型号见表 2.9。

表 2.9　主要仪器设备一览表

仪器名称	观测内容	型号	产地	数量
ADCP	波、流	600K	美国	1
浪龙 AWAC	波、流	1M	挪威	1
浪龙 AWAC	波、流	600K	挪威	1
温盐深仪	温、盐等	Base. X	美国	1
柱状取泥器	底质	UWITEC	奥地利	1
GPS	定位	eTrex209	美国	3
标准筛 A034-1	底质分析	—	中国	1
烘箱 A035		—	中国	1
电子天平 A031-1		—	中国	1
比重计 AC001		甲种	中国	1

4）观测时间和气象

（1）观测时间。

大潮观测：2016 年 7 月 19 日 0：00—7 月 22 日 0：00；

小潮观测：2015 年 7 月 26 日 0：00—7 月 29 日 0：00；

波浪观测：2016 年 7 月 18 日—2016 年 8 月 21 日。

（2）观测期间气象条件。

收集胡鲁马累岛气象观测站观测期间（2016 年 7 月 1 日—2016 年 9 月 1 日）机场岛自记风速资料，风速分方向、分级计数统计结果见表 2.10，风速分级、分方向频率统计结果见表 2.11，风速、风向过程见图 2.36。水文期间风向主要集中在 WSW 向、W 向和 WNW 向，分别占 15.96%、52.48% 和 20.19%；最大风速发生在 W 向为 15.3m/s，其次发生在 WSW 向和 WNW 向，风速均为 13.6m/s。

表 2.10　马尔代夫机场风速不同方向各风级计数统计表

方向	不同风级（m/s）数量/个								总数/个	平均风速/（m/s）	最大风速/（m/s）
	<2	2~4	4~6	6~8	8~10	10~12	12~14	14~16			
N	1	5	0	0	0	0	0	0	6	2.8	4.0
NNE	2	2	0	0	0	0	0	0	4	1.6	2.3
NE	0	0	0	0	0	0	0	0	0	0	0
ENE	0	1	0	0	0	0	0	0	1	2.9	2.9

续表

方向	不同风级（m/s）数量/个								总数/个	平均风速/（m/s）	最大风速/（m/s）
	<2	2~4	4~6	6~8	8~10	10~12	12~14	14~16			
E	2	0	0	0	0	0	0	0	2	1.4	1.6
ESE	0	0	0	0	0	0	0	0	0	0	0
SE	1	0	0	0	0	0	0	0	1	1.6	1.6
SSE	0	0	0	0	0	0	0	0	0	0	0
S	0	0	0	0	0	0	0	0	0	0	0
SSW	1	1	0	0	0	1	0	0	3	4.7	10.2
SW	0	2	1	3	0	1	1	0	8	6.6	13.0
WSW	1	23	68	107	10	6	4	0	219	6.4	13.6
W	2	55	217	251	126	49	13	7	720	6.9	15.3
WNW	3	30	85	109	28	18	4	0	277	6.5	13.6
NW	2	22	38	21	9	0	0	0	92	5.4	9.7
NNW	9	14	9	6	1	0	0	0	39	3.7	9.7
总计	24	155	418	497	174	75	22	7	1372	—	—

表2.11　马尔代夫机场风速不同方向各风级概率统计表

方向	不同风级（m/s）频率/%								总频率/%	平均风速/（m/s）	最大风速/（m/s）
	<2	2~4	4~6	6~8	8~10	10~12	12~14	14~16			
N	0.07	0.36	—	—	—	—	—	—	0.44	2.8	4.0
NNE	0.15	0.15	—	—	—	—	—	—	0.29	1.6	2.3
NE	—	—	—	—	—	—	—	—	—	0	0
ENE	—	0.07	—	—	—	—	—	—	0.07	2.9	2.9
E	0.15	—	—	—	—	—	—	—	0.15	1.4	1.6
ESE	—	—	—	—	—	—	—	—	—	0	0.0
SE	0.07	—	—	—	—	—	—	—	0.07	1.6	1.6
SSE	—	—	—	—	—	—	—	—	—	0	0
S	—	—	—	—	—	—	—	—	—	0	0
SSW	0.07	0.07	—	—	—	0.07	—	—	0.22	4.7	10.2
SW	—	0.15	0.07	0.22	—	0.07	0.07	—	0.58	6.6	13.0
WSW	0.07	1.68	4.96	7.80	0.73	0.44	0.29	—	15.96	6.4	13.6
W	0.15	4.01	15.82	18.29	9.18	3.57	0.95	0.51	52.48	6.9	15.3

续表

方向	不同风级（m/s）频率/%								总频率 /%	平均风速 /（m/s）	最大风速 /（m/s）
	<2	2～4	4～6	6～8	8～10	10～12	12～14	14～16			
WNW	0.22	2.19	6.20	7.94	2.04	1.31	0.29	—	20.19	6.5	13.6
NW	0.15	1.60	2.77	1.53	0.66	—	—	—	6.71	5.4	9.7
NNW	0.66	1.02	0.66	0.44	0.07				2.84	3.7	9.7
总计	1.75	11.30	30.47	36.22	12.68	5.47	1.60	0.51	100	—	—

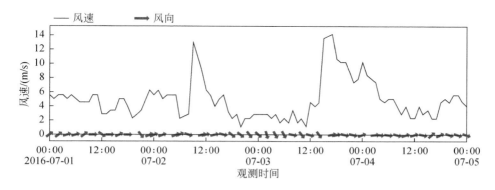

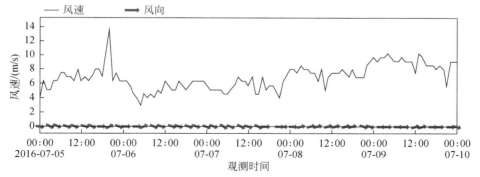

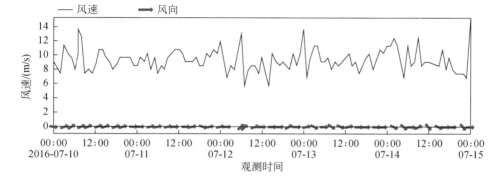

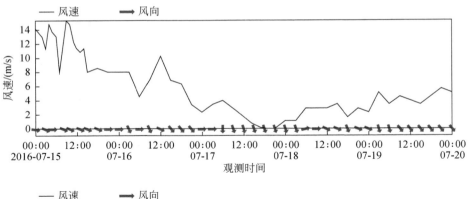

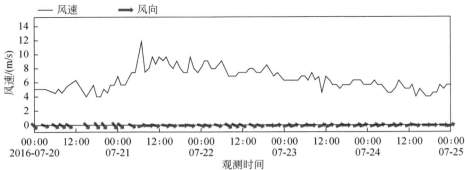

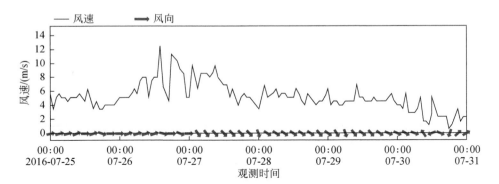

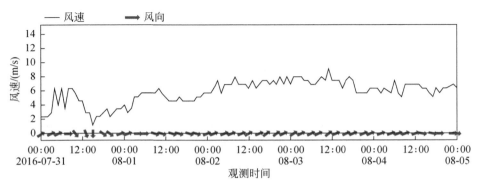

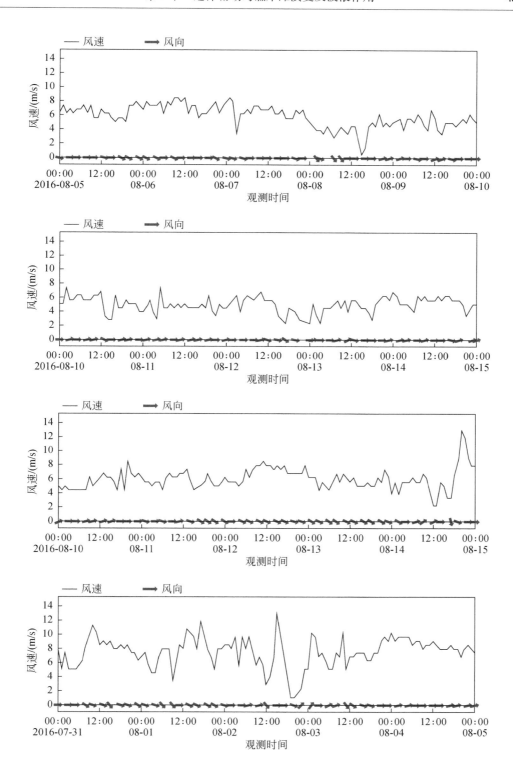

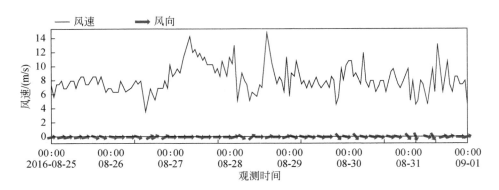

图 2.36　观测期间机场岛风速风向过程图（2016 年 7 月 1 日—2016 年 9 月 1 日）

2. 外海波况实测

马累岛在建设防波堤工程阶段，曾进行过波浪观测，其中系列相对较长、水深相对深的测波点位于马累岛南侧-20m 处的 P0 点，观测时间为 1991 年 10 月 1 日—1992 年 9 月 30 日，有完整的 1 年观测资料，该测波点位置位于海峡入口处的西侧，对研究该水域的波浪具有很好的代表性。

从观测点（P0）的波浪资料来看，工程水域的波浪主要出现在 SSE—ESE 向，SE 向的波浪主导，频率站全年的 72.8%；SSE 向次之，占 21.4%；其余为 ESE 向的波浪。全年观测到的有效波高（H_s）为 2.04m，对应的 H_{max} 为 3.46m。大部分波高在 0.50～1.00m，这个区段的波高频率占 59%，年平均有效波高为 0.76m。不同有效波高各方向出现频率见表 2.12。

表 2.12　工程区-20m 处（P0 点）不同有效波高各方向出现频率统计表

方向	不同有效波高（H_s，m）各方向出现频率/%									总频率/%
	<0.24	0.25～0.49	0.50～0.74	0.75～0.99	1.00～1.24	1.25～1.49	1.50～1.74	1.75～1.99	>2.00	
N—E	—	—	—	—	—	—	—	—	—	—
ESE	—	0.3	1.0	2.4	1.4	0.3	0.1	—	—	5.4
SE	0.5	18.9	27.3	16.3	7.8	1.8	0.1	0	0	72.8
SSE	0.4	7.7	9.0	2.9	1.0	0.2	0	—	—	21.4
S	0.1	0.3	—	—	—	—	—	—	—	0.4
SSW	—	0	—	—	—	—	—	—	—	0
SW—NNW	—	—	—	—	—	—	—	—	—	—
总计	1.0	27.2	37.3	21.6	10.2	2.3	0.2	0	0	100

从观测资料的波周期（T）分布来看，观测到的最大波周期为 14.6s。波周期大都出现在 7.5～12.5s 的范围内，占全年的 94.2%，其中周期在 10.0～12.4s 的波浪出现频率为 53.6%，全年波周期平均值为 10.1s。不同波周期各方向出现频率列于表 2.13。

表 2.13　工程区 -20m 处（P0 点）不同波周期各方向出现频率统计表

方向	不同波周期（T，s）各方向出现频率/%						总频率/%
	<4.9	5.0~7.4	7.5~9.9	10.0~12.4	12.5~14.9	>15	
N—E	—	—	—	—	—	—	—
ESE	—	1.3	4.0	0.2	—	—	5.4
SE	—	0.9	32.4	38.4	1.1	—	72.8
SSE	—	—	4.7	14.8	1.9	—	21.4
S	—	—	0.2	0.2	—	—	0.4
SSW	—	—	—	0	—	—	0
SW—NNW	—	—	—	—	—	—	—
总计	0	2.1	41.3	53.6	3.0	—	100

3. 潮位和潮流实测

1）潮位

（1）观测点布置。

潮位观测点 W1（3°31′42″E，4°12′42″N）进行了为期 1 个月的波浪观测，时间从 2016 年 7 月 18 日至 2016 年 8 月 21 日。

（2）潮位报表和过程曲线。

观测点 W1 实测潮位过程曲线见图 2.37，以当月实测平均海平面为基准。

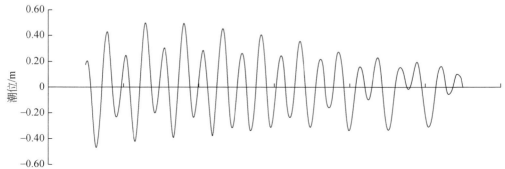

图 2.37　2016 年 7 月 20 日 0：00—2016 年 7 月 30 日 0：00 观测点 W1 潮位过程曲线图

2）潮流

（1）观测点布置。

在大潮期间，进行了 3 个观测点（C1、C2 和 W1）的潮流观测，观测时间从 2016 年 7 月 19 日 0：00 至 7 月 22 日 0：00；在小潮期间，进行了 3 个观测点（C1、C2 和 W1）的潮流观测，观测时间从 2015 年 7 月 26 日 0：00 至 7 月 29 日 0：00，潮流观测时间按照潮流闭合的原则，最短不小于 26 小时。

（2）流速流向。

3 个观测点（C1、C2 和 W1）的流速特征值统计见表 2.2，从表可以看出，大潮期观测的最大流速为 1.26m/s，出现在观测点 C1 表层；小潮期观测的最大流速为 1.01m/s，出现在观测点 C1 表层。观测点 C2 和 W1 最大流速分别为 0.32m/s 和 0.30m/s。3 个观测点大潮期的垂向平均流速分别为 0.12m/s、0.03m/s 和 0.05m/s；小潮期的垂向平均流速分别为 0.07m/s、0.02m/s 和 0.05m/s。

4. 波浪实测

1）观测点布置

在观测点 W1 进行为期 1 个月的波浪观测。

2）波浪分析

（1）波浪特征值。

根据水文观测期间（2016 年 7 月 18 日—8 月 21 日）获得的所有整点数据统计波浪特征值如表 2.14 所示。

表 2.14　波浪特征值统计表

项目	统计值	项目	统计值
H_{max}/m	1.3	$H_{1/3}$ 最大值/m	0.8
H_{max} 对应波周期/s	3.0	$H_{1/3}$ 平均值/m	0.3
H_{max} 对应波向/(°)	313	H_{mean} 最大值/m	0.5
H_{max} 出现时间	2016 年 8 月 20 日 1：00	H_{mean} 平均值/m	0.2
$H_{1/10}$ 最大值/m	1.0	T_{mean} 最大值/s	3.0
$H_{1/10}$ 平均值/m	0.4	T_{mean} 平均值/s	2.3

波浪观测期间，$H_{1/3}$ 平均值为 0.3m，$H_{1/10}$ 平均值为 0.4m，T_{mean} 平均值为 2.3s，最大波高为 1.3m，对应波周期为 3s，发生时间是 2016 年 8 月 20 日 1：00，对应波向为 313°（NW 方向）。

（2）波向。

波向表示波浪传来的方向，以观测期间资料分 16 个方位进行波向统计。公式为 $P = i/N \times 100\%$，其中，P 为每一方向波浪出现率；i 为每一方向波浪出现次数，N 为统计资料总次数。统计结果见表 2.15，可知波浪观测期间波向较为分散，波向频率统计如图 2.38 所示。

表 2.15　观测期间（2015 年 4 月 8 日—7 月 9 日）平均波向频率统计表

方位	N	NNE	NE	ENE	E	ESE	SE	SSE	S	SSW	SW	WSW	W	WNW	NW	NNW
频率/%	5.4	6.7	7.1	5.5	5.6	4.8	3.4	4.9	5.9	12.9	8.3	6.2	5.4	6.4	6.0	5.5

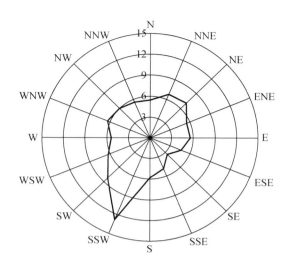

图 2.38 波向频率（%）统计图

（3）波高。

波高等级划分依据海滨观测规范标准，如表 2.16 所示；以 $H_{1/10}$ 为代表，对波高分级频率统计的结果见表 2.17。由表 2.17 可知，施测海域主要以 2 级（小浪）为主，即 $H_{1/10}$ 出现频率最大波段在 0.1m 至 0.5m 之间，占观测期间波高总数的 84.6%；其余为 3 级（轻浪），频率为 15.4%。

表 2.16 波高等级划分标准表

等级	波高/m	名称	等级	波高/m	名称
0	0	无浪	5	$2.5 \leqslant H_{1/3} < 4.0$ $3.0 \leqslant H_{1/10} < 5.0$	大浪
1	$H_{1/3} < 0.1$ $H_{1/10} < 0.1$	微浪	6	$4.0 \leqslant H_{1/3} < 6.0$ $5.0 \leqslant H_{1/10} < 7.5$	巨浪
2	$0.1 \leqslant H_{1/3} < 0.5$ $0.1 \leqslant H_{1/10} < 0.5$	小浪	7	$6.0 \leqslant H_{1/3} < 9.0$ $7.5 \leqslant H_{1/10} < 11.5$	狂浪
3	$0.5 \leqslant H_{1/3} < 1.25$ $0.5 \leqslant H_{1/10} < 1.5$	轻浪	8	$9.0 \leqslant H_{1/3} < 14.0$ $11.5 \leqslant H_{1/10} < 18.0$	狂涛
4	$1.25 \leqslant H_{1/3} < 2.5$ $1.5 \leqslant H_{1/10} < 3.0$	中浪	9	$14.0 \leqslant H_{1/3}$ $18.0 \leqslant H_{1/10}$	怒涛

表 2.17 $H_{1/10}$ 不同方向分级频率（%）统计表

方向	1 级	2 级	3 级	4 级	5 级	合计
N	—	4.3	1.1	—	—	5.4
NNE	—	5.6	1.1	—	—	6.7

续表

方向	1 级	2 级	3 级	4 级	5 级	合计
NE	—	6.1	1.0	—	—	7.1
ENE	—	4.8	0.7	—	—	5.5
E	—	5.4	0.2	—	—	5.6
ESE	—	3.8	1.0	—	—	4.8
SE	—	3.1	0.4	—	—	3.5
SSE	—	4.4	0.5	—	—	4.9
S	—	5.3	0.6	—	—	5.9
SSW	—	12.2	0.6	—	—	12.8
SW	—	7.5	0.9	—	—	8.4
WSW	—	5.5	0.7	—	—	6.2
W	—	3.8	1.6	—	—	5.4
WNW	—	5.0	1.3	—	—	6.3
NW	—	4.4	1.6	—	—	6
NNW	—	3.4	2.1	—	—	5.5
合计	—	84.6	15.4	—	—	100

对观测期间不同 $H_{1/10}$ 级别与 16 个方位波向资料进行统计，由此可以绘制波高和波向联合分布图如图 2.39 所示，观测期间常浪向为 SSW 方向（频率 12.9%），其次为 SW 方向（频率 8.3%）。

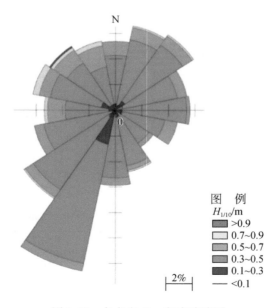

图 2.39　各方向 $H_{1/10}$ 频率玫瑰图

（4）周期。

观测期间平均波周期（T_{mean}）在 1.9~3.0s，平均值为 2.3s。对观测期间 T_{mean} 进行分级统计，结果如表 2.18 所示，有表可知，平均周期基本在 2.0~2.9s，观测期间在此区间频率达到 100%。

表 2.18　平均波周期（T_{mean}）频率统计表

T_{mean}/s	≤1.9	2.0~2.9	3.0~3.9	4.0~4.9	5.0~5.9	6.0~6.9	7.0~7.9	≥8.0
频率/%	0	100	0	0	0	0	0	0

2.4.2.4　波浪计算模型①

构建不同尺度范围的风浪模型，大范围风浪模型涵盖大部分印度洋海域，纬度范围为 63°S 至 23°N，经度范围为 30°E 至 100°E，最大网格尺度为 120km、最小网格尺度为 30km，东至印度尼西亚群岛，西至非洲大陆东岸及马达加斯加岛，北至波斯湾口，南至南极周边海域。大范围风浪模型网格及计算波浪场范围见图 2.40（a）。该风浪模型采用透浪边界条件，以 CCMP 风场作为主要波浪驱动力，用于研究南极附近西风带生成风浪对于工程区域波浪场的影响，计算大范围印度洋海域波浪场情况，为小范围风浪模型提供波浪边界条件。

中范围风浪模型 ［图 2.40（b）］ 覆盖马尔代夫工程周边海域，以北马累环礁为主，纬度范围为 3.95°N 至 4.80°N，经度范围为 73.2°E 至 73.85°E，最大网格尺度为 2000m、

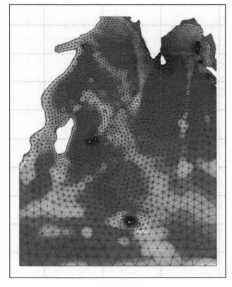

(a) 大范围

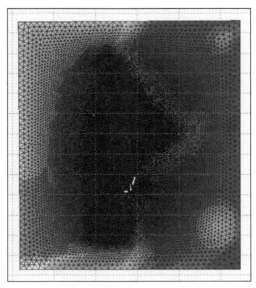

(b) 中范围

---

① 南京水利科学研究院，2016，马尔代夫易卜拉欣·纳西尔国际机场改扩建工程设计波浪要素推算报告。

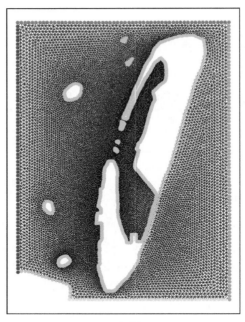

(c) 小范围

图 2.40　大范围、中范围和小范围风浪模型网格和计算范围示意图

最小网格尺度为 20m，采用大范围模型提供的风、涌浪混合边界条件，辅以 CCMP 风场驱动波浪，主要用于计算工程区波浪受近岸地形影响发生的波浪变形。

为配合机场岛北侧吹填延伸施工需要，考虑机场岛近岸局部地形对于波浪传播的影响，采用局部小范围风浪模型对机场岛北端波浪场进行计算。小范围风浪模型 [图 2.40 (c)] 包含机场岛及周边相关岛屿，最大网格尺度 100m、最小网格尺度 10m。小范围风浪模型采用大范围模型和中范围模型提取的对应波浪边界条件，并考虑区域内风场作用。

2.4.2.5　外护岸波浪作用

1. 工程区波浪场

依据前面分析的工程区不同方向的重现期设计风速，建立了北马累环礁水域的风浪场计算数学模型，根据数学模型的结果提取拟建的马尔代夫国际机场外侧护岸沿线控制点的波浪要素。

波浪场计算的组合包括波浪重现期为 100 年一遇、50 年一遇、25 年一遇、10 年一遇、5 年一遇、2 年一遇 6 个，计算水位分别为极端高、极端低水位和设计高、设计低水位。根据护岸工程所处位置的特点，风浪计算包括 N、NNW、NW、WNW、W、WSW、SW、SSW、S 和 SSE 向 10 个主要方向，对应不同方向的风速采用海面 10m 高度的 10min 平均风速。

为研究工程护岸在不同方向风浪作用下设计波浪要素，图 2.41 给出了护岸工程外侧的自南向北一些波浪计算控制点位置（图中 W1 ~ W15）。表 2.19 和表 2.20 列出了 100 年一遇风速作用下各控制点处不同方向有效波高（H_s）和 1% 最大波高（$H_{1\%}$）的比较。图 2.42 分别列出了工程水域 10 个不同方向计算得出的 100 年一遇有效波高（H_s）分布。

从上述计算成果可以看出：

（1）从工程护岸外侧控制点位置的波高分布来看，最大波浪出现在 WNW 向和 W 向，计算结果表明，在 100 年一遇波浪重现期和极端高水位组合条件下，就自南向北 15 个控制点位置来看，沿线 100 年一遇的有效波高在 2.07~2.38m；各控制点的有效波高的最大值为 2.38m，对应的 $H_{1\%}$ 为 3.50m，主要受 WNW 向的风浪影响。

（2）就不同方向对护岸前的波浪影响来看，由于 W 向和 WNW 向的风速最大，这两个方向波浪在护岸前影响也最大，这两个方向在护岸前产生的有效波高一般在 2.00m 左右，其他方向的波高一般小于 2.00m。

（3）护岸前的波浪主要是由环礁内水域的风产生的，波浪周期相对外海来说不大，100 年一遇的波周期最大值为 5.93s。

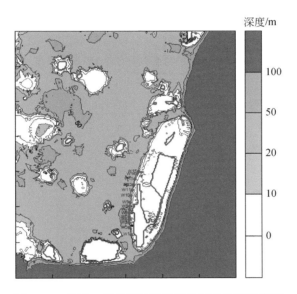

图 2.41　护岸工程外侧波浪计算控制点位置示意图

表 2.19　工程区 100 年一遇各控制点不同方向有效波高（H_s）统计表

控制点	不同方向有效波高（H_s）/m										最大值/m
	N	NNW	NW	WNW	W	WSW	SW	SSW	S	SSE	
W1	1.24	1.58	1.75	2.19	2.08	1.63	1.52	1.39	1.57	1.49	2.19
W2	1.34	1.72	1.89	2.38	2.26	1.71	1.51	1.35	1.53	1.44	2.38
W3	1.28	1.62	1.79	2.29	2.18	1.67	1.45	1.21	1.31	1.23	2.29
W4	1.22	1.49	1.63	2.09	1.99	1.47	1.34	1.12	1.20	1.11	2.09
W5	1.28	1.53	1.64	2.12	2.04	1.52	1.36	1.13	1.18	1.07	2.12
W6	1.42	1.69	1.80	2.28	2.19	1.71	1.55	1.21	1.19	1.03	2.28

控制点	不同方向有效波高（H_s）/m										最大值/m
	N	NNW	NW	WNW	W	WSW	SW	SSW	S	SSE	
W7	1.35	1.58	1.67	2.09	2.04	1.63	1.50	1.17	1.11	0.91	2.09
W8	1.41	1.65	1.72	2.13	2.10	1.71	1.57	1.20	1.11	0.90	2.13
W9	1.42	1.66	1.74	2.19	2.18	1.78	1.63	1.22	1.10	0.85	2.19
W10	1.42	1.69	1.78	2.22	2.23	1.84	1.65	1.23	1.08	0.80	2.23
W11	1.41	1.71	1.79	2.23	2.23	1.82	1.62	1.21	1.05	0.77	2.23
W12	1.42	1.69	1.77	2.21	2.23	1.80	1.62	1.21	1.03	0.77	2.23
W13	1.34	1.57	1.61	2.05	2.07	1.71	1.50	1.09	0.94	0.72	2.07
W14	1.42	1.62	1.66	2.12	2.16	1.79	1.61	1.14	0.96	0.70	2.16
W15	1.42	1.60	1.67	2.17	2.21	1.84	1.64	1.14	0.95	0.67	2.21

表 2.20　工程区 100 年一遇各控制点不同方向 1% 最大波高（$H_{1\%}$）统计表

控制点	不同方向 1% 最大波高（$H_{1\%}$）/m										最大值/m
	N	NNW	NW	WNW	W	WSW	SW	SSW	S	SSE	
W1	1.83	2.32	2.56	3.19	3.03	2.39	2.23	2.05	2.31	2.19	3.19
W2	1.99	2.54	2.79	3.50	3.32	2.53	2.24	2.00	2.27	2.13	3.50
W3	1.89	2.39	2.63	3.35	3.19	2.46	2.14	1.79	1.94	1.82	3.35
W4	1.81	2.20	2.40	3.06	2.92	2.17	1.98	1.66	1.78	1.65	3.06
W5	1.89	2.26	2.42	3.11	2.99	2.24	2.01	1.68	1.75	1.59	3.11
W6	2.10	2.49	2.65	3.34	3.21	2.52	2.29	1.79	1.76	1.53	3.34
W7	2.00	2.33	2.46	3.06	2.99	2.40	2.21	1.73	1.65	1.35	3.06
W8	2.08	2.43	2.53	3.12	3.08	2.52	2.32	1.78	1.65	1.34	3.12
W9	2.10	2.45	2.56	3.20	3.19	2.62	2.40	1.81	1.63	1.26	3.20
W10	2.08	2.47	2.60	3.22	3.23	2.68	2.41	1.81	1.59	1.19	3.23
W11	2.08	2.51	2.62	3.25	3.25	2.66	2.38	1.79	1.55	1.14	3.25
W12	2.10	2.49	2.60	3.23	3.26	2.65	2.39	1.79	1.53	1.15	3.26
W13	1.98	2.31	2.37	3.00	3.03	2.51	2.21	1.61	1.40	1.07	3.03
W14	2.09	2.37	2.43	3.08	3.14	2.62	2.36	1.68	1.42	1.04	3.14
W15	2.09	2.34	2.44	3.15	3.21	2.69	2.40	1.68	1.41	1.00	3.21

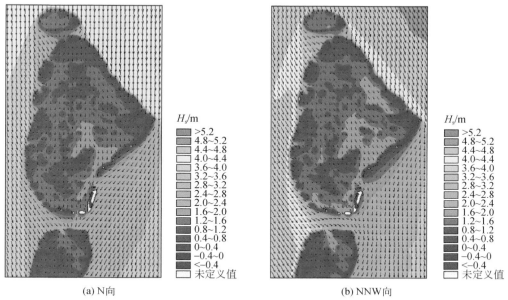

(a) N向　　　　　　　　　　　　　　　　　(b) NNW向

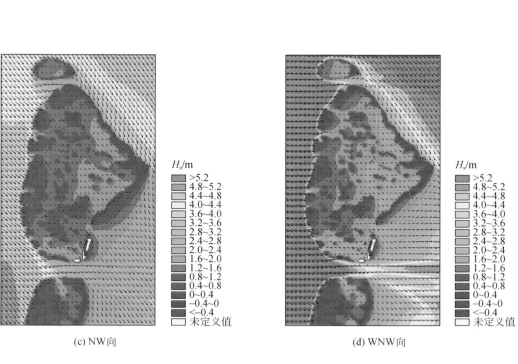

(c) NW向　　　　　　　　　　　　　　　　(d) WNW向

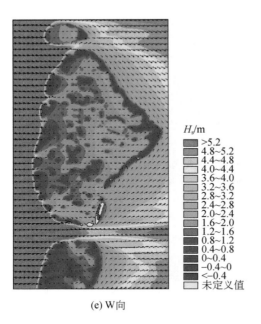

(e) W向

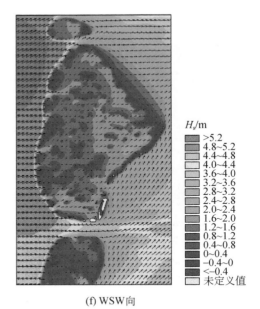

(f) WSW向

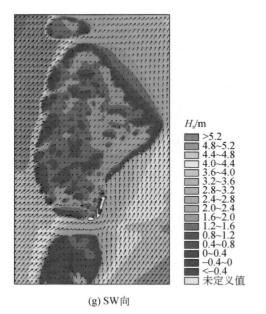

(g) SW向

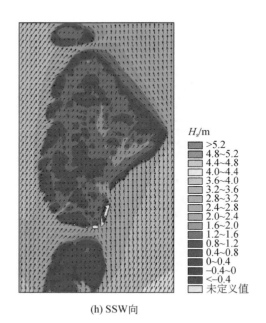

(h) SSW向

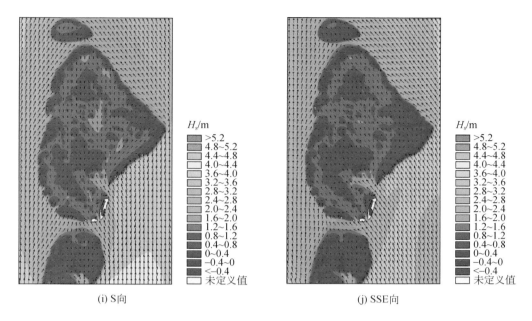

(i) S向　　　　　　　　　　　　　　　　　　　(j) SSE向

图 2.42　工程区极端高水位下 10 个不同方向 100 年一遇有效波高（H_s）分布示意图

2. 工程区局部波浪场

为配合机场岛北侧吹填延伸施工需要，考虑机场岛近岸局部地形对于波浪传播的影响，采用局部模型对机场岛北端波浪场进行计算。工程区局部小范围风浪模型包含机场岛及周边相关岛屿，最大网格尺度 100m、最小网格尺度 10m，局部模型计算的范围和计算控制点位置见图 2.43 和图 2.44，计算网格见图 2.40（c）。

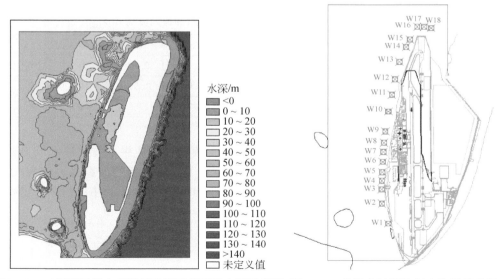

图 2.43　工程区局部小范围风浪模型范围及水深示意图　图 2.44　机场岛计算控制点位置示意图

　　局部风浪模型采用 2.3.2 节所述大范围模型提取的对应波浪边界条件,并考虑区域内风场作用。局部模型波浪场计算的组合包括波浪重现期为 100 年一遇、50 年一遇、25 年一遇、10 年一遇、5 年一遇、2 年一遇 6 个,计算水位分别为极端高、极端低水位和设计高、设计低水位。风浪计算包括 N、NNW、NW、WNW、W、WSW、SW、SSW 和 S 向 9 个主要方向。

　　机场岛北侧补充控制点坐标及水深见表 2.21。表 2.22 及表 2.23 给出了 100 年一遇极端高水位情况下各补充控制点(W16 ~ W18)处不同方向有效波高(H_s)和 1% 最大波高($H_{1\%}$)的比较。不同方向、波浪重现期和水位组合条件下控制点(W16 ~ W18)的波浪要素计算成果限于篇幅而不赘述。图 2.45 分别列出了工程区局部极端高水位下 9 个不同方向计算得出的 100 年一遇有效波高(H_s)分布。

表 2.21　机场岛北侧补充控制点信息

控制点	X	Y	水深/m
W16	336840.5	466245.9	−24.0
W17	336971.7	466243.9	−5.0
W18	337104.9	466221.7	−10.8

表 2.22　工程区局部 100 年一遇各控制点不同方向有效波高(H_s)统计表

控制点	N	NNW	NW	WNW	W	WSW	SW	SSW	S	最大
W16	1.50	1.66	1.72	2.20	2.21	1.84	1.68	1.21	1.02	2.21
W17	1.20	1.35	1.44	1.71	1.65	1.47	1.36	1.05	0.86	1.71
W18	0.55	0.74	0.94	1.19	1.28	1.19	1.12	0.88	0.73	1.28

表 2.23　工程区局部 100 年一遇各控制点不同方向 1% 最大波高($H_{1\%}$)统计表

点位	N	NNW	NW	WNW	W	WSW	SW	SSW	S	最大
W16	2.22	2.45	2.54	3.23	3.25	2.71	2.48	1.80	1.52	3.25
W17	1.71	1.91	2.02	2.37	2.30	2.06	1.92	1.50	1.24	2.37
W18	0.82	1.09	1.38	1.74	1.87	1.74	1.64	1.30	1.08	1.87

　　从工程区机场岛北侧吹填区局部水域的波浪数值模型计算成果来看,该水域自西向东波高逐渐减小,在最西侧的进港航道外侧的 W16 位置 100 年一遇的波高最大值为 3.25m,主要受 WNW 向和 W 向的大风浪作用;波浪向南北围填陆域之间的水道向口内传播,波高有减小的趋势,在东侧内湖区段的波高为 1.87m。

2.4.2.6　潟湖内波浪作用

　　潟湖内工程区深度开挖到 16 ~ 18m,潟湖侧的护岸工程位于潟湖内西侧,因此护岸工程主要受偏东方向的风浪作用,在风浪计算时考虑 NE、E、SE 3 个方向的波浪。

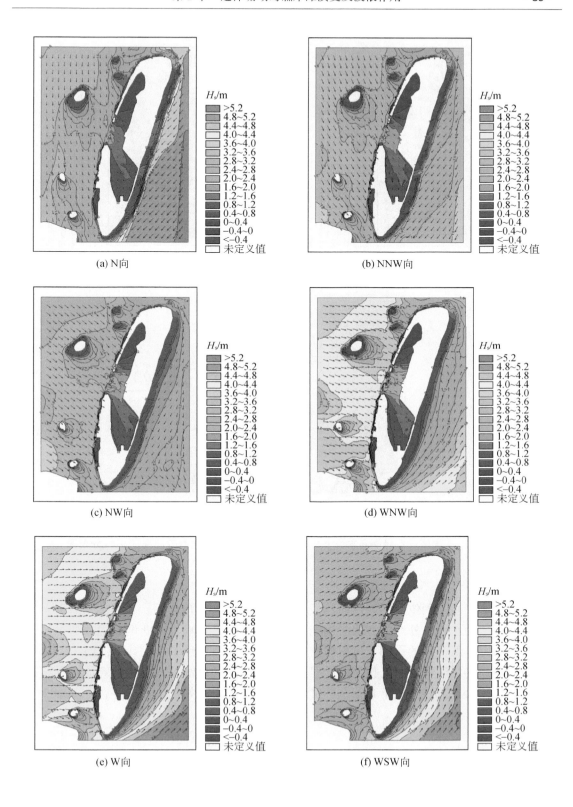

(a) N向

(b) NNW向

(c) NW向

(d) WNW向

(e) W向

(f) WSW向

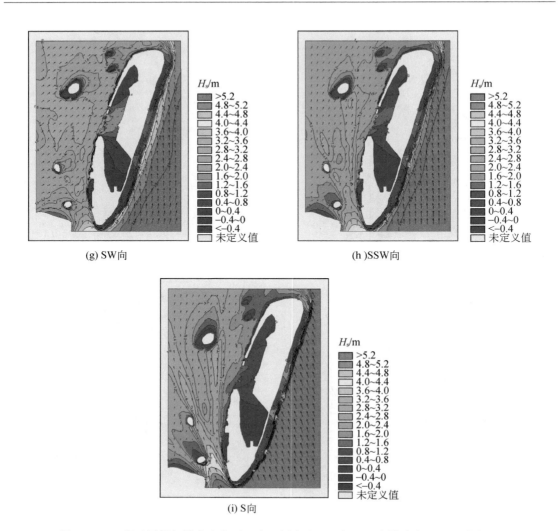

图 2.45　工程区局部极端高水位下 9 个不同方向 100 年一遇有效波高（H_s）分布图

1. 计算方法

潟湖侧的护岸工程位于潟湖内西侧，主要受偏 E 向的风浪作用。工程实施后潟湖基本上是一个封闭的水域，外海的波浪对潟湖内西侧护岸没有影响，因此潟湖内水域护岸的波浪主要是局部小风浪区的影响。可根据护岸的位置采用风浪经验公式计算得到。

根据风速和风区长度以及相应的沿程水深采用有关的风浪公式可以计算波浪要素。目前常用的风浪公式较多。以下介绍几种常用的风浪计算公式如下：

（1）莆田试验站公式：

$$\frac{gH_s}{U^2} = 0.13\tanh\left[0.7\left(\frac{gd}{U^2}\right)^{0.7}\right]\tanh\left\{\frac{0.0018\left(\frac{gF}{U^2}\right)^{0.45}}{0.13\tanh\left[0.7\left(\frac{gd}{U^2}\right)^{0.7}\right]}\right\} \tag{2.29}$$

$$\frac{gT_s}{U} = 13.9 \left(\frac{gH_s}{U^2}\right)^{0.5} \tag{2.30}$$

（2）SMB 法：

$$\frac{gH_s}{U^2} = 0.283\tanh\left[0.530\left(\frac{gd}{U^2}\right)^{0.75}\right]\tanh\left\{\frac{0.0125\left(\frac{gF}{U^2}\right)^{0.42}}{\tanh\left[0.53\left(\frac{gd}{U^2}\right)^{0.75}\right]}\right\} \tag{2.31}$$

$$\frac{gT_s}{U} = 7.540\tanh\left[0.833\left(\frac{gd}{U^2}\right)^{0.375}\right]\tanh\left\{\frac{0.077\left(\frac{gF}{U^2}\right)^{0.25}}{\tanh\left[0.833\left(\frac{gd}{U^2}\right)^{0.375}\right]}\right\} \tag{2.32}$$

（3）海大公式 ［《海港水文规范》（JTS 145—2—2013），推荐］

$$\frac{gH_s}{U^2} = 5.5 \times 10^{-3}\left(\frac{gF}{U^2}\right)^{0.35}\tanh\left[30\frac{\left(\frac{gd}{U^2}\right)^{0.8}}{\left(\frac{gF}{U^2}\right)^{0.35}}\right] \tag{2.33}$$

$$\frac{gT_s}{U} = 0.55 \times \left(\frac{gF}{U^2}\right)^{0.233}\tanh^{2/3}\left[30\frac{\left(\frac{gd}{U^2}\right)^{0.8}}{\left(\frac{gF}{U^2}\right)^{0.35}}\right] \tag{2.34}$$

式中，H_s 为有效波高，m；g 为重力加速度，m/s^2；U 为海面 10m 高度的平均风速，m/s；F 为风区长度，m；d 为水深，m；T_s 为有效波周期，s。

2. 计算结果

为分析潟湖内的波浪要素，在机场岛潟湖内侧自北向南沿线布置控制点 1#～5#。根据护岸的位置，风浪计算考虑 NE、E、SE 3 个方向的波浪。潟湖内工程区深度开挖到 16～18m，由于该地区潮差不大，潮差仅为 1.0m 左右，100 年一遇设计高潮位为 0.75m 左右，计算中水深考虑极端高水位。

根据控制点位置的不同，确定不同控制点位置、不同方向沿程的平均水深和有效风区长度后，采用几种不同的风浪公式计算了 5 个点的波高，经比较我国《海港水文规范》（JTS 145—2—2013）推荐的海大公式计算的波高最大，因此采用该方法计算控制点的波浪要素。

表 2.24～表 2.27 分别是潟湖内侧各控制点、不同方向在波浪重现期分别为 100 年一遇、50 年一遇、25 年以上和 10 年一遇情况下的波浪要素计算结果。从计算结果来看，由于不同方向的风区长度、风速不同，不同方向风在潟湖内侧护岸产生的波高也不同，总体来说，内侧护岸沿线 100 年一遇的 13% 最大波高（$H_{13\%}$）为 0.7～0.9m，相应的 1% 最大波高（$H_{1\%}$）最大值为 1.16m。

表 2.24　100 年一遇各控制点的波浪要素计算结果表

控制点	方向	水深/m	$H_{1\%}$/m	$H_{4\%}$/m	$H_{5\%}$/m	$H_{13\%}$/m	平均波高/m	平均波周期/s	波长/m
1#	NE	9.6	1.08	0.91	0.88	0.73	0.46	3.28	16.8
	E	9.6	0.95	0.80	0.77	0.64	0.40	3.09	14.9
	SE	9.6	1.00	0.85	0.82	0.68	0.43	3.18	15.8
2#	NE	8.8	1.13	0.96	0.92	0.77	0.49	3.38	17.8
	E	8.8	1.03	0.87	0.84	0.70	0.44	3.22	16.2
	SE	8.8	0.99	0.83	0.80	0.67	0.42	3.14	15.4
3#	NE	6.2	1.16	0.99	0.95	0.80	0.51	3.44	18.0
	E	6.2	1.05	0.89	0.86	0.72	0.46	3.26	16.3
	SE	6.2	0.89	0.76	0.73	0.61	0.39	3.01	14.0
4#	NE	1.4	0.91	0.91	0.91	0.90	0.67	3.66	12.6
	E	1.4	0.91	0.86	0.84	0.75	0.53	3.33	11.3
	SE	1.4	—	—	—	—	—	—	—
5#	NE	3.1	1.08	0.93	0.90	0.77	0.50	3.39	15.3
	E	3.1	0.98	0.84	0.81	0.69	0.45	3.20	14.1
	SE	3.1	0.73	0.63	0.61	0.51	0.33	2.74	11.0

表 2.25　50 年一遇各控制点的波浪要素计算结果表

控制点	方向	水深/m	$H_{1\%}$/m	$H_{4\%}$/m	$H_{5\%}$/m	$H_{13\%}$/m	平均波高/m	平均波周期/s	波长/m
1#	NE	9.6	0.99	0.83	0.81	0.67	0.42	3.14	15.4
	E	9.6	0.87	0.73	0.71	0.59	0.37	2.95	13.6
	SE	9.6	0.86	0.72	0.70	0.58	0.36	2.94	13.5
2#	NE	8.8	1.03	0.87	0.84	0.70	0.44	3.23	16.3
	E	8.8	0.94	0.80	0.77	0.64	0.40	3.08	14.8
	SE	8.8	0.84	0.71	0.69	0.57	0.36	2.91	13.2
3#	NE	6.2	1.06	0.90	0.87	0.73	0.46	3.29	16.6
	E	6.2	0.95	0.80	0.78	0.65	0.41	3.11	14.9
	SE	6.2	0.76	0.65	0.62	0.52	0.33	2.79	12.1
4#	NE	1.4	0.91	0.91	0.91	0.82	0.60	3.50	12.0
	E	1.4	0.89	0.79	0.77	0.68	0.48	3.18	10.7
	SE	1.4	—	—	—	—	—	—	—
5#	NE	3.1	1.00	0.86	0.84	0.71	0.46	3.24	14.3
	E	3.1	0.90	0.77	0.74	0.63	0.41	3.06	13.2
	SE	3.1	0.62	0.53	0.51	0.43	0.27	2.54	9.7

表 2.26　25 年一遇各控制点的波浪要素计算结果表

控制点	方向	水深/m	$H_{1\%}$/m	$H_{4\%}$/m	$H_{5\%}$/m	$H_{13\%}$/m	平均波高/m	平均波周期/s	波长/m
1#	NE	9.6	0.89	0.75	0.72	0.60	0.38	2.99	14.0
	E	9.6	0.79	0.66	0.64	0.53	0.33	2.81	12.3
	SE	9.6	0.81	0.69	0.66	0.55	0.34	2.85	12.7
2#	NE	8.8	0.94	0.80	0.77	0.64	0.40	3.08	14.8
	E	8.8	0.86	0.72	0.70	0.58	0.36	2.93	13.4
	SE	8.8	0.80	0.67	0.65	0.54	0.34	2.82	12.4
3#	NE	6.2	0.96	0.82	0.79	0.66	0.42	3.13	15.1
	E	6.2	0.86	0.73	0.71	0.59	0.37	2.97	13.7
	SE	6.2	0.72	0.61	0.59	0.49	0.31	2.70	11.4
4#	NE	1.4	0.91	0.86	0.84	0.75	0.53	3.33	11.3
	E	1.4	0.82	0.73	0.71	0.62	0.43	3.03	10.1
	SE	1.4	—	—	—	—	—	—	—
5#	NE	3.1	0.91	0.78	0.76	0.64	0.41	3.09	13.4
	E	3.1	0.82	0.70	0.68	0.57	0.37	2.92	12.2
	SE	3.1	0.60	0.51	0.49	0.41	0.26	2.46	9.2

表 2.27　10 年一遇各控制点的波浪要素计算结果表

控制点	方向	水深/m	$H_{1\%}$/m	$H_{4\%}$/m	$H_{5\%}$/m	$H_{13\%}$/m	平均波高/m	平均波周期/s	波长/m
1#	NE	9.6	0.77	0.65	0.63	0.52	0.33	2.78	12.1
	E	9.6	0.68	0.57	0.55	0.46	0.29	2.61	10.6
	SE	9.6	0.68	0.57	0.55	0.46	0.29	2.61	10.6
2#	NE	8.8	0.81	0.68	0.66	0.55	0.35	2.86	12.8
	E	8.8	0.74	0.62	0.60	0.50	0.31	2.72	11.5
	SE	8.8	0.67	0.56	0.54	0.45	0.28	2.58	10.4
3#	NE	6.2	0.84	0.71	0.68	0.57	0.36	2.91	13.2
	E	6.2	0.75	0.63	0.61	0.51	0.32	2.75	11.8
	SE	6.2	0.61	0.51	0.49	0.41	0.26	2.47	9.5
4#	NE	1.4	0.86	0.76	0.74	0.65	0.45	3.10	10.4
	E	1.4	0.72	0.63	0.61	0.53	0.36	2.81	9.2
	SE	1.4	—	—	—	—	—	—	—
5#	NE	3.1	0.79	0.67	0.65	0.55	0.35	2.87	11.9
	E	3.1	0.71	0.60	0.58	0.49	0.31	2.70	10.8
	SE	3.1	0.50	0.42	0.41	0.34	0.22	2.25	7.8

2.4.2.7　计算波浪作用与实测对比验证

1. 机场岛所在礁盘外波浪作用与实测对比验证

马累礁盘外大范围数学模型采用 2.3.1 节介绍的风浪数学模型，首先进行大范围的波浪场计算，根据大范围海域的风浪计算结果，提取工程区外海 –1000m 处（P1 点）的不同时刻的波高、波向资料。对其进行分方向、分年份统计可以得出该位置处的分方向年极值波浪要素。采用 P3 型频率曲线拟合得出不同波浪重现期几个影响较大方向的波浪要素（有效波高和波周期），结果列于表 2.28、表 2.29。

表 2.28　工程区外海–1000m 处（P1 点）不同重现期、不同方向有效波高（H_s）计算结果表

重现期/年	不同方向的有效波高（H_s）/m				
	E	ESE	SE	SSE	S
100	3.07	3.03	4.38	4.34	3.74
50	2.96	2.92	4.18	4.19	3.59
20	2.81	2.77	3.90	3.96	3.37
10	2.70	2.65	3.67	3.77	3.18
2	2.32	2.30	3.01	3.19	2.62

表 2.29　工程区外海–1000m 处（P1 点）不同重现期、不同方向波周期（T）计算结果表

重现期/年	不同方向的波周期（T）/s				
	E	ESE	SE	SSE	S
100	10.2	12.5	14.4	14.9	12.1
50	10.1	12.2	14.2	14.6	11.9
20	9.8	11.8	14.0	14.2	11.6
10	9.7	11.5	13.8	13.8	11.3
2	9.2	10.7	13.2	12.9	10.5

从 P1 点处不同重现期波浪要素可以看出，工程区外海 SE 向和 SSE 向的波高明显大于其他方向的，100 年一遇波浪重现期条件下，SE 向有效波高为 4.38m，对应的波周期为 14.4s；SSE 向有效波高为 4.34m，对应的波周期为 14.9s。图 2.46 列出了 1998 年 2 月 14 日中午某一时刻大范围水域的有效波高分布。

根据大范围波浪场计算结果，采用频率曲线拟合得出 P1 点位置不同方向和重现期的波浪要素，作为该海域外海深水波要素。依据深水处的分方向不同重现期波浪要素成果，建立小范围局部波浪数学模型，分别计算不同方向、不同重现期的波浪由深水向近岸工程区的传播变形，可以得出不同工况组合条件下的外海波浪向马累环礁内的波浪传播变形，分析外海波浪对机场岛环礁内侧护岸水域的波浪影响。

图 2.47～图 2.49 分别是机场岛附近局部水域 SE、SSE 和 S 向的外海波浪向礁盘内传播后，机场岛西侧护岸水域的有效波高分布，从图中可以看出，受机场岛自身和马累岛的

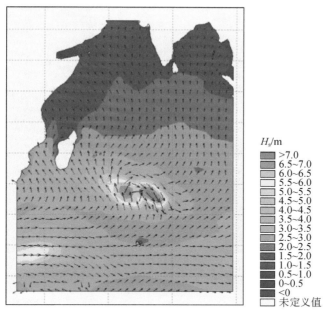

图 2.46　1998 年 2 月 14 日大范围水域有效波高分布示意图

掩护，不同方向的外海波浪传到拟建护岸水域的波高已很小，护岸前波浪主要是由湾内小风区形成的波浪。因此可以说明外海波浪对马尔代夫维拉纳国际机场改扩建工程的影响甚微，机场岛内侧护岸的波浪主要受礁盘内偏西和偏北方向的局部风浪影响。

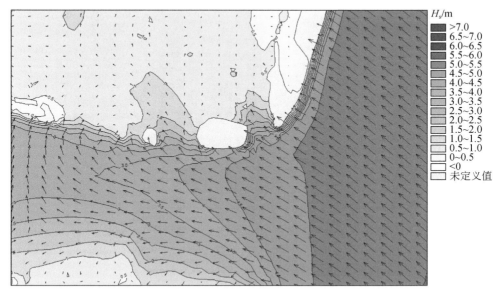

图 2.47　50 年一遇高潮位 SE 向波浪有效波高分布示意图

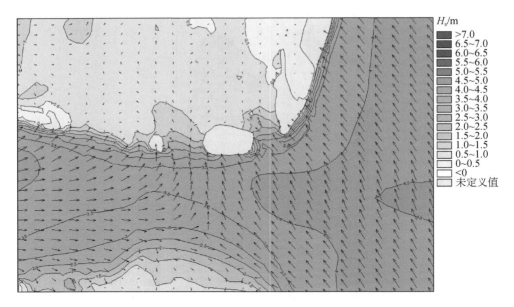

图 2.48　50 年一遇高潮位 SSE 向波浪有效波高分布示意图

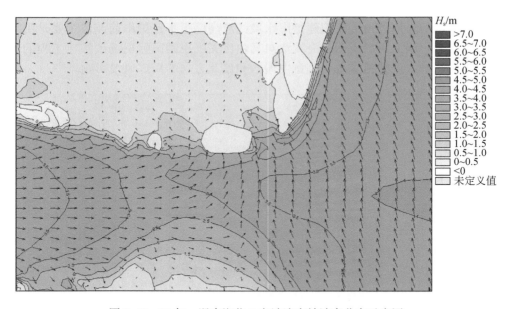

图 2.49　50 年一遇高潮位 S 向波浪有效波高分布示意图

2. 机场岛所在礁盘内波浪作用与实测对比验证

马累礁盘内的风浪模型验证采用 2016 年 8 月期间的波浪观测资料进行，根据现场观测，在工程护岸前 W1 点处观测到的有效波高最大值为 0.8m。

图 2.50 列出了在 2016 年 8 月 19～21 日期间 W1 点处数值模型计算所得的有效波高和现场观测的有效波高的比较，从图中可以看出，数值模型计算的有效波高变化过程基本与

现场观测的一致，计算有效波高最大值为 0.82m，观测有效波高最大值为 0.80m，两者十分接近。表明该模型可用于计算马累水域的风浪场计算。

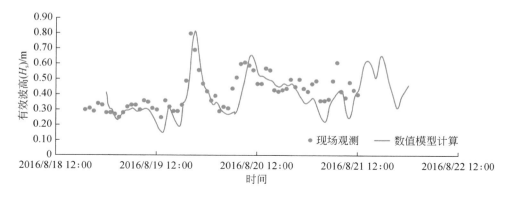

图 2.50　数值模型计算与现场观测有效波高对比结果图（W1 点）

2.5　本 章 小 结

本章介绍了珊瑚岛礁海岸冲淤特征及其演变分析方法，建立了珊瑚岛礁波浪作用要素分析方法，进行了马尔代夫维拉纳国际机场改扩建工程海岸冲淤特征及其演变分析、设计波浪作用要素分析和实测标定，评价了吹填珊瑚岛礁工程稳定性，并为护岸工程设计提供了波浪荷载设计输入。得到以下结论：

（1）分析了马尔代夫维拉纳国际机场改扩建工程所在岛礁的岸滩演变趋势，评价了其稳定性。马尔代夫远洋各岛礁均遵循岛礁发育的基本规律，都是末次冰期以来随着海平面上升而逐渐形成的。岛礁上部主要为末次冰期以后海平面上升至现今海平面附近时形成的，礁盘基础埋深一般在地面以下约 50m 至 15m，因末次冰期以来海平面上升较快、珊瑚礁生长速度快，所形成的碳酸盐相对松散，固结度较低。随着对原机场的围填和建设，机场附近基本没有沙滩分布。在动力相对较弱的潟湖内和礁盘以上岸线，有泥沙分布的岸滩区冲淤变化并不活跃。从 2001～2016 年对比看，礁盘边缘以珊瑚礁为主，基本抗冲刷强度大，礁盘轮廓不致因局部疏浚和吹填而发生变化。拟建围填区北部护岸前沿动力相对较弱，礁盘形态长期稳定，已建围堤外围未见明显冲刷迹象。

（2）基于非结构性网格的 SWAN 海浪模型，构建了不同范围的多尺度风浪计算模型，用于从远场，到近场，再到工程区域的波浪作用精细化计算。进行了马尔代夫维拉纳国际机场改扩建工程机场岛所在礁盘外波浪作用、西北外护岸波浪作用和潟湖内波浪作用分析计算，并在工程现场进行了水文观测，计算与观测结果十分接近，验证了建立的波浪作用计算模型的有效性。

第3章 珊瑚砂工程特性

3.1 研究背景

3.1.1 工程背景和意义

在当今全球粮食、资源、能源供应紧张与人口迅速增长的矛盾日益突出的情况下，开发利用海洋中丰富的资源，已是历史发展的必然趋势。随着世界各国国防战略和岛礁旅游业开发的需要，越来越多的构筑物开始在岛礁和海上建设，规模也越来越大。20世纪初，各国均开始了海底油气的开发，大量的石油平台开始修建，同时，许多国家因民用、工业及军事的需要，开始大面积采用珊瑚砂填海造陆。从20世纪60年代开始，在世界许多地区的海洋建设中都遇到珊瑚砂，由于当时对其特殊的物理力学性质缺乏了解，使工程在建设和使用过程中出现了一系列问题。

同时，远洋珊瑚岛礁工程建设由于远离大陆，工程建设材料缺乏，通常采用当地海底天然珊瑚砂进行填海造地，填海面积较大时使用的珊瑚砂工程量常常非常巨大，如何就地取材，有效利用珊瑚砂作为工程建设材料成为关键。新吹填珊瑚砂陆域常采用直立板桩式或斜坡式块石护岸，对于新吹填陆域上新建工程，必须使吹填珊瑚砂地基满足地基承载力及变形要求。上述工程建设无不与吹填珊瑚砂的岩土工程特性相关，因此，有必要对珊瑚砂的物理力学性质、压缩与沉降特性以及地基处理方法等进行深入的研究。随着"21世纪海上丝绸之路"倡议提出，沿线岛礁广泛分布有大量的珊瑚砂，科学系统的珊瑚砂工程特性具有重要的理论价值和现实意义，可为珊瑚礁地区工程建设的正确规划与合理设计、施工提供科学依据。

3.1.2 国内外研究现状

珊瑚砂为具有海洋生物成因、碳酸钙含量超过50%的粒状材料，是珊瑚礁、死亡的珊瑚和贝壳等在生物或其他作用下形成的碎屑物，而珊瑚礁和死珊瑚的矿物成分主要为文石和高镁方解石，化学成分主要为碳酸钙，其含量达90%以上，在岩土类别中统属碳酸盐类土或钙质土。人类第一次遇到生物成因的珊瑚砂引起的工程问题可追溯到20世纪60年代，1968年在伊朗的Lavan石油平台的建设过程中，直径约1m的桩在穿过约8m的胶结良好地层后，遇到珊瑚砂地层自由下落约15m，直至可提供较高端承力的岩层。由于海水深度较小，对桩的抗拔要求不高，此工程幸运地取得了成功，故珊瑚砂及其带来的岩土工程问题并未暴露，未引起重视。此后在澳大利亚、菲律宾、巴西等国的海洋石油平台建设过程中，珊瑚砂引起了一系列工程问题并造成重大损失，这才引起了人们的关注，继而对珊瑚砂的力学特性和工程特性进行了研究（Hardin，1985；Daouadji et al.，2001；Shahnazari and Rezvani，2013）。1988年，在澳大利亚珀斯举行的钙质沉积物工程会议是国际钙质土研究的高峰。

我国对钙质土工程性质的研究开始于 20 世纪 70 年代中期，开展研究的机构主要有我国海军和中国科学院。出于国防的需要，我国海军在钙质土地基上需要修建各种营房、码头、仓库等设施，为此对南海诸岛钙质土的工程力学性质进行了一系列研究，研究内容主要集中于珊瑚混凝土特性试验、钢板桩设计与施工以及浅基础设计参数的选定等工程应用方面。中国科学院武汉岩土力学研究所汪稔研究员先后负责了"八五"、"九五"等珊瑚礁工程地质攻关课题（汪稔和吴文娟，2019）。迄今为止，国内外研究人员主要在钙质土的成因与微观结构（吕布隆，2015；汪稔和吴文娟，2019）、颗粒破碎特性（吴京平等，1997；刘崇权和汪稔，1998，1999；张家铭等，2008，2009；毛炎炎等，2017）、静动力学性质（刘汉文，1996；张家铭等，2005）、应力应变特性（孙吉主和罗新文，2006；胡波，2008）、工程应用（贺迎喜等，2010）等方面做了一些研究，得出了一些有价值的结论。

整体来说，国内外与珊瑚砂相关的工程资料较少，特别是我国南海珊瑚砂的工程数据大部分尚未公开。

3.1.3　本章内容

马尔代夫维拉纳国际机场改扩建工程所在马尔代夫机场岛，是典型的印度洋环岛礁，工程填海造陆、新吹填陆域护岸、地基处理和珊瑚砂工程应用都是基于珊瑚砂的各种工程物理和力学特性进行设计和建造的。我们对印度洋吹填珊瑚砂进行系统的室内试验、原位测试和现场工程监测，对其物理特性、力学特性、渗透特性，以及吹填珊瑚砂地基的变形和承载力等岩土工程特性进行系统实测分析和整理。

3.2　物 理 特 性[①]

珊瑚砂的物理性质包括其固体颗粒粒径级配、颗粒比重、密度、击实特性以及微细观结构等。

3.2.1　粒径级配

珊瑚砂是不均匀材料，受不同的吹填条件及沉积环境的影响，会形成不同颗粒级配的珊瑚砂地层，不同颗粒级配的珊瑚砂物理力学性质也会有较大差别。

对马尔代夫维拉纳国际机场改扩建工程珊瑚砂样进行颗粒筛分试验，试验采用筛析法，获得印度洋工程区域珊瑚砂的颗粒组成及级配情况。珊瑚砂试验不同粒径颗粒如图 3.1 所示，代表性试样（S1、S2-1、S3-1、S4-1 和 S5-1）珊瑚砂颗粒筛分结果及曲线见图 3.2。

---

① 中航勘察设计研究院有限公司，2018，马尔代夫易卜拉欣·纳西尔国际机场改扩建工程地基处理科研报告。

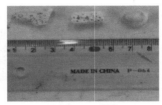

(a) ＞10mm颗粒　　　　　(b) 5~10mm颗粒　　　　　(c) ＜5mm颗粒

图 3.1　珊瑚砂试验用料

试样编号：S1　　h：0~0.20m　　试样分类：中砂

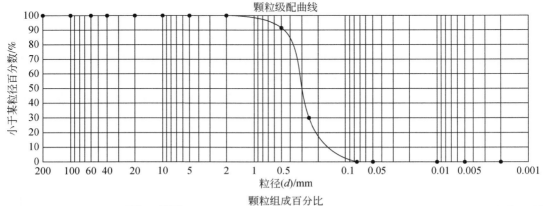

颗粒级配曲线

粒径/mm	＞200	100~200	60~100	40~60	20~40	10~20	5~10	2~5	0.5~2	0.25~0.5	0.075~0.25	0.05~0.075	0.01~0.05	0.005~0.01	0.002~0.005	＜0.002	d_{10}=0.112
含量/%									8.40	61.80	29.70	0.10					d_{30}=0.251 d_{60}=0.351 C_u=3.13 C_c=1.60

(a) S1号

试样编号：S2-1　　h：0~0.20m　　试样分类：角砾

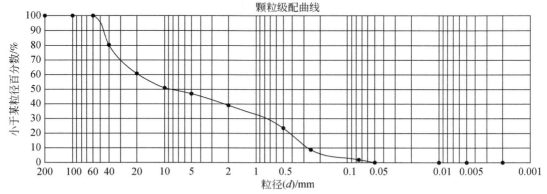

颗粒级配曲线

粒径/mm	＞200	100~200	60~100	40~60	20~40	10~20	5~10	2~5	0.5~2	0.25~0.5	0.075~0.25	0.05~0.075	0.01~0.05	0.005~0.01	0.002~0.005	＜0.002	d_{10}=0.264
含量/%				19.40	19.60	9.60	4.20	8.20	15.20	15.00	6.70	2.10					d_{30}=0.874 d_{60}=18.587 C_u=70.47 C_c=0.16

(b) S2-1号

试样编号：S3-1　　*h*：0~0.20m　　试样分类：角砾

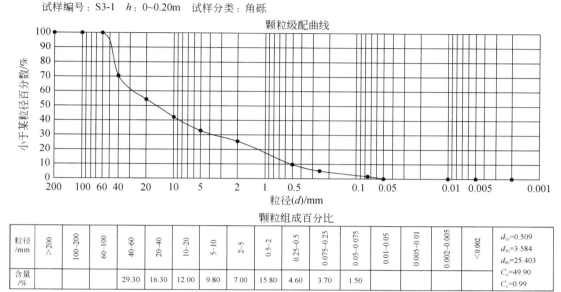

颗粒级配曲线

粒径/mm	>200	100~200	60~100	40~60	20~40	10~20	5~10	2~5	0.5~2	0.25~0.5	0.075~0.25	0.05~0.075	0.01~0.05	0.005~0.01	0.002~0.005	<0.002	d_{10}=0.509
含量/%				29.30	16.30	12.00	9.80	7.00	15.80	4.60	3.70	1.50					d_{30}=3.584 d_{60}=25.403 C_u=49.90 C_c=0.99

(c) S3-1号

试样编号：S4-1　　*h*：0~0.20m　　试样分类：砾砂

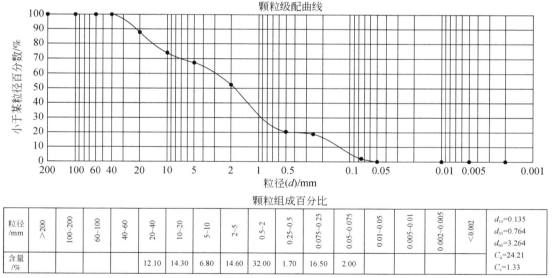

颗粒级配曲线

粒径/mm	>200	100~200	60~100	40~60	20~40	10~20	5~10	2~5	0.5~2	0.25~0.5	0.075~0.25	0.05~0.075	0.01~0.05	0.005~0.01	0.002~0.005	<0.002	d_{10}=0.135
含量/%					12.10	14.30	6.80	14.60	32.00	1.70	16.50	2.00					d_{30}=0.764 d_{60}=3.264 C_u=24.21 C_c=1.33

(d) S4-1号

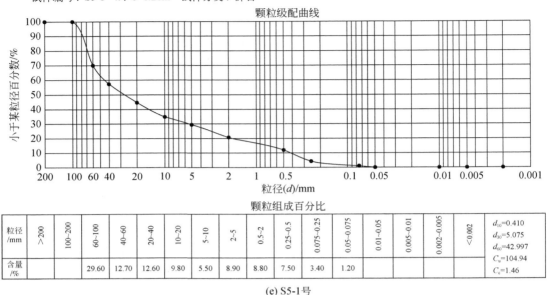

图 3.2　代表性试样珊瑚砂颗粒筛分结果及曲线图

d_{10}、d_{30}、d_{60}. 小于某粒径百分数分别为10%、30%、60%对应的粒径；C_u. 不均匀系数；C_c. 曲率系数

通过以上筛分试验结果可知，研究区域内不同位置珊瑚砂的颗粒组成存在较大差别，研究区域内的珊瑚砂非均匀材料。受不同的吹填条件及沉积环境的影响，场地内形成了不同颗粒级配的珊瑚砂地层，不同颗粒级配的珊瑚砂其物理力学性质有较大差别，场地的土层物理力学性质有一定的不均匀性。

3.2.2　颗粒比重

通过比重瓶法测得试验珊瑚砂的颗粒比重为2.78。

3.2.3　干密度和相对密度

采样测试，工程区域珊瑚砂最大干密度为1.58g/cm³，最小干密度为1.20g/cm³，不同相对密度试样对应的制样干密度如表3.1所示。相对密度试验采用烘干料，最小干密度试验采用人工法，最大干密度试验采用锤击振动法。

表 3.1　珊瑚砂试样制样干密度汇总表

试样名称	相对密度（D_r）	制样干密度（ρ_d）/（g/cm³）	压实度/%
珊瑚砂	0.50	1.36	87
	0.63	1.41	90
	0.98	1.56	99.4

3.2.4　现场实测密度

通过现场灌水法测得的现场多处采样点珊瑚砂密度指标详见表 3.2。场地内珊瑚砂密度差异较大，表明吹填形成的珊瑚砂地层为不均匀地层，其密度受地层的不均匀性及压实程度不同的影响有较大的差异，在此种地层上进行工程建设时，因地层自身的不均匀性，可能会导致地基的不均匀沉降。

表 3.2　珊瑚砂密度指标统计表

试验方法		天然密度/（g/cm³）	干密度/（g/cm³）
灌水法	最大值	1.82	1.59
	最小值	1.43	1.22
	平均值	1.65	1.47

3.2.5　击实特性

珊瑚砂的击实特性是指其在反复冲击荷载的作用下，体积减小、密实度提高的性能。

通过重型击实试验来获得珊瑚砂的击实特性，重型击实试验成果曲线见图 3.3。试验得到的击实试验曲线与常规的击实试验曲线有所不同，在曲线中无法得到珊瑚砂的最大干密度及最优含水率，表明在实际工程中无法通过常规的击实试验来确定珊瑚砂的最大干密度，进而也无法确定珊瑚砂的压实度。

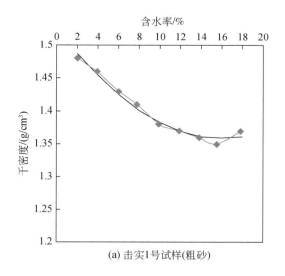

(a) 击实1号试样(粗砂)

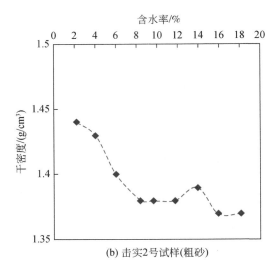

(b) 击实2号试样(粗砂)

图 3.3　　重型击实试验成果曲线图

3.2.6　微细观结构

对现场采取的珊瑚砂进行了微观拍照及 X 射线检测，得到珊瑚砂颗粒的形状、孔隙情况及结构特点，珊瑚砂微观照片和内部 X 射线剖面照片见图 3.4、图 3.5。

图 3.4　珊瑚砂微观照片

通过珊瑚砂微观照片及 X 射线剖面照片观察到，与陆源石英砂不同，珊瑚砂主要是由风化的海洋生物（珊瑚、海藻、贝壳）的碎块（片）组成，其颗粒特性表现为颗粒棱角度高、形状不规则、表面粗糙、布满孔隙等，且经常夹一定数量的珊瑚枝或礁灰岩碎石。

珊瑚砂的颗粒特性使得珊瑚砂具有独特的单粒支撑结构，颗粒之间具有点接触、线接触、架空、咬合、镶嵌等多种接触关系，从而形成了颗粒之间的支撑结构，因此，砂颗粒之间的摩擦力较大，颗粒不如石英砂那样易于发生运动以达到更为稳定的状态，但是随着时间的增长，珊瑚砂在外界因素的影响下仍然会继续向更为稳定的状态移动。

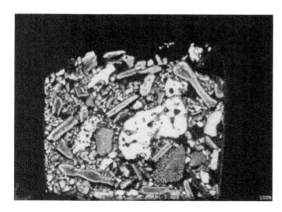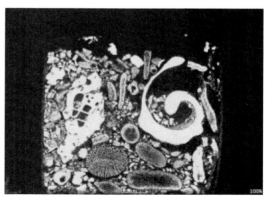

图 3.5　珊瑚砂内部 X 射线剖面照片

3.3　力　学　特　性

珊瑚砂的力学特性主要包括压缩特性、类蠕变特性、剪切与强度特性以及工程现场常采用的动力触探特性指标等。

3.3.1　压缩特性

采取工程场地内珊瑚砂重塑样进行珊瑚砂压缩试验。

1. 试验过程

试验珊瑚砂样品选择干密度为 $1.43 g/cm^3$ 和 $1.60 g/cm^3$ 的重塑样品，来源于研究区域内的珊瑚细砂扰动土样。采用 100kPa、200kPa 两种压力下分别进行试验。试验设备和过程照片见图 3.6。

图 3.6　珊瑚砂压缩试验照片

2. 压缩变形曲线

200kPa 荷载下，珊瑚砂孔隙比（e）与时间（t）关系曲线、珊瑚砂孔隙比与时间平方根曲线，以及不同干密度下珊瑚砂孔隙比与时间典型试验曲线见图 3.7～图 3.10。

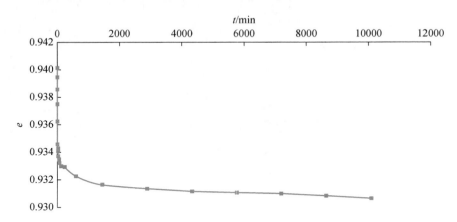

图 3.7　珊瑚砂 e-t 曲线（干密度为 1.43g/cm³）

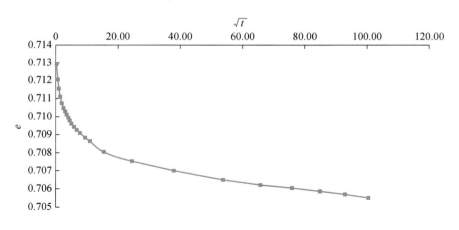

图 3.8　珊瑚砂 e-$\sqrt{t}$ 曲线（干密度为 1.43g/cm³）

3. 压缩过程

通过分析图 3.9 珊瑚砂压缩曲线，可以将该曲线分为 3 个部分，描述如下：

（1）初始压缩阶段的 A～B 段：该阶段产生变形的原因是珊瑚砂之间的孔隙被压缩造成的，该阶段完成时间较短。

（2）主压缩变形阶段的 B～C 段：在外力作用下，珊瑚砂颗粒重新排列，孔隙水排出，造成珊瑚砂的压缩变形。

（3）类蠕变阶段的 C～D 段：应变随时间延续而增加，珊瑚砂受外力作用及周边环境人为振动、大地脉动的影响，砂颗粒会进一步向更为稳定的状态移动，这个阶段较长。

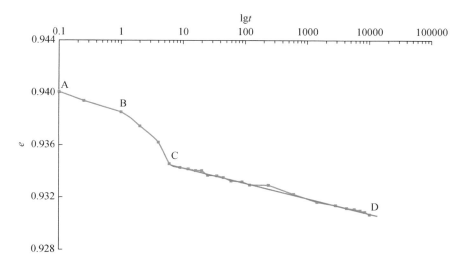

图 3.9　珊瑚砂 e-lg$t$ 曲线（干密度为 1.43g/cm³）

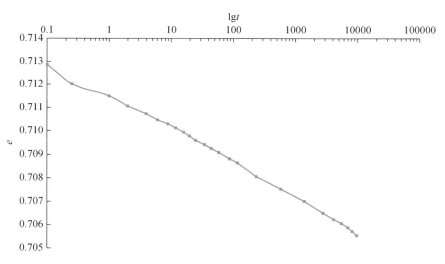

图 3.10　珊瑚砂 e-lg$t$ 曲线（干密度为 1.60g/cm³）

4. 压缩特性

石英砂与珊瑚砂压缩对比曲线如图 3.11 所示，可以看出石英砂会在被压缩初期发生较大的变形，以较快的速度达到稳定状态，而珊瑚砂会缓慢地发生类蠕变变形。

5. 压缩指数

土在有侧限条件下受压时，压缩曲线 e-lg$P$ 在较大范围内为一直线，压缩指数（C_c）即为该段的斜率。压缩指数是评价土体压缩性和计算地基沉降量的重要指标之一。

珊瑚砂的压缩指数（C_c）是指珊瑚砂在侧限条件下孔隙比的减小量与有效应力常用对数增量的比值，其计算公式如下：

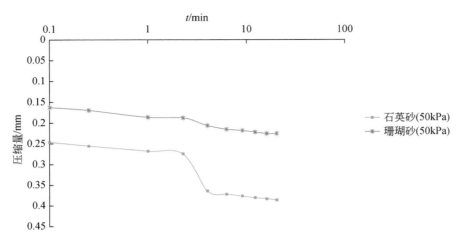

图 3.11　石英砂与珊瑚砂压缩对比曲线（干密度为 1.43g/cm³）

$$C_c = \frac{e_1 - e_2}{\lg P_2 - \lg P_1} \qquad (3.1)$$

式中，e_1、e_2为 e-$\lg P$ 曲线直线段上两点的孔隙比；P_1、P_2为相应于 e_1、e_2的点压力，kPa。

计算干密度分别为 1.43g/cm³ 和 1.60g/cm³ 的珊瑚砂压缩指数（C_c）所用的孔隙比与压力对数关系曲线见图 3.12。

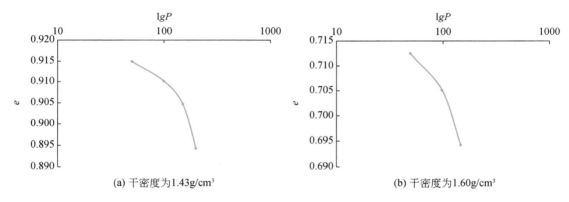

(a) 干密度为1.43g/cm³　　　　　　　　　　(b) 干密度为1.60g/cm³

图 3.12　珊瑚砂 e-$\lg P$ 曲线

实测现场采样珊瑚砂的压缩指数（C_c）为 0.03 ~ 0.05，属于低压缩性土，如表 3.3 所示。

表 3.3　压缩指数计算结果表

土样编号	100kPa 下的孔隙比（e_{100}）	200kPa 下的孔隙比（e_{200}）	$\lg P$（200kPa）	$\lg P$（100kPa）	C_c
2-1	0.91	0.89	2.30	2.00	0.05
2-2	0.91	0.89	2.30	2.00	0.05
2-3	0.91	0.89	2.30	2.00	0.05

续表

土样编号	100kPa 下的孔隙比（e_{100}）	200kPa 下的孔隙比（e_{200}）	lg$P$（200kPa）	lg$P$（100kPa）	C_c
2-4	0.91	0.89	2.30	2.00	0.05
2-5	0.91	0.89	2.30	2.00	0.05
2-6	0.91	0.90	2.30	2.00	0.05
1-1	0.72	0.71	2.30	2.00	0.03
1-2	0.71	0.69	2.30	2.00	0.04
1-3	0.71	0.70	2.30	2.00	0.03

3.3.2　类蠕变特性

由图 3.9 压缩曲线的 C~D 段，发现应变随时间延续而增加，且阶段较长，表现出与软黏土的蠕变相似的特性。蠕变是固体材料在保持应力不变的条件下，应变随时间延长而增加的现象。它与塑性变形不同，塑性变形通常在应力超过弹性极限之后才出现，而蠕变只要应力的作用时间相当长，它在应力小于弹性极限施加的力时也能出现。

我们把珊瑚砂的这个特性称为类蠕变特性，压缩曲线的 C~D 段也称为类蠕变压缩阶段。由于珊瑚砂的类蠕变特性直接影响着珊瑚砂场地长期的沉降情况，因此该特性对工程的工后沉降的计算有着重要意义。同样，类似软黏土的蠕变特性，采用类蠕变系数来描述其蠕变程度。

通过珊瑚砂的压缩曲线，C~D 段为珊瑚砂的类蠕变阶段，根据《工程地质手册（第四版）》145 页计算公式，我们可以获得珊瑚砂的类蠕变系数：

$$C_\alpha = \frac{e_1 - e_2}{\lg t_2 - \lg t_1} \tag{3.2}$$

式中，C_α 为类蠕变系数；e_1、e_2 为曲线尾部直线段上两点的孔隙比；t_1、t_2 为相应于 e_1、e_2 所需要的时间。

各级压力下珊瑚砂类蠕变系数见表 3.4。

表 3.4　珊瑚砂类蠕变系数表

试验荷载/kPa	样品初始干密度/（g/cm³）	类蠕变系数
100	1.43	0.00258
200	1.43	0.00258
200	1.43	0.00516
200	1.60	0.00101
200	1.60	0.00092
200	1.60	0.00091

3.3.3　剪切与强度特性①

通过珊瑚砂试样的三轴固结排水剪切试验来测试其剪切与强度特性。

1. 试验过程

采用全自动三轴仪对珊瑚砂进行固结排水剪切试验，仪器如图 3.13 所示，其特点是精度高、操作方便、功能较齐全，且通过计算机进行数据采集和处理，轴向静荷载、围压和轴向变形均是采用独立闭环控制。该设备的主要技术参数：最大围压为 3MPa，最大轴向荷载为 30kN，最大垂直变形为 10cm，试样尺寸为直径（Φ）101mm×180mm。

图 3.13　全自动三轴仪

共进行了相对密度（D_r）为 0.50、0.63、0.98 的 3 组试样的三轴固结排水剪切试验。根据试验要求的干密度、试样尺寸以及初始级配计算所需试样，每个试样分三等份进行制样，根据《土工试验方法标准》（GB/T 50123—2019）试样采用分层击实法制样，共分 3 层，并采用抽气法进行饱和，确保每个试样试验前的孔隙水压力系数值大于 0.95。将饱和样安装在全自动三轴仪上，分别在不同围压条件下固结，待试样固结稳定后，对其进行排水剪切，剪切采用应变控制，速率为 0.04mm/min。剪切过程中由计算机自动采集试样的轴向荷载、轴向变形、排水量，并同步绘制应力-应变曲线，直至试样轴向应变（ε_a）达 15% 即结束试验。当应力-应变曲线有峰值时，取峰值点为破坏点，峰值点所对应的主应力差（$\sigma_1-\sigma_3$）为该样的破坏强度，反之则取轴向应变的 15% 所对应的点为破坏点，对应的主应力差（$\sigma_1-\sigma_3$）为破坏强度。

2. 试验结果

图 3.14 为初始相对密度 $D_r=0.98$ 的试样在 4 种不同围压（σ_3）下的三轴固结排水剪切试验结果，得到的强度指标如表 3.5 所示。

---

① 南京水利科学研究院，2018，马尔代夫机场改扩建工程护岸工程板桩结构与土体相互作用离心模型及数值分析研究报告。

表 3.5　珊瑚砂固结排水三轴剪切强度指标

相对密度	密度/（g/cm³）	黏聚力（c）/kPa	内摩擦角（φ）/（°）
0.98	1.56	0	41.5
0.63	1.41	0	38.3
0.50	1.36	0	36.7

由图 3.14 可知，随着围压的增大，试样的剪应力（$\sigma_1-\sigma_3$）峰值不断增加。随着轴向应变的增加，剪应力先不断增加，达到一峰值后不断减小，应力-应变关系表现为应变软化。当试样密度一定时，随着围压的增大其软化现象越不显著，剪应力峰值越大，且达到剪应力峰值时所产生的轴向应变越大。相应的试样体积先不断减小，至某一值后发生剪胀。

(a) 剪应力与轴向应变关系曲线

(b) 体积应变(ε_v)与轴向应变关系曲线

图 3.14　珊瑚砂三轴试验曲线（干密度为 1.56g/cm³）

3.3.4　动力触探特性指标

动力触探特性研究成果可以用来评价地基土的密实度、压缩性、承载力特性等。研究中实测了地下水位以上、以下珊瑚砂地基的标准贯入试验实测击数（N）、重型圆锥动力触探试验实测击数（$N_{63.5}$）、轻型圆锥动力触探试验实测击数（N_{10}），结果分别如表 3.6 ~ 表 3.8 所示，可为评价珊瑚砂地基的上述特性积累支撑数据。

表 3.6　标准贯入试验实测击数（N）统计表

层号	岩性	实测击数平均值/击	实测击数最大值/击	实测击数最小值/击	变异系数	子样数/个
①-2	含珊瑚枝珊瑚砂素填土（水位以上）	10	13	7	0.182	9
	含珊瑚枝珊瑚砂素填土（水位以下）	9	11	6	0.195	8
①-3	含珊瑚碎石珊瑚砂素填土（水位以上）	11	12	11	0.046	6
	含珊瑚碎石珊瑚砂素填土（水位以下）	8	10	6	0.185	8
②-1	珊瑚细砂	9	14	6	0.219	45
②-2	珊瑚中砂	14	20	6	0.271	62
②-3	珊瑚砾砂	20	20	20	—	1
③	含珊瑚碎石珊瑚粗砂	31	35	28	0.084	9

表 3.7　重型圆锥动力触探试验实测击数（$N_{63.5}$）统计表

层号	岩性	实测击数平均值/击	实测击数最大值/击	实测击数最小值/击	变异系数	子样数/个
①-1	珊瑚砂素填土	8	19	3	0.342	148
①-2	含珊瑚枝珊瑚砂素填土（水位以上）	12	18	5	0.259	68
	含珊瑚枝珊瑚砂素填土（水位以下）	8	15	2	0.389	144
①-3	含珊瑚碎石珊瑚砂素填土（水位以上）	17	26	4	0.415	71
	含珊瑚碎石珊瑚砂素填土（水位以下）	8	21	2	0.488	114
②-1	珊瑚细砂	9	19	2	0.401	278
②-2	珊瑚中砂	10	21	3	0.513	80

表 3.8　轻型圆锥动力触探试验实测击数（N_{10}）统计表

层号	岩性	实测击数平均值/击	实测击数最大值/击	实测击数最小值/击	变异系数	子样数/个
①-1	珊瑚砂素填土（水位以上）	26	31	20	0.146	6
①-2	含珊瑚枝珊瑚砂素填土（水位以上）	24	43	16	0.404	6
	含珊瑚枝珊瑚砂素填土（水位以下）	16	23	4	0.310	24
②-1	珊瑚细砂	13	19	6	0.225	82

以上原位试验结果表明，地下水位以下珊瑚砂的标贯试验击数、重型圆锥动力触探试验击数、轻型圆锥动力触探试验击数指标均小于地下水位以上的珊瑚砂的。由此可知，地下水位以上、以下的珊瑚砂在力学性质上存在一定差异，地下水位以下的珊瑚砂力学性质相对较差。

3.4 渗 透 特 性

3.4.1 渗透系数

采用试坑法渗水试验，得到区域内的珊瑚砂渗透系数详见表 3.9，表层珊瑚砂渗透系数统计值详见表 3.10，珊瑚砂渗透特性如下：

（1）珊瑚砂地层渗透系数（k）较大。

（2）未清除表层植物的地层渗透系数与清除表层植物的渗透系数差别不大。

（3）测得的渗透系数最小值（38.67m/d），试验点位于车辆长期碾压后形成的地层上，被压实后的珊瑚砂地层渗透系数有一定程度的下降。

（4）珊瑚砂渗透系数的大小与其自身的孔隙有关，经过压密的地层渗透系数会降低，新近回填珊瑚砂的渗透系数会随其自然固结沉降密实而降低。

表 3.9 珊瑚砂渗透系数试验结果表

试验编号	试验地层描述	试验标高/m	试验面积（S）/cm^2	流量（Q）/（cm^3/s）	渗透系数（k）/（m/d）
S1-1	自然沉积的纯珊瑚细砂，清除了表层植物，地下水位距离试验点约60cm	1.10	900	97.40	93.50
S1-2		1.09	900	96.15	92.30
S1-3		1.08	900	58.82	56.47
S5-1	含珊瑚枝的珊瑚砂素填土，试验区经过施工车辆碾压，地下水位距离试验点约50cm，新近吹填	0.84	900	43.65	41.90
S5-2		0.85	900	40.28	38.67
S5-3	含珊瑚枝的珊瑚砂素填土，地下水位距离试验点约60cm，新近吹填	0.88	900	60.17	57.76
A1-1	纯珊瑚细砂素填土，清除了表层的植物，地下水位距离试验点约60cm	0.98	900	60.24	57.83
A1-2	纯珊瑚细砂素填土，试验点位于现有植物上，地下水位距离试验点约60cm	0.98	900	49.50	47.52
A2-1	纯珊瑚细砂素填土，清除了表层的植物，地下水位距离试验点约50cm	0.91	900	73.53	70.59
A2-2	纯珊瑚细砂素填土，试验点位于现有植物上，地下水位距离试验点约45cm	0.91	900	64.10	61.54

续表

试验编号	试验地层描述	试验标高/m	试验面积（S）/cm^2	流量（Q）/(cm^3/s)	渗透系数（k）/(m/d)
A3-1	纯珊瑚细砂素填土，清除了表层的植物，地下水位距离试验点约70cm	0.92	900	66.67	64.00
A3-2	纯珊瑚细砂素填土，试验点位于现有植物上，地下水位距离试验点约70cm	0.92	900	55.56	53.33
A4-1	纯珊瑚细砂素填土，清除了表层的植物，地下水位距离试验点约40cm	0.74	900	56.82	54.55
A5-1	纯珊瑚细砂素填土，清除了表层的植物，地下水位距离试验点约40cm	0.87	900	45.46	43.64
A6-1	纯珊瑚细砂素填土，清除了表层的植物，地下水位距离试验点约80cm	0.96	900	65.79	63.16
A6-2	纯珊瑚细砂素填土，试验点位于现有植物上，地下水位距离试验点约60cm	0.96	900	48.08	46.15

表 3.10　表层珊瑚砂渗透系数统计值表

试验地层	渗透系数（k）平均值/(m/d)	渗透系数（k）最大值/(m/d)	渗透系数（k）最小值/(m/d)	统计个数/个
珊瑚细砂（无植被）	80.76	93.50	56.47	3
含珊瑚枝珊瑚砂素填土（无植被）	46.11	57.76	38.67	3
珊瑚细砂素填土（无植被）	58.96	70.59	43.64	6
珊瑚细砂素填土（有植被）	52.14	61.54	46.15	4

采用试坑法渗水试验，分别进行了研究区域内新吹填珊瑚砂地层以及植被覆盖的较早吹填的珊瑚砂地层渗透系数试验。无植被试验方法如下：首先挖一个方形的试坑，试坑底面积为900cm^2，深度为30～50cm，试坑侧壁采用隔水材料封住，防止水的侧向渗透，向试坑内倒水，使坑内水位始终保持在距离坑底10cm的位置，保持该水位2～4小时，试验结束。求出单位时间内从坑底渗入的水量（Q），已知坑底面积（F），可得出平均渗透速度 $v=Q/F$，根据达西定律：$v=kI$，当坑内水柱高度不大（等于10cm）时，可以认为水头梯度（I）接近于1，因而 $k=v$。无植被渗水试验方法简图详见图3.15。

图 3.15　渗水试验（无植被）简图

对于表层植物覆盖的试验点，挖除了试验区周边一定深度地层，将隔水材料镶嵌入试验地层内，防止水的侧向渗透。有植被渗水试验方法简图详见图 3.16。

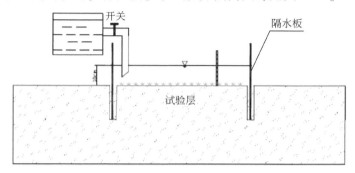

图 3.16　渗水试验（有植被）简图

计算公式如下：

$$v = Q/F = kI \approx k \tag{3.3}$$

式中，Q 为渗水量，$\mathrm{cm^3/min}$；F 为试坑底面积，$\mathrm{cm^2}$；v 为渗流速度，$\mathrm{cm/s}$；k 为渗透系数，$\mathrm{cm/s}$；I 为水力梯度，试验 $I \approx 1$。

3.4.2　地层地下水与潮水的水力联系特性

由于珊瑚岛礁一般面积较小，同时珊瑚砂地层渗透系数较大，珊瑚岛内的地下水位与周边海水的水力联系较为密切，周围海水的涨落对珊瑚岛地下水位有着较为明显的影响。

2017 年 3 月 25 日至 4 月 25 日，对研究区域内地下水位进行了连续观测，搜集了研究区域附近的潮位资料，并对地下水位及周边潮水位之间的变化情况进行了分析。水位观测的具体方法如下：

（1）在场地内选取距离海岸不同距离的两个观测点，见图 3.17。

（2）人工开挖长、宽、深均为 1.5m 的方形观测坑。

（3）待坑内水位稳定后，采用全站仪等测量设备对稳定水面标高进行观测。

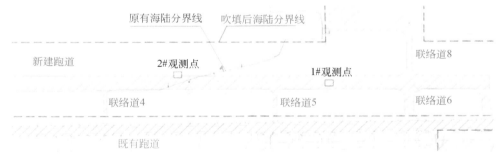

图 3.17　水位观测点位置示意图

不同日期工程现场实测的珊瑚砂地下水位变化与收集到的拟建场地附近的潮水位变化关系曲线见图 3.18。通过上述连续观测数据可知：

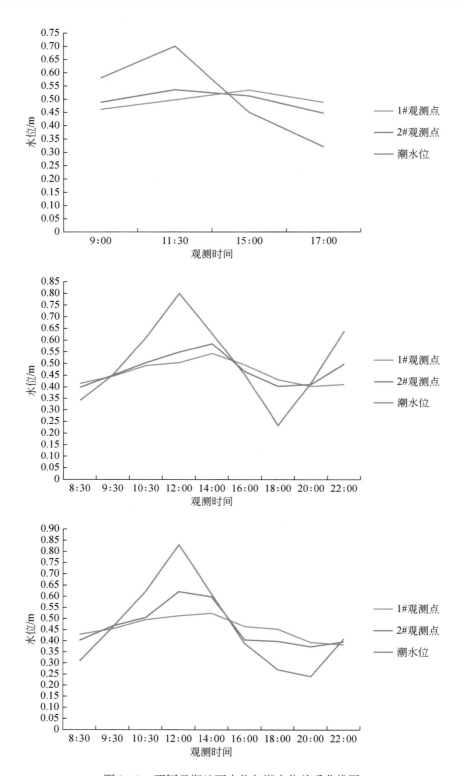

图 3.18　不同日期地下水位与潮水位关系曲线图

（1）拟建场地内地下水位会随着周边潮水位的变化而变化，地下水位涨落情况与潮水位一致；

（2）地下水位变化幅度小于周边潮水位变化幅度，且距离海水较近的试验点，地下水位变幅较大；

（3）地下水位变化情况略滞后于潮水位变化。

3.5 珊瑚砂地基变形和承载力特性

利用原位测试指标，能准确反映现场地基变形和承载力特性，本节给出了能反映珊瑚砂地基压缩和承载力特性的几项原位测试指标。

3.5.1 地基承载力与模量的平板静载荷试验指标

平板荷载试验是在一定尺寸的刚性承压板上分级施加荷载，观测各级荷载作用下天然地基土随压力而变形的原位试验。它可用于：根据荷载–沉降曲线确定地基力的承载力，估算表层土的变形模量，估算土的不排水抗剪强度及极限填土高度等。我们开展了原状珊瑚砂地基地下水位以上珊瑚砂地层的平板载荷试验，推算了珊瑚砂地基的承载力及弹性模量。

各试验区平板静载荷试验结果详见表 3.11。

表 3.11　平板静载荷试验结果表

试验编号	地层	试验位置	最大加载压力/kPa	极限承载力/kPa	$s/b=0.01$ 对应的荷载/kPa	地基土承载力特征值/kPa	变形模量/MPa
S1-ZH1	②-1 珊瑚细砂	水位以上 50cm	600	600	374	200	28.7
S1-ZH2		水位以上 5cm	528	500	190	167	13.8
S2-ZH1	①-2 含珊瑚枝珊瑚砂素填土	水位以下 10cm	600	600	237	200	17.2
S3-ZH1	①-3 含珊瑚碎石珊瑚砂素填土	水位以上 160cm	600	600	301	200	21.5
S3-ZH2		水位以下 5cm	600	600	241	200	17.2
S4-ZH1	①-2 含珊瑚枝珊瑚砂素填土	水位以上 40cm	600	600	580	200	48.1
S4-ZH2		水位以上 5cm	600	600	271	200	19.3
S5-ZH2		水位以上 15cm	600	600	—	200	56.0

注：s 为载荷试验沉降，b 为载荷试验板宽度。

通过平板静载荷试验发现，地下水位以下珊瑚砂的试验指标低于地下水位以上珊瑚砂，表明地下水对珊瑚砂的力学性质有影响。

3.5.2 地基承载力特征值的螺旋板载荷试验指标

螺旋板载荷试验（spiral plate load test，SPLT）是将一螺旋形的承压板用人力或机械旋入地面以下的预定深度，通过传力杆向螺旋形承压板施加压力，测定承压板的下沉量。它适用于深层地基土或地下水位以下的地基土。它可以测求地基土的压缩模量、固结系数、饱和软黏土的不排水抗剪强度、地基土的承载力等，其测试深度可达 $10 \sim 15m$。

开展了用于检测珊瑚砂地基地下水位以下的螺旋板载荷试验，试验结果详见表 3.12。

表 3.12　螺旋板载荷试验结果表

试验编号	试验深度/m	最大加载压力/kPa	$s/b = 0.013$ 对应的压力/kPa	承载力特征值/kPa
L1	5.0	>1000	153	153
L2	3.5	>1000	132	132
L3	7.2	>1000	244	244
L4	3.2	>1000	143	143
L5-1	5.1	>1000	209	209
L6	7.1	>1000	302	302

由以上试验结果可知，水下珊瑚砂的承载力随深度的增加而增加，对比表 3.11 中地下水位以上珊瑚砂的平板静载荷试验结果可知，地下水位以下的珊瑚砂承载力有所下降。

3.5.3　地基反应模量

地基反应模量（K）对机场跑道、滑行道的设计有着非常重要的意义。机场道面通常是按照机场主要飞机的最大起飞重量进行设计的，若飞机的荷载超过道面的允许承载力，道面就会因产生过大的变形而导致破坏，影响机场的正常使用和起降安全。道面在长久的使用过程中，由于受各种不同类型飞机的升降及滑行，加之混凝土本身的特性变化，以及气候、环境等不同因素的影响，地基状况等都会发生变化，进而影响道面的承载力。

地基反应模量是表征文克勒（Winkler）地基的变形特性，是原捷克斯洛伐克工程师 Winkler 于 1876 年提出的，基本假定：地基上任一点的弯沉（L），仅与作用于该点的压力（P）成正比，而与相邻点的压力无关，压力与弯沉值关系的比例常数 K 称为地基反应模量。根据上述假定，可把地基看作无数彼此分开的小土柱组成的体系，或者是无数互不相联的弹簧体系。K 值由于假设简单、测试方便，被广泛采用，我国过去在机场道面设计中一直采用地基反应模量。

实测工程场地内珊瑚砂地层地基反应模量（K）结果见表 3.13。

表 3.13　地基反应模量试验结果表

试验区	试验编号	试验位置	地基反应模量 (K) /(MN/m³)	原状试样在 0.07MPa 下的压缩量 (d) /mm	饱和试样在 0.07MPa 下的压缩量 (d_u) /mm	不利季节地基反应模量 (K') /(MN/m³)
S1	S1-DF1	水位以上 50cm	58.3	0.535	0.565	55.2
S4	S4-DF1	水位以上 40cm	113.0	0.530	0.660	90.0

续表

试验区	试验编号	试验位置	地基反应模量 (K) /(MN/m³)	原状试样在 0.07MPa 下的压缩量 (d) /mm	饱和试样在 0.07MPa 下的压缩量 (d_u) /mm	不利季节地基反应模量 (K') /(MN/m³)
S5	S5-DF2	水位以上 15cm	34.6			
S2	S2-DF2	退潮后水位以上 30cm	26.8			
S3	S3-DF1	水位以上 160cm	26.0			

由于地下水位以下珊瑚砂自身性质较差，现有地基反应模量试验方法无法取得地下水位以下珊瑚砂的地基反应模量指标。由于道基一般不位于地下水位下，所以水面下地基反应模量没有实质性意义。

3.5.4　现场 CBR 试验指标

加州承载比（CBR）试验是用于评定路基土和路面材料的强度指标，由美国加利福尼亚州公路局首先提出。每个国家对于此试验的设计标准不同，国外多采用 CBR 作为路面材料和路基土的设计参数。

本次现场 CBR 试验结果详见表 3.14。

表 3.14　现场 CBR 试验结果表

试验区	试验编号	试验位置	CBR/%	贯入量/mm	土基含水率/%	测点干密度/(g/cm³)
S1	S1-CB1	水位以上 50cm	14.4	2.5	12.0	1.34
S4	S4-CB1	水位以上 40cm	27.0	2.5	23.5	1.62
S5	S5-CB2	水位以上 15cm	12.3	2.5	24.3	1.72
S2	S2-CB2	退潮后水位以上 30cm	12.3	5.0	—	—
S3	S3-CB1	水位以上 160cm	20.6	5.0	12.7	1.52

地下水位以下珊瑚砂自身性质较差，现有现场 CBR 试验方法无法取得地下水位以下珊瑚砂的 CBR 指标。

3.6　珊瑚砂地基加载—卸载—再加载特性

马尔代夫维拉纳国际机场改扩建配套工程中，包含 3 座新建航空煤油储罐，航空煤油储罐地基位于新吹填陆域珊瑚砂地基中。3 座航空煤油储罐建造完成、投入运营前进行了充水—泄水—再充水测试试验，类似大型试验结果在国内外尚没有公开报道。该试验可认为是对珊瑚砂地基的原位柔性荷载板"加载—卸载—再加载—再卸载"过程，试验中进行了详细的基础和地基变形监测，揭示了珊瑚砂地基的往复受力变形特性。下面介绍 3 座航空煤油储罐的充水—泄水—再充水测试试验和监测结果。

3.6.1 航空煤油储罐工程概况

新建 3 座航空煤油储罐南北向排列，从南往北分别编号为 TK101、TK102 和 TK103，建成后照片如图 3.19 所示。

图 3.19 航空煤油储罐平面布置照片

新建航空煤油储罐的公称容积为 15000m³，计算容积为 16258m³；油罐设计温度为常温，设计压力为常压；采用立式拱顶锥底油罐，罐底坡度为 4%，内直径为 37.0m；罐壁高度为 14.874m，储罐总高度为 19.856m，储罐总重量为 340.8t。航空煤油储罐底板：边缘板厚度为 12mm，材质为 Q345R；中幅板厚度为 10mm，材质为 Q235B，坡度 1:25，如图 3.20 所示。罐壁为 8 圈板，罐壁板（一）厚度为 16mm、材质 Q345R，罐壁板（二）

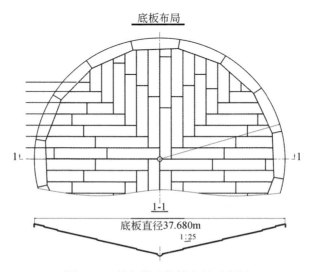

图 3.20 航空煤油储罐底板示意图

厚度为 14mm、材质 Q345R，罐壁板（三）厚度为 12mm、材质 Q345R，罐壁板（四）厚度为 10mm、材质 Q345R，罐壁板（五、六）厚度为 8mm、材质 Q345R，罐壁板（七、八）厚度为 8mm、材质 Q235B。

航空煤油储罐基础采用钢筋混凝土环墙式基础（图 3.21），基础持力层为 1～3 层含珊瑚碎石珊瑚砂素填土层，地基承载力 ≥220kPa；环墙厚度为 600mm，环墙内径为 36.52m、外径为 37.72m；采用混凝土 C40，抗渗等级 P6；钢筋采用 HRB400，混凝土保护层厚度为 50mm。大面积回填土采用振动碾压处理，检测项目采用干密度和连续动力触探，其中干密度≥1.6g/cm³，动力触探不小于 4 击，动力触探试验深度达到大于回填厚度 0.5m 的深度；回填土压实后采用干密度检测，干密度不小于 1.6g/cm³。

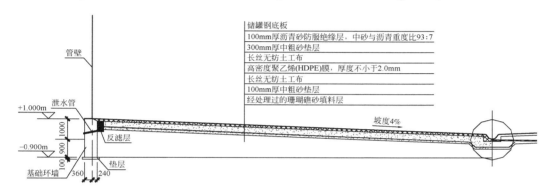

图 3.21　航空煤油储罐基础示意图（单位：mm）

3.6.2　吹填珊瑚砂场地工程地质条件

根据野外钻探成果的分析，油库区 30.0m 深度范围内的地层表层为人工填土层，其下为珊瑚砂层，下伏为礁灰岩。各地层编号方式见表 3.15，场地内各土层详细描述如下。

表 3.15　地层编号说明表

地层编号	地层名称	揭露地层厚度/m	层顶标高/m
①-2	含珊瑚枝珊瑚砂素填土	3.2～6.9	1.27～1.67
①-3	含珊瑚碎石珊瑚砂素填土		
③	含珊瑚碎石珊瑚粗砂	6.2～9.3	−5.47～−1.65
④	礁灰岩	最大揭露厚度为 13.3	−12.36～−9.35

（1）①-2 层含珊瑚枝珊瑚砂素填土：灰白色，局部为灰色，湿-饱和，一般为松散状，局部表层为中密-密实，以珊瑚细砂及珊瑚中砂为主，砂为钙质砂，含一定量珊瑚枝丫及少量碎石，珊瑚枝丫含量为 15%～40%，珊瑚枝丫直径约 1cm，长度为 4～10cm，局部含少量建筑垃圾及生活垃圾。

（2）①-3 层含珊瑚碎石珊瑚砂素填土：灰白色，局部为灰色，湿-饱和，一般为松散状，局部表层为中密-密实，以珊瑚细砂及珊瑚中砂为主，砂为钙质砂，含一定量珊瑚角砾、珊瑚碎石及少量珊瑚枝丫，珊瑚角砾及碎石含量为15%～40%，一般粒径为3～6cm，最大粒径达30cm以上。

（3）③层含珊瑚碎石珊瑚粗砂：灰白色混灰黄色，饱和，一般为松散状，局部稍密-中密，由中粗砂混珊瑚碎石块组成，珊瑚碎石含量在30%～45%，块石粒径在2～8cm。

（4）④层礁灰岩：灰白色，局部浅黄色，骨架多由0.5～1.0cm及少量2～4cm珊瑚砾石组成，间夹贝壳屑及不规则放射状方解石结晶珊瑚灰岩；颗粒间空隙发育，多晶状方解石胶结，属弱胶结；岩心多呈柱状，部分呈半圆、圆柱状，节长10～20cm，部分呈碎块状，块石粒径为1～5cm；岩心表面粗糙，似蜂窝状，岩质轻，锤击强度较高，岩心存在密度差异。

根据勘察结果：

（1）拟建场地内分布有人工吹填的①-2层含珊瑚枝珊瑚砂素填土及①-3层含珊瑚碎石，场区地基应考虑其成层性。

（2）场地内的特殊性岩土主要为人工回填的珊瑚砂层及礁灰岩层，拟建场地表层大部分区域存在人工回填形成的珊瑚细砂地层，地下分布有礁灰岩地层。

建造油罐场地内人工回填的珊瑚砂层主要为松散状态，局部表层经天然固结及人工碾压，为中密-密实状态，回填厚度不均（3.2～6.9m），回填材料主要以珊瑚细砂为主，局部夹较多建筑垃圾及块石，块石粒径一般为10～15cm，力学性质不均匀，不经处理不宜作为地基持力层。场地内礁灰岩，具有极强的特殊结构性和不均匀性，礁灰岩具有密度轻、多隙孔、强度各向变异显著的特点。同时，由于珊瑚礁生长地域生态环境的变化，礁灰岩也具有不同的地域属性；即使在同一礁岛区，受珊瑚礁生长的沉积历史环境、沉积相带演变的影响，珊瑚礁灰岩的结构性、粒度组成、胶结程度也会具有明显的差异性。

3.6.3　航空煤油储罐珊瑚砂地基往复加载试验

本节详细说明了各罐体实际建造过程与充水-泄水试验，分别对TK101、TK102和TK103罐体底部环墙基础及地基的实测沉降数据、罐体下部壁板的实测沉降数据进行了分析。

3.6.3.1　航空煤油储罐建造与充水-泄水工况

1. 航空煤油储罐基础与罐体建造

航空煤油储罐基础与罐体建造工况见表3.16。

表3.16　航空煤油储罐基础与罐体建造工况表

编号	时间	工况
TK101	2018年3月	场地回填至0m（绝对标高为1.8m），回填厚度为0.4m
	2018年5月	环墙施工
	2018年6月	100mm中粗砂回填

续表

编号	时间	工况
TK101	2018 年 6 月	HDPE 复合膜铺设
	2018 年 6 月	300mm 中粗砂垫层
	2018 年 7 月	阴极保护敷设
	2018 年 7 月	100mm 沥青砂铺设
	2018 年 8 月	底板施工
	2018 年 9 月	网壳施工
	2018 年 11 月	壁板安装完成
	2019 年 1 月	盘梯安装

2. 航空煤油储罐充水–泄水试验工况

航空煤油储罐充水–泄水试验工况见表 3.17。

表 3.17　航空煤油储罐充水–泄水试验工况表

编号	时间	工况
TK101	2019 年 4 月 1 日	开始充水，水位为 0m
	2019 年 4 月 4 日	1/4 水位，水位为 3.5m
	2019 年 4 月 10 日	1/2 水位，水位为 7.1m
	2019 年 4 月 12 日	停止加水至 2019 年 4 月 30 日，水位为 9.4m
	2019 年 5 月 4 日	3/4 水位，水位为 10.6m
	2019 年 5 月 22 日	充水完成，水位为 14.1m
	2019 年 7 月 9 日	开始泄水，水位为 14.1m
	2019 年 7 月 14 日	水位为 9.5m
	2019 年 7 月 17 日	水位为 6.5m
	2019 年 7 月 19 日	水位为 3.6m
	2019 年 7 月 25 日	泄水完成，水位为 0m
TK103	2019 年 8 月 3 日	开始充水，水位为 0m
	2019 年 8 月 9 日	水位为 3.6m
	2019 年 8 月 29 日	水位为 7.1m
	2019 年 9 月 15 日	水位为 10.65m
	2019 年 10 月 1 日	充水完成，水位为 14.1m
	2019 年 10 月 11 日	开始泄水，水位为 14.1m
	2019 年 10 月 15 日	水位为 10.5m
	2019 年 10 月 20 日	水位为 4.3m
	2019 年 10 月 25 日	泄水完成，水位为 0m

续表

编号	时间	工况
TK101	2019 年 11 月 3 日	第二次开始充水，水位为 0m
	2019 年 11 月 4 日	水位为 4.0m
	2019 年 11 月 6 日	水位为 11.5m
	2019 年 11 月 7 日	水位为 14.1m
	2019 年 11 月 9 日	开始泄水，水位为 14.1m
	2019 年 11 月 11 日	水位为 8.6m
	2019 年 11 月 12 日	水位为 4.0m
	2019 年 11 月 15 日	泄水完成，水位为 0m
TK102	2019 年 11 月 20 日	开始充水，水位为 0m
	2019 年 11 月 26 日	水位为 3.5m
	2019 年 12 月 16 日	水位为 7.05m
	2020 年 1 月 5 日	水位为 10.2m
	2020 年 2 月 1 日	水位为 14.1m

3.6.3.2　TK101 航空煤油储罐监测数据

TK101 航空煤油储罐于 2019 年 4 月 1 日开始第一次充水试验，5 月 22 日充水至最大液位 14.1m；2019 年 7 月 9 日开始泄水，7 月 23 日泄水结束；又于 2019 年 11 月 3 日开始第二次连续充水试验，第二次充水试验以 200 ~ 300m³/h 的速度进水，11 月 7 日充水至最大液位 14.1m，储罐处于最大液位静置 72 小时。TK101 航空煤油储罐沉降监测点布置详见图 3.22。

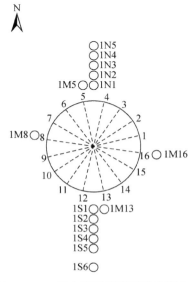

图 3.22　TK101 航空煤油储罐沉降监测点布置图

1. 航空煤油储罐环墙基础沉降

第一次充水试验过程中，TK101 航空煤油储罐基础环墙各监测点累计沉降如图 3.23 所示，环墙沉降随充水荷载的增大而逐渐增加，且前期沉降增长速率较后期小；开始泄水以后，基础随之回弹，但回弹量不大，最终回弹量最大为 3.1mm，不可恢复的地基变形在总沉降中占比很大。最高水位与泄水完成后环墙各监测点累计沉降如表 3.18 所示。其中，最大累计沉降为 −231.0mm，出现在 1 号点；最小累计沉降为 −21.0mm，出现在 9 号点。航空煤油储罐基础最大直径方向沉降差为 210.0mm；罐周边弧长方向最大不均匀沉降（$\Delta s/l$）为 0.0060，出现在 3 号−4 号点、5 号−6 号点之间。TK101 航空煤油储罐基础环墙各监测点最大沉降曲线如图 3.24 所示，可见储罐东侧（1 号、16 号点周围）最大沉降较其他地方大，可能是东侧回填厚度大、地层不均匀造成的。

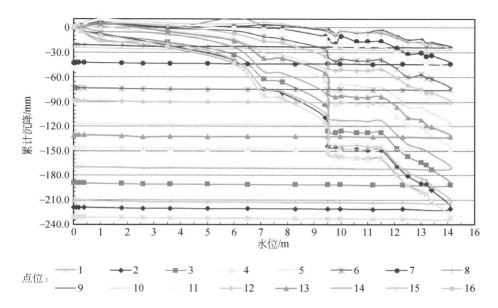

图 3.23　TK101 航空煤油储罐基础环墙各监测点累计沉降曲线图（第一次充水试验）

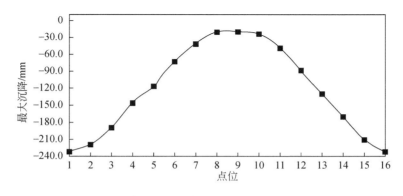

图 3.24　TK101 航空煤油储罐基础环墙各监测点最大沉降曲线图（第一次充水试验）

表 3.18   **TK101 航空煤油储罐基础环墙各监测点沉降值统计表**   （单位：mm）

状态	点位	1	2	3	4	5	6	7	8
满载	累计沉降	−231.0	−218.9	−189.7	−145.8	−117.1	−73.4	−42.6	−21.7
	直径方向沉降差	210.0	193.9	140.2	57.0	13.6	96.6	167.8	209.1
	不均匀沉降（$\Delta s/l$）	0.0017	0.0040	0.0060	0.0040	0.0060	0.0042	0.0029	0.0001
卸载	回弹量	2.0	2.1	2.3	2.2	1.9	1.6	1.6	2.3
状态	点位	9	10	11	12	13	14	15	16
满载	累计沉降	−21.0	−25.0	−49.5	−88.8	−130.7	−170.0	−210.4	−230.8
	直径方向沉降差	—	—	—	—	—	—	—	—
	不均匀沉降（$\Delta s/l$）	0.0006	0.0034	0.0054	0.0058	0.0054	0.0056	0.0028	0
卸载	回弹量	3.1	2.0	1.6	2.2	2.3	2	2.6	2.2

注：①负号表示下沉；②直径方向沉降差 = （1 号点累计沉降−9 号点累计沉降），（2 号点累计沉降−10 号点累计沉降），…，（8 号点累计沉降−16 号点累计沉降）；③不均匀沉降（$\Delta s/l$）= ｜1 号点累计沉降−2 号点累计沉降｜/（$37000\pi/16$），｜2 号点累计沉降−3 号点累计沉降｜/（$37000\pi/16$），…，｜16 号点累计沉降−1 号点累计沉降｜/（$37000\pi/16$）。

    第二次充水试验过程中，航空煤油储罐基础环墙各监测点累计沉降随时间变化曲线如图 3.25 所示，满水位时罐体下沉 3.2 ~ 5.1mm，沉降较小，可认为地基基本稳定。

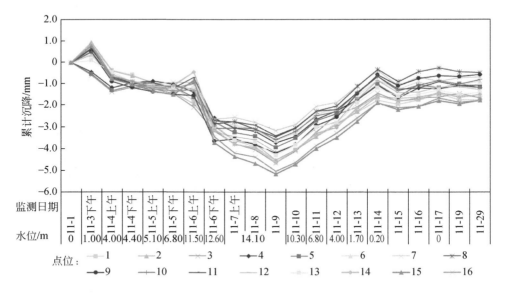

图 3.25   TK101 航空煤油储罐基础环墙累计沉降随时间变化曲线图（第二次充水试验）

2. 航空煤油储罐底板沉降

TK101 航空煤油储罐底板沉降监测点布置如图 3.26 所示。

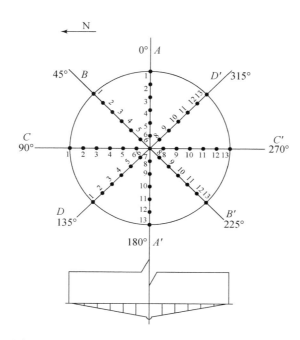

图 3.26　TK101 航空煤油储罐底板沉降监测点布置图

　　第一次充水试验完成（2019 年 8 月 5 日）、第二次充水试验完成后（2019 年 11 月 25 日、2019 年 12 月 4 日、2019 年 12 月 14 日、2020 年 1 月 9 日）罐底板 A–A′剖面累计沉降分布如图 3.27 所示，由图可知，与常规罐底沉降的"锅底"形不同，罐底沉降沿基底分布呈"W"形，罐底最大沉降出现在 5 号点。在第二次充水试验完成后，罐中心区域发生了不同程度的隆起，局部隆起超过了 80.00mm（2019 年 12 月 4 日），可能与潮汐水位变化有关，具体见罐底板沉降变化量云图（图 3.28）。2019 年 11 月 26 日至 12 月 31 日期间，最高、最低潮水位差约 1m，潮汐水位发生变化使地基地下水位发生变化，当地下水位下降时，地基土体有效应力增加，发生沉降。

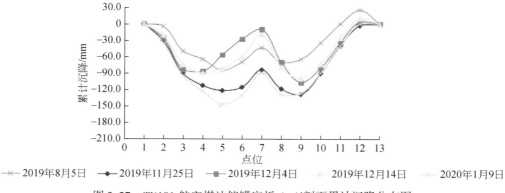

图 3.27　TK101 航空煤油储罐底板 A–A′剖面累计沉降分布图
各监测点沉降为相对于罐底板边缘的沉降

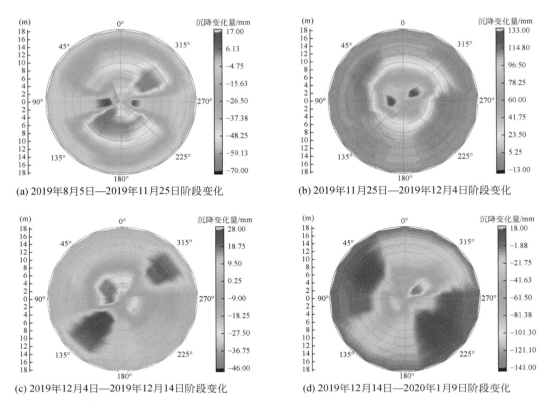

(a) 2019年8月5日—2019年11月25日阶段变化　　　　(b) 2019年11月25日—2019年12月4日阶段变化

(c) 2019年12月4日—2019年12月14日阶段变化　　　　(d) 2019年12月14日—2020年1月9日阶段变化

图 3.28　TK101 航空煤油储罐底板沉降变化量云图

沉降变化量负号表示下沉

3.6.3.3　TK102 航空煤油储罐监测数据

TK102 航空煤油储罐于 2019 年 11 月 20 日开始充水试验，2020 年 2 月 1 日充水至最大液位 14.1m。整个充水试验控制进水不超过 600m³/d，在日沉降超过 5mm 时会停止充水，静置稳定后再继续试验。TK102 航空煤油储罐沉降监测点布置详见图 3.29。

1. 航空煤油储罐环墙基础沉降

充水试验过程中，TK102 航空煤油储罐环墙各监测点累计沉降如图 3.30 所示，环墙沉降随充水荷载的增大而逐渐增加。最高水位环墙各监测点沉降如表 3.19 所示。其中，最大累计沉降为 -203.5mm，出现在 15 号点；最小沉降为 -89.9mm，出现在 7 号点。储罐基础最大直径方向沉降差为 113.6mm；罐周边弧长方向不均匀沉降较小，最大不均匀沉降（$\Delta s/l$）为 0.0033，出现在 12 号-13 号点之间。TK102 航空煤油储罐基础环墙各监测点最大沉降曲线如图 3.31 所示，相较于 TK101，TK102 沉降较为均匀，同样储罐东侧（1 号、16 号点周围）沉降量较其他地方大。

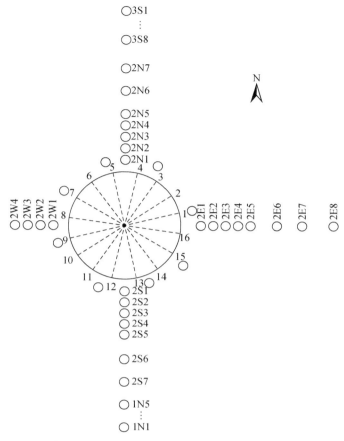

图 3.29　TK102 航空煤油储罐沉降监测点布置图

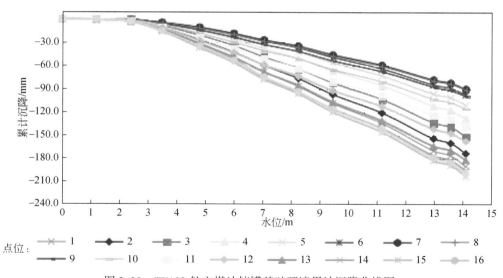

图 3.30　TK102 航空煤油储罐基础环墙累计沉降曲线图

表 3.19　TK102 航空煤油储罐基础环墙各监测点沉降值统计表　　（单位：mm）

状态	点位	1	2	3	4	5	6	7	8
满载	累计沉降	-190.8	-173.8	-151.7	-128.8	-110.8	-97.4	-89.9	-90.7
	直径方向沉降差	91.7	58.3	13.4	29.1	71.4	98.5	113.6	109.4
	不均匀沉降（$\Delta s/l$）	0.0023	0.0030	0.0032	0.0025	0.0018	0.0010	0.0001	0.0012
状态	点位	9	10	11	12	13	14	15	16
满载	累计沉降	-99.1	-115.5	-138.3	-157.9	-182.2	-195.9	-203.5	-200.1
	直径方向沉降差	—	—	—	—	—	—	—	—
	不均匀沉降（$\Delta s/l$）	0.0023	0.0031	0.0027	0.0033	0.0019	0.0010	0.0005	0.0013

注：①负号表示下沉；②直径方向沉降差 =（1 号点累计沉降 - 9 号点累计沉降），（2 号点累计沉降 - 10 号点累计沉降），…，（8 号点累计沉降 - 16 号点累计沉降）；③不均匀沉降（$\Delta s/l$）= | 1 号点累计沉降 - 2 号点累计沉降 |/（$37000\pi/16$），| 2 号点累计沉降 - 3 号点累计沉降 |/（$37000\pi/16$），…，| 16 号点累计沉降 - 1 号点累计沉降 |/（$37000\pi/16$）。

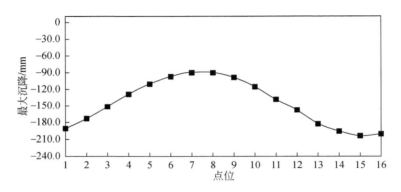

图 3.31　TK102 航空煤油储罐基础环墙各监测点最大沉降曲线图

2. 航空煤油储罐周边地表沉降

开始泄水前，TK102 航空煤油储罐周边地表累计沉降分布曲线见图 3.32。实测罐外地表沉降大致呈线性分布，沉降随离开环墙距离的增大而减小。储罐东侧地表沉降较西侧大得多，且根据监测数据可以看出东侧地表沉降并未达到稳定；储罐南侧地表沉降较北侧大。对于南侧，TK101 航空煤油储罐监测点 1N5 地表基本不发生沉降；对于北侧，TK103 航空煤油储罐监测点 3S6 地表基本不发生沉降。

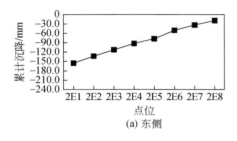

(a) 东侧

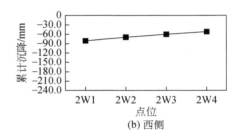

(b) 西侧

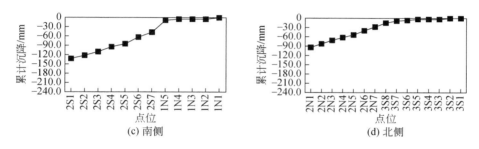

图 3.32　TK102 航空煤油储罐周边地表各监测点累计沉降曲线图

3. 航空煤油储罐底板沉降

TK102 航空煤油储罐底板沉降监测点布置如图 3.33 所示。

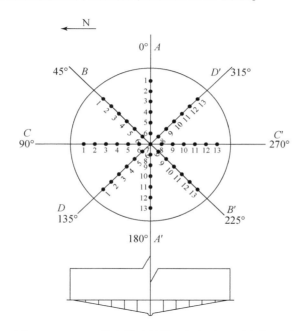

图 3.33　TK102 航空煤油储罐底板沉降监测点布置图

2019 年 9 月 5 日、2019 年 10 月 7 日、2019 年 11 月 8 日、2019 年 11 月 12 日、充水试验完成后 2020 年 3 月 16 日罐底板 A-A' 剖面累计沉降分布如图 3.34 所示，由图可知，在充水试验之前，罐体处于空罐状态，罐中心区域发生了不同程度的隆起，局部隆起超过了 290.00mm（2019 年 9 月 5 日），可能与潮汐水位变化有关，具体见罐底板沉降变化量云图（图 3.35）。潮汐水位发生变化使地基地下水位发生变化，当地下水位下降时，地基土体有效应力增加，发生沉降。

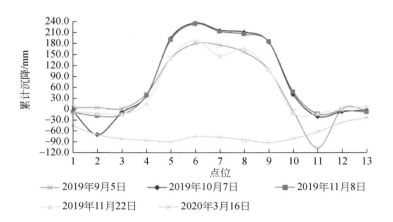

图 3.34 TK102 航空煤油储罐 *A–A′* 剖面沉降分布图

各监测点累计沉降为相对于 2019 年 6 月 5 日的沉降

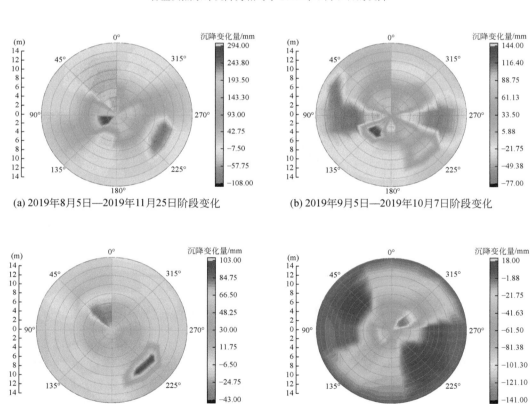

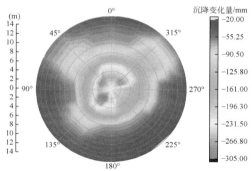

(e) 2019年11月22日—2020年3月16日阶段变化

图 3.35　TK102 航空煤油储罐底板沉降变化量云图

沉降变化量负号表示下沉

3.6.3.4　TK103 航空煤油储罐监测数据

TK103 航空煤油储罐于 2019 年 8 月 3 日开始充水试验，9 月 30 日充水至最大液位 14.1m。2019 年 10 月 10 日开始泄水，10 月 25 日泄水结束。TK103 罐沉降监测点布置详见图 3.36 所示。

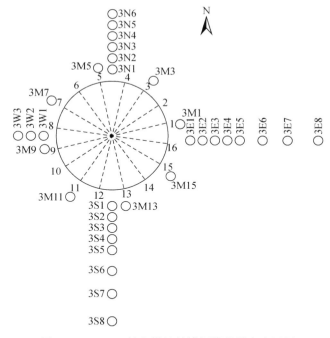

图 3.36　TK103 航空煤油储罐沉降监测点布置图

1. 航空煤油储罐环墙基础沉降

充水试验过程中，TK103 航空煤油储罐环墙各监测点累计沉降如图 3.37 所示，环墙沉降随充水荷载的增大而逐渐增加，且前期沉降增长速率较后期小；开始泄水以后，基础随之回弹，但回弹量不大，最终回弹量最大为 4.4mm，不可恢复的地基变形在总沉降中占比很大。最高水位与泄水完成后环墙各测点累计沉降如表 3.20 所示。其中最大累计沉降为 -198.6mm，出现在 1 号点；最小沉降为 -128.3mm，出现在 9 号点。储罐基础最大直径方向沉降差为 70.3mm；罐周边弧长方向不均匀沉降较小，最大不均匀沉降（$\Delta s/l$）为 0.0022，出现在 13 号点-14 号点之间。TK103 航空煤油储罐基础环墙各监测点最大沉降曲线如图 3.38 所示。

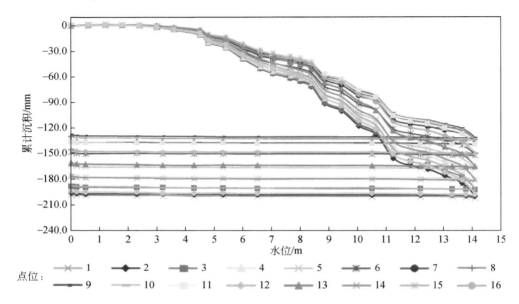

图 3.37　TK103 航空煤油储罐基础环墙累计沉降曲线图

表 3.20　TK103 航空煤油储罐基础环墙各测点累计沉降值统计表

状态	点位	1	2	3	4	5	6	7	8
满载	累计沉降	-198.6	-196.7	-189.1	-176.7	-164.0	-149.1	-136.7	-130.2
	直径方向沉降差	70.3	65.5	52.4	30.0	2.5	28.2	51.3	64.7
	不均匀沉降（$\Delta s/l$）	0.0003	0.0010	0.0017	0.0017	0.0021	0.0017	0.0009	0.0003
卸载	回弹量	3.4	3.4	3.8	3.8	4.3	3.5	2.5	4.4
状态	点位	9	10	11	12	13	14	15	16
满载	累计沉降	-128.3	-131.2	-136.7	-146.7	-161.5	-177.3	-188.0	-194.9
	直径方向沉降差	—	—	—	—	—	—	—	—
	不均匀沉降（$\Delta s/l$）	0.0004	0.0008	0.0014	0.0020	0.0022	0.0015	0.0009	0.0005
卸载	回弹量	3.9	3.0	3.3	3.9	4.0	4.1	4.0	3.4

注：①负号表示下沉；②直径方向沉降差 =（1 号点累计沉降-9 号点累计沉降），（2 号点累计沉降-10 号点累计沉降），…，（8 号点累计沉降-16 号点累计沉降）；③不均匀沉降（$\Delta s/l$）= | 1 号点累计沉降-2 号点累计沉降|/（37000π/16），| 2 号点累计沉降-3 号点累计沉降|/（37000π/16），…，| 16 号点累计沉降-1 号点累计沉降|/（37000π/16）。

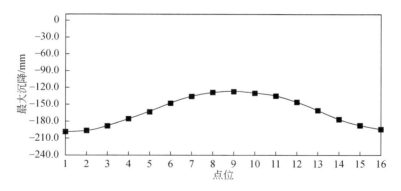

图 3.38　TK103 航空煤油储罐基础环墙各监测点最大沉降曲线图

2. 航空煤油储罐周边地表沉降

　　泄水完成后，TK103 航空煤油储罐周边地表沉降分布曲线见图 3.39，实测罐外地表沉降分布大致呈线性分布，沉降随离开环墙距离的增大而减小。油罐地表东侧沉降较西侧地表沉降大，3E8 点外地表基本不发生沉降，储罐地表南侧与北侧沉降均较大，且根据监测数据可以看出南、北侧地表沉降均并未达到稳定。

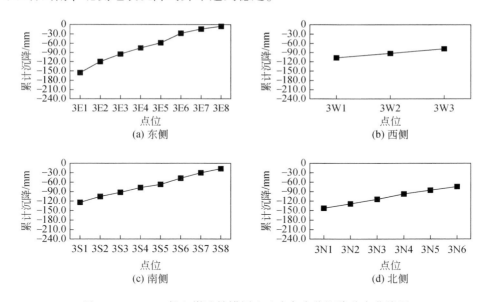

图 3.39　TK103 航空煤油储罐周边地表各点位沉降分布曲线图

3. 航空煤油储罐底板沉降

　　TK103 航空煤油储罐底板沉降观测点布置如图 3.40 所示。

　　第一次充水试验完成（2019 年 10 月 28 日、2019 年 10 月 31 日、2019 年 12 月 4 日、2019 年 12 月 14 日、2020 年 1 月 9 日）罐底板 A-A' 剖面累计沉降分布如图 3.41 所示，由图可知，与常规罐底沉降的“锅底”形和 TK101 罐底沉降的“W”形不同，TK103 罐底

沉降沿基底分布呈"M"形，罐底中心区域发生了不同程度的隆起，局部变形超过
210.00mm（2019年12月14日），具体见罐底板沉降变化量云图（图3.42），可能与潮汐
水位变化有关。2019年10月28日至12月31日期间，最高、最低潮水位差约1m，潮汐
水位发生变化使地基地下水位发生变化，当地下水位下降时，地基土体有效应力增加，发
生沉降。

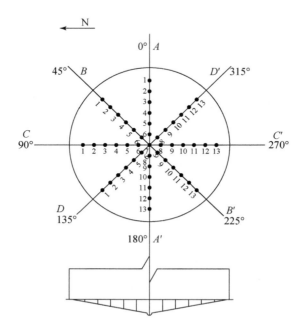

图3.40　TK103航空煤油储罐底板沉降观测点布置图

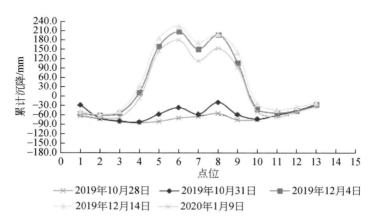

图3.41　TK103航空煤油储罐A-A'剖面累计沉降分布图
各监测点沉降量为相对于罐底板边缘的沉降量

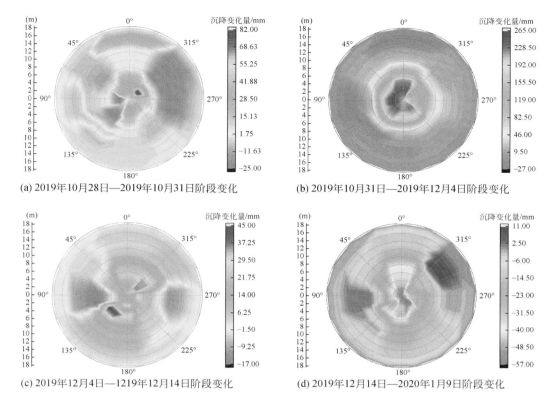

(a) 2019年10月28日—2019年10月31日阶段变化　　　(b) 2019年10月31日—2019年12月4日阶段变化

(c) 2019年12月4日—1219年12月14日阶段变化　　　(d) 2019年12月14日—2020年1月9日阶段变化

图 3.42　TK103 航空煤油储罐底板沉降变化量云图
沉降变化量负号表示下沉

3.6.3.5　经历压缩–卸载应力历史的珊瑚砂地基沉降和稳定性特性

通过工程监测表明，二次充水–泄水试验完成后，航空煤油储罐下珊瑚砂地基土层变形基本稳定，并且二次充水压缩量很小。说明了经过充水–泄水应力历史的珊瑚砂地基，再次充水加载时其压缩模量较大、变形很小，地基沉降基本不会发展，可以认为经历过一次完整上下水过程以后的地基土层沉降变形已达稳定。

考虑到油的密度仅为水的 4/5，以二次充水监测结果可以预测储油罐在后续使用过程中沉降不会持续发展，而是趋于稳定，马尔代夫维拉纳国际机场新建航空煤油储罐投入运营后实际监测结果也证实了上述结论。

3.6.4　珊瑚砂地基的应力历史和加载—卸载—再加载特性

土在形成的地质年代中经受应力的变化过程称为应力历史，不同应力历史对土的特性有显著影响。图 3.43 为土的加载—卸载—再加载特性曲线图，该曲线可以分以下 3 种过程曲线。

（1）压缩曲线：a–b 段，为室内侧限压缩试验中逐级加载竖向荷载，形成的 e–p 压缩曲线。

（2）回弹曲线：b-c 段，土体加荷发生压缩变形后，再卸荷回弹，在压缩曲线上的某一压力下，逐级卸载、土体膨胀、孔隙比增大，形成的 e-p 回弹曲线。一般回弹曲线的斜率要比压缩曲线的斜率平缓得多。其中，可恢复的变形为弹性变形，不能恢复的变形称为残留变形。

（3）再压缩曲线：c-d 段，当卸荷后重新再加载，土体将再压缩，形成的 e-p 再压缩曲线。

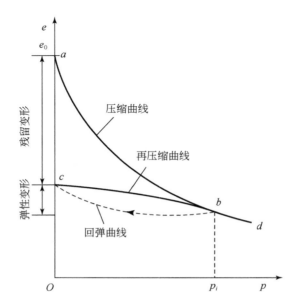

图 3.43　土的加载—卸载—再加载特性曲线图

由 3 个阶段可以看到，土在重复荷载作用下，在加载—卸载—再加载的重复循环中，对应着压缩—回弹—再压缩的重复循环，而且都将形成新的路径，压缩、回弹和再压缩曲线的斜率都不同，地基的沉降也有所不同。

对于航空煤油储罐珊瑚砂地基往复加载试验，TK101 航空煤油储罐进行了充水—泄水—再充水—再泄水测试试验。第一次充水试验过程中航空煤油储罐基础环墙各监测点累计沉降如图 3.23 可知，第二次充水试验过程中航空煤油储罐基础环墙各监测点累计沉降如图 3.44 所示。由图 3.23 和图 3.44 可知，横坐标为罐体各监测点充水水位，代表作用于罐底板的水压大小（水压大小与水位成正比，关系式为 $p = \rho_w gh$）；纵坐标为环墙观测点的竖向位移，可以作为罐底在水压作用下的竖向累计沉降。

TK101 航空煤油储罐环墙各监测点平均沉降变化如图 3.45 所示，其横坐标为作用于罐底板的水压大小，纵坐标为基础环墙各监测点的平均沉降。虽然航空煤油储罐下珊瑚砂地基土体不是理想的侧限压缩状态，但是由于储罐面积较大、作用于罐底的水压均匀，其过程可近似为对珊瑚砂地基的原位柔性荷载板"加载—卸载—再加载"试验。

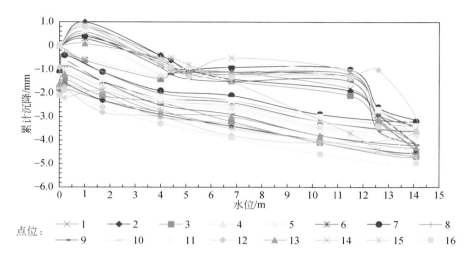

点位：

图 3.44　TK101 航空煤油储罐基础环墙各监测点累计沉降曲线图（第二次充水试验）

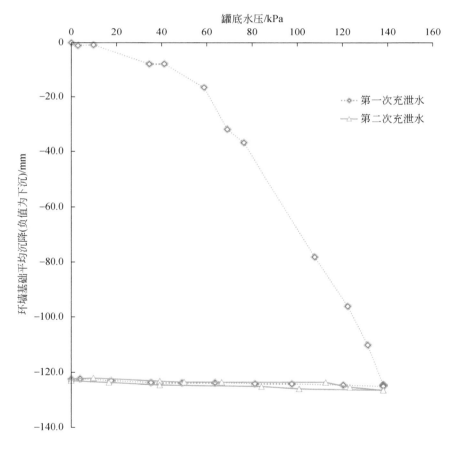

图 3.45　TK101 航空煤油储罐基础环墙平均沉降曲线图（两次充水–泄水试验）

从平均沉降曲线来看，初次充水过程中环墙基础产生了 124.7mm 的沉降，初次泄水后环墙基础回弹仅为 2.2mm；二次充水–泄水过程中，环墙基础沉降和回弹分别为 4.1mm 和 3.5mm，数量和初次泄水回弹量接近，其规律和图 3.43 类似。二次充水加载的珊瑚砂地基压缩模量与一次充水加载的比值，近似等于 124.7mm/4.1mm≈30 倍。

可见经过充水–泄水应力历史的珊瑚砂地基，再次充水加载的模量很大、变形很小，地基沉降基本不会发展，表明经历过一次完整加载–卸载过程以后珊瑚砂地基土层沉降变形已达稳定。由于航空煤油的密度比水小，在充油荷载的作用下，罐底油压不超过充满时水压荷载，则珊瑚砂地基沉降基本不会发展。

3.7　本章小结

本章系统整理了印度洋珊瑚砂的物理特性、击实特性、渗透特性、剪切特性、压缩特性等物理力学特性和试验参数，形成了完整丰富的珊瑚砂工程特性基础数据，对于海上丝绸之路沿线广泛分布的珊瑚礁岛区域的工程建设具有一定的实用参考价值。

（1）吹填珊瑚砂含有粒径较大的珊瑚碎石、珊瑚枝，颗粒级配分布不均匀。

（2）珊瑚砂颗粒特性表现为颗粒棱角度高、形状不规则、表面粗糙、布满孔隙等；颗粒之间具有点接触、线接触、架空、咬合、镶嵌等多种接触关系，为单粒支撑结构。

（3）通过原位大型直剪试验测定了珊瑚砂的强度参数，珊瑚砂存在 10~100kPa 的咬合力，内摩擦角为 39°~59°，这可能是由于珊瑚砂颗粒间的强咬合而产生的。

（4）与石英砂对比，石英砂在被压缩初期发生较大的变形，以较快的速度达到稳定状态，而珊瑚砂初期沉降小，但会随时间发生缓慢的长期沉降变形。

（5）珊瑚砂没有最大干密度及最佳含水率，在地基处理等工程中不能简单用珊瑚砂的压实度指标来进行质量控制。

（6）珊瑚砂地层渗透系数普遍较大，珊瑚砂渗透系数的大小与其自身的孔隙有关，经过压密的地层渗透系数会降低。

（7）平板载荷试验发现珊瑚砂地基的承载力和变形模量普遍较大，地下水位以下珊瑚砂的试验指标稍低于地下水位以上珊瑚砂，表明地下水对珊瑚砂的力学性质存在一定的影响。

（8）由于地下水位以下珊瑚砂自身性质较差，现有地基反应模量试验方法无法取得地下水位以下珊瑚砂的地基反应模量指标。

（9）通过位于新吹填陆域珊瑚砂地基上三座航煤油储罐预先进行了充水–泄水测试试验，实际监测表明经历过一次完整充水–泄水过程以后的地基土层沉降变形已达稳定，在储罐运营期间，在充油荷载的作用下，地基沉降基本不会发展。充水–泄水测试试验类似一次完整的珊瑚砂地基的大型原位柔性荷载板"加载—卸载—再加载"试验，珊瑚砂地基在卸载和再加载阶段的压缩模量较大、压缩沉降较小。

第4章 开敞式无围堰珊瑚砂岛礁吹填

4.1 研究背景

4.1.1 工程背景和意义

马尔代夫维拉纳国际机场改扩建工程需占用大量土地，为解决目前机场岛土地资源的短缺问题，需要进行珊瑚砂填海造地。采用珊瑚砂吹填造陆方式，工程吹填面积约为 75 万 m^3，平均吹填深度约为 7.5m，总填方量约为 565.6 万 m^3，如图 4.1 所示。吹填取砂点在机场岛潟湖内。测算的潟湖内可取砂量约为 750 万 m^3，可以满足本吹填工程用砂量要求。

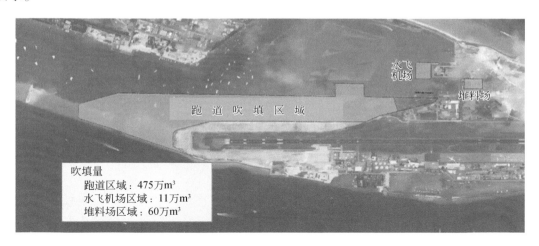

图 4.1 新吹填陆域范围示意图

马尔代夫机场改扩建工程中新建跑道的 2/3 面积需要吹填，飞行区的东侧、北侧及西北侧的大部分需要吹填，吹填量巨大。

常见吹填方式按施工先后顺序可分为两种。一是围堰吹填，先在吹填区域边缘的海域修建围堰，再对吹填区域中心进行吹填；二是开敞式吹填，即无围堰吹填，直接对吹填区域进行吹填，待吹填完成后再在吹填形成的陆域边缘进行围堰结构施工。

围堰吹填的优点包括：①吹填材料流失量小；②吹填区域有封闭围护，泥沙流失少，对环境影响小；③对吹填材料无特殊要求。其缺点包括：①需要先在海域中施工围堰，工作难度大、施工时间长；②围堰往往无法作为永久的护岸工程，后续需重新施工正式的护岸工程，施工成本高；③围堰形成封闭区域，围堰范围内的生物无法迁移，对生物多样性有一定破坏；④吹填完成后含有一定的细颗粒，地基处理难度较大。

开敞式（无围堰）吹填的优点包括：①直接对待吹填区域进行吹填，施工简单、速度快；②吹填区域逐渐扩展，水生生物可及时转移；③无需临时围堰结构，施工费用低；④吹填后遗留的细颗粒少，地基处理难度较小。其缺点包括：①对周围水文条件要求苛刻，波浪、洋流均不可过大；②对吹填材料要求较高，吹填材料需要咬合力好、摩擦角大、含泥量低、无污染物；③吹填工程需连续施工，尽量减少极端天气的影响。

在保证工程质量的前提下，根据条件选择更优的吹填造陆工艺，合理缩短吹填工程的工期是珊瑚砂岛礁吹填造陆工程需要研究的问题之一。

4.1.2　国内外研究现状

世界各国的海滨城市基本都有吹填造地的历史，尤其是荷兰、美国、日本、阿联酋、沙特等国家。对于吹填造地建设机场，自1975年日本第一次利用海域建设长崎机场并投入运营以来，世界各国已先后建成了十多个海上机场。

现有海上机场主要分半岛型和离岸型两种。所谓半岛型是指机场与陆地连成一片，由陆地向海域填筑而成，目前建成的半岛型机场主要有新加坡樟宜机场、日本东京羽田机场、珠海金湾国际机场等。所谓离岸型是指机场离开陆地而成为海上孤岛，仅通过桥梁与陆地相连，目前建成的离岸型机场主要有日本长崎机场、日本关西国际机场（图4.2）、澳门国际机场、香港赤蜡角国际机场、韩国仁川国际机场、日本神户机场等。

图4.2　世界上第一座填海造陆形成的机场——日本关西机场

我国的填海造地工程开始实施于20世纪的五六十年代，从20世纪80年代开始大规模围海造地，围海造地工程在我国呈现逐年递增的态势。天津作为北方最大的沿海城市，在国家级新区滨海新区通过吹填筑造了大量的建设开发用地，包括海滨休闲旅游区临海新城吹填造陆，天津港南疆及东疆吹填造陆（图 4.3），临港产业区、工业区吹填等项目均采用先施工围堰后吹填的方式。在广西北部湾经济区同样通过吹填筑造了大量的建设开发用地，如北海铁山港区，钦州大榄坪（图 4.4），防城港东湾、西湾等，均采用先施工围堰后吹填的方式。

图 4.3　我国天津港吹填照片

图 4.4　我国广西钦州大榄坪吹填照片

1995 年建成的珠海机场是我国的第一个海上机场；1995 年 11 月投入运行的澳门国际机场，是世界上第二个完全建在海中的离岸型机场；1998 年 7 月投入运行的香港国际机场也是吹填造地建造的离岸型机场；目前正在建设中的大连金州湾国际机场也是采取离岸填海的方式建设，回填面积达 20.87km²。上述机场均采用先填筑围堰，后通过吹填或者回填山石土方的方式建造。

4.1.3　本章内容

本章在对马尔代夫地区珊瑚砂水动力特性和机场岛区域水文和水动力环境的研究的基础上，提出适用开敞式无围堰珊瑚砂吹填工艺的条件，通过试验段施工验证在马尔代夫国际机场改扩建填海工程的适用性，建立一套高效的基于绞吸式挖泥船进行珊瑚砂无围堰开敞式吹填的综合施工工艺，通过有效的珊瑚砂吹填质量控制技术，在马尔代夫维拉纳国际机场改扩建工程中成功吹填造陆，形成有利于后续飞行区施工和沉降控制的地层结构。

4.2　开敞式无围堰吹填的技术条件

所谓开敞式无围堰吹填工艺，即是在未修建临时围堰的基础上，根据施工区域的地理条件和外部条件，对取砂区和吹填区进行施工区域划分，采用直接吹填的施工工艺（即裸吹）通过输砂管将填料吹填至指定的施工区域。

适用于开敞式无围堰吹填技术条件的核心在于吹填材料特性和气候水文条件，两者必须同时满足，缺一不可。

（1）吹填材料特性：吹填材料为珊瑚砂，咬合力好、摩擦角大、含泥量低、无污染物。

（2）吹填海域气候水文条件：海浪、潮流、海流平缓，且基本无泥沙运动，在无围堰状态下进行吹填施工，填料损失小。

4.3　开敞式无围堰珊瑚砂吹填施工工艺[①]

国内吹填工程施工中，通常采用先修建围堰再进行吹填的施工技术，具有工艺复杂、施工程序多、形成地层松散、含泥量难以控制等特点，且吹填材料多为粉砂、黏土、淤泥等土质，珊瑚砂材质极少。

开敞式无围堰珊瑚砂岛礁吹填工艺如图 4.5 所示，采用直接吹填的施工工艺（即裸吹）通过输砂管将珊瑚砂吹填至指定的施工区域。在水力吹填的过程中，考虑到珊瑚砂良好的物理力学性质，由多辆推土机同时对各个吹填口区域同步在水中进行土方整平和推土作业，达到了层层压实的效果并对吹填材质和粒径级配进行合理检查，使得整个的珊瑚砂回填料比较密实且均匀，并对吹填口用阻泥幕布等措施进行漂浮物的隔绝和清理避免局部

---

①　北京城建集团有限责任公司国际事业部，马尔代夫机场改扩建工程吹砂填海施工技术总结。

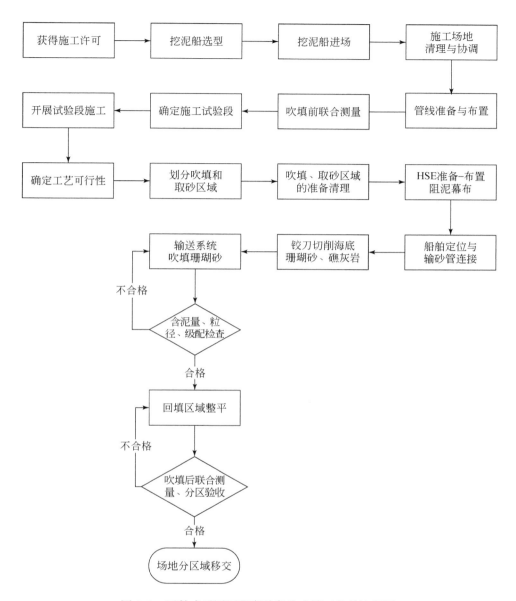

图 4.5 开敞式无围堰珊瑚砂岛礁吹填工艺总流程图

污染。此项工艺可减少临时围堰的海上作业量并降低风险和成本，同时减小了排水路径，通过合理损失一部分粉细珊瑚砂，避免了细颗粒的累计，含泥量较常规吹填工艺可得到更好的控制。同时，采用全球导航卫星系统（Global Navigation Satellite System，GNSS）的实时动态（real-time kinematic，RTK）技术，定期进行海深和陆域测量，对吹填效果和细颗粒流失进行控制。开敞式无围堰珊瑚砂吹填工艺是一项绿色环保、施工高效、成本节约、质量可控的施工工艺，控制技术效果很好。

4.3.1　挖泥船选型

　　吹填工程前期需要对吹填工程使用的挖泥船进行比选。国内目前尚无合理有效的挖泥船选型体系，我国的疏浚吹填设备选型基本停留在专家建议和领导决策的层面上。本书研究并首次提出一套挖泥船选型评分系统（图4.6、图4.7），分别从地质条件、水文条件、交通条件、技术及设计指标、安全指标、质量指标、经济指标、合同要求及其他各影响因素综合考虑，建立一套切实可行的评分系统，实践证明该套挖泥船选型评分系统具有良好的工程可实施性。

挖泥船选型评分系统												
影响因素 适用性	A			B		…………			J			…………
	A1	A2	……	B1	B2				J1	J2		
S1	W_{A11}	W_{A21}	……	W_{B11}	W_{B21}				W_{J11}	W_{J21}		
S2	W_{A12}	W_{A22}	……	W_{B12}	W_{B22}				W_{J12}	W_{J22}		
S3	W_{A13}	W_{A23}	……	W_{B13}	W_{B23}				W_{J13}	W_{J23}		
分项小计	W_{A1}	W_{A2}		W_{B1}	W_{B2}				W_{J1}	W_{J2}		
分部小计	$W_A+W_{A1}+W_{A2}+\cdots$			$W_B+W_{B1}+W_{B2}+\cdots$		$W_i+W_{i1}+W_{i2}+\cdots$			$W_J+W_{J1}+W_{J2}+\cdots$			$W_n+W_{n1}+W_{n2}+\cdots$
总分统计	$W=W_A+W_B+W_C+\cdots$											

图4.6　挖泥船评分系统模型

　　S1、S2 和 S3 分别代表不适用、一般情况下适用和适用，其影响系数数值分别为 0、0.5 和 1；A，B，…，J…表示影响因素，每一个大的影响因素下分为各小项影响因素；影响因素评分与适用性影响系数的乘积即为每一小项影响因素的得分，其中适用性影响因素的选取由技术经济相应专业人员或专业团队共同确定，分别在选取 S1、S2 或者 S3 其中之一数值的同时，其他两个适用性影响因素定义为 0；总分统计中要相应标出 0 分出现的情况。

4.3.2　输送系统布置

　　珊瑚砂、礁灰岩材质对于输砂管线、铰刀和其他输送系统构件的磨损较常规吹填材料的磨损要更为严重。输砂管道由一套钢管网和塑料管网组成，管网包含船板、浮管线、水下潜管、岸管、橡胶管、阀门、管件附件等，水上浮管、水下潜管用橡胶管连接，采用法兰式连接。

　　船板部分管线是挖泥船的一部分，也是取砂材料（水砂混合物）从主泵到挖泥船末端的路径。橡胶浮管线（带柔性节点的管道，通过空心钢浮筒的方法进行漂浮）将连接到挖

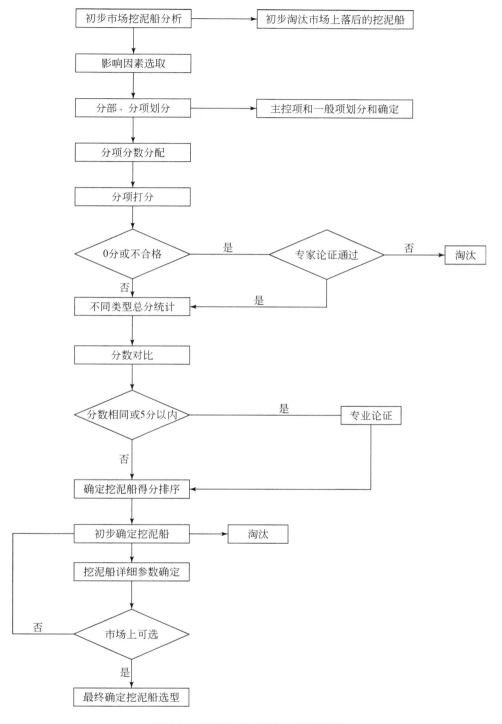

图 4.7　挖泥船选型评分系统流程图

泥船的末端，同时浮管线同陆域部分的地面管线或者潜管进行连接。通过以上输砂管线将珊瑚砂和水的混合物从挖泥船排放到吹填区。

输送系统的布置（图4.8）原则如下：

（1）管线的布置一般总长度不超过1.5km，以避免由于管线长度增长导致材料磨损、水头损失等所造成的生产效率降低。

（2）管线中的流量和泥浆浓度是影响挖泥船生产效率的最重要的两个参数，所以提高输送流量可以提高生产效率，反之亦然。对于提高输送流量而言，管线越短、架设越顺直、爬坡越少、转弯次数越少、浮管和沉管越少，则损失越少，相应的可以提升流速。

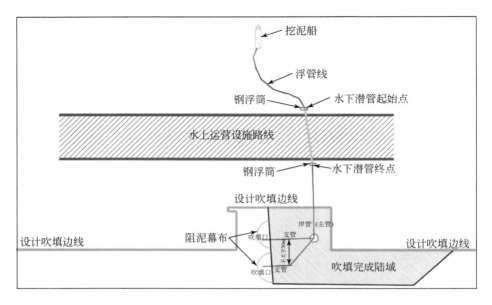

图4.8　吹填工程输送系统布置图

（3）编制整个区域的吹填的取砂-吹填平衡计划，综合考虑管线最短，以及合理配置大小挖泥船的作业范围、作业深度以及作业距离等原则，使得生产效率最大化。

（4）水上浮管连接采用柔性连接，连接前应对排泥管道、浮筒进行全面检查，破损、严重锈蚀、磨损或老化的管件禁止使用。排泥管间及排泥管与浮筒之间必须连接牢固，以避免泥浆泄漏或浮筒窜位与翻转。管线锚要间隔布置，确保浮管线的固定或漂移。管线锚的间距在40~80m，当流速及风浪较大时，间距缩小，流速及风浪较小时，间距可加大。浮管锚抛设时，系白色锚漂作为指示，易于水面上识别。管线锚的重量计算公式如下：

$$W_1 = K_1 K_2 \rho v^2 A / \left[1.74 f_m (n+2) \right] \tag{4.1}$$

式中，W_1 为单个锚的所需重量，kg；ρ 为水流的密度，kg/m³；v 为水域最大流速，m/s；A 为管线垂直于水流方向的阻力面积，m²；f_m 为拟选锚的抓重比；K_1 为风影响系数，按风向与风力情况取值，取值范围为0.9~1.1；K_2 为管线阻力系数，浮筒可取0.7，浮体取0.85；n 为拟用锚的数量，个。

（5）岸管的敷设要考虑陆域交通的通行要求，过路处要埋入一定深度，确保通行要求。

（6）岸管的主管和支管的分布要根据分层吹填的要求，支管分开布置，支管吹填口保证不大于50m，保证吹填材料的质量。

（7）水下潜管布置（图4.9）应在对水上交通有影响的地方。潜管的下潜是通过向管内注水，使管线总重量大于所受浮力来实现的，上浮则是通过将管内的水排除，使管线所受浮力大于其总重量来完成。水下潜管两端做好锚碇和标志。

图4.9　水下潜管布置图

4.3.3　吹填施工

1. 取砂区作业

绞吸式挖泥船利用绞刀绞松海底的珊瑚砂（礁灰岩），与水形成混合物，经过输送管线吸入泵体并经过输送管线送至吹填区域。在取砂工作开始之前，挖泥船应在取砂区域可靠停放，并与浮管线和排放管线连接牢固，一切就绪之后，开始取砂作业。

开始正式取砂工作之前，必须确保相应的技术文件、动工手续、安全检查手续、设备验收手续及其他准备工作齐备。管理人员主要检查要点如下：

（1）取砂区和吹填区的测量工作完成并得到批准；

（2）挖泥船的取砂路径及区域被批准；

（3）岸管线架设和检查完毕；

（4）浮管线和排泥管线连接并检查完毕；

（5）挖泥船及相关设备性能良好；

（6）人员就位；

（7）与关联单位沟通后得到作业许可。

取砂操作将进行"大开挖"模式，海下坡度的形成取决于取砂材料的休止角。取砂的边界确定以后，要确保取砂区域在取砂范围之内，并时刻关注水下的坡度，确保不对周边的建筑物和结构物造成影响。

在作业时，每天记录挖泥船位置、吹填作业位置、取砂路线、深度范围、起始点坐标、作业时间、工作效率、材料描述等主要信息，并标记在取砂进度图中和每日的进度报告中。为了更加准确便捷地监控挖泥船的位置，采用差分全球定位系统设备对挖泥船进行实时定位。为了监控取砂操作，切削深度指示器、涨落指示器和验潮仪将要来进行深度和宽度的控制。

2. 安装阻泥幕布

在开敞式无围堰珊瑚砂岛礁吹填施工中，阻泥幕布的安装是确保环保的关键工序。阻泥幕布的材料应选用轻质、高强的尼龙布材料。吹填过程中每隔 2 小时要检查阻泥幕布的布置情况及损坏情况；如果有损坏，要及时修复，必要时要停止吹填作业。同时，阻泥幕布的布置要根据吹填口随时调整，在吹填支管更换吹填路径时，应及时完成阻泥幕布的调整和布设，确保吹填区域的密封性和环保性。吹填区域的每一根支管吹填口外围必须封闭设置阻泥幕布，确保细颗粒、杂物、悬浮体不影响周边水域。阻泥幕布布置原则包括：

（1）阻泥幕布高度至少 500mm 以上；

（2）阻泥幕布上部采用轻质泡沫填充，确保漂浮效果，下部采用锚固物连接（锚固物间距不超过 20m，锚固物的重量根据现场的风浪情况和泥沙运动情况适当调整），沉至海底，确保阻泥幕布的固定性和阻隔性；

（3）阻泥幕布两侧与已完成吹填陆域或海岸连接，确保封闭型；

（4）每不超过 20m，阻泥幕布底部加设一个锚固物，确保阻泥幕布系统稳定。

3. 吹填区作业

1）水下吹填作业

在未修建临时围堰的基础上，根据施工区域的地理条件和外部条件，对取砂区和吹填区进行施工区域划分，采用直接吹填的施工工艺通过输砂管将珊瑚砂吹填至指定的施工区域。通过合理的地层控制和吹填口吹填料材料质量控制，将珊瑚砂层层吹填至平均海水面的高度。在水力吹填的过程中，考虑到珊瑚砂良好的物理力学性质，对吹填材质和粒径进行合理检查和级配，使得整个珊瑚砂回填料比较密实且均匀，并对吹填口用阻泥幕布等措施进行漂浮物的隔绝和清理，避免局部污染。岸管的主管和支管的分布要根据分层吹填的要求，支管分开布置，支管吹填口间距保证不大于 50m，保证吹填材料的质量。此项工艺减小了排水路径，通过合理损失一部分粉细珊瑚砂，避免了细颗粒的累积。

2）水上填筑作业

当吹填面接近水面位置时，采用推土机对各个吹填口区域同步在水中进行土方整平和推土作业，达到了层层压实的效果，并通过及时进行压实度检测和沉降观测等方法，检测形成陆域的填筑质量。

4.3.4　吹填功效控制

传统的吹填工程中，采用先围堰后吹填的施工技术，即先做临时土坝围堰，在适当位置铺设排水管和围堰箱，进行排水，然后进行吹填管线的布置并进行吹填作业。此项技术相对于无围堰吹填技术，在功效上大大降低，需要对吹填区域进行施工分区，分区内进行临时围堰的修筑，同时需要综合考虑出水口，需要进行围堰箱的铺设，考虑到临时围堰的修筑在吹填前均是海上作业，而且局部水深将近 12m，临时围堰的施工难度大、时间长，大大延长了工期。

在无围堰吹填工艺提出后，大大提升了施工效率，围绕无围堰吹填工艺，本书技术团队进一步提出并总结了吹填功效控制技术。

珊瑚砂吹填施工采用绞吸式挖泥船，通过管线输送珊瑚砂的施工工艺，对于如何有效提升珊瑚砂吹填施工效率的技术研究在国内尚属空白。从项目总体进行分析，对工程进度影响最大的因素主要是设计的滞后，合同生效影响及额外工程量的大幅增加。在不计算这几个客观因素的影响下，通过提出一系列的控制措施达到了吹填功效的提升。

珊瑚砂吹填施工中，通过对海洋勘察与测量资料、珊瑚砂（礁灰岩）特性、绞吸式挖泥船总功率与分配功率、铰刀切削性能、挖泥船主要构配件定期维修更换频率、输砂管布置、不同类型输砂管划分与搭接、管线长度与材质损耗关系、吹填区域施工分区与分层划分等的综合分析，总结出一套符合实际且能有效提升施工效率的使用绞吸式挖泥船进行珊瑚砂吹填的施工效率综合施工控制技术。

从挖泥船疏浚吹填作业的影响因素进行分析，对于该疏浚吹填工程进度影响最大的因素有发动机、铰刀、主泵堵塞、水下泵堵塞、泵与甲板维护、挖泥船锚固、浮管线影响、岸上管线与吹填区域影响、极端天气、挖泥船移位、物资运输、测量、其他杂项等。

综合分析归纳，提出以下吹填功效控制技术：

（1）吹填工艺的选择，无围堰吹填工艺功效大于有围堰吹填工艺。

（2）合理选择挖泥船类型及挖泥船数量及功率等细节参数，确保最大限度满足当前的施工环境和条件，如马尔代夫维拉纳国际机场改扩建工程选用绞吸式挖泥船功效大大优于耙吸式挖泥船。

（3）开展珊瑚砂（礁灰岩）特性及地层研究，合理分配不同功率及挖掘深度的挖泥船，做到挖泥船分区、分层的作业范围功效最大化、最合理化，避免挖泥船超过或接近本身最大作业深度的取砂作业，减少挖泥船的损耗。

（4）合理布置输泥管线的长度，根据不同的挖泥船总功率和输泥泵-加压泵的功率，确定输泥管最大作业长度，并根据吹填材料材质、吹砂支管的数量和分布等，综合减小输泥管的作业长度、增大吹填的效率。

（5）定期更换铰刀头和铰刀齿，并每日检查铰刀齿的丢失情况，确保铰刀的完整性和功能性，确保吹填的功效。由于珊瑚砂（礁灰岩）地质的特殊性，要勤检查、多更换，且珊瑚砂和礁灰岩地层中要采用不同的铰刀进行土体的切削，确保效率最大化。

（6）对挖泥船进行定期检查、保养，尤其是核心配件一定要有备件，如发动机、铰刀、主泵堵塞、水下泵堵塞、泵、甲板等，避免发生设备故障，导致的大范围停工。

（7）挖泥船的移位要提前与整体的吹填计划相结合，避免大范围长距离的移动，避免时间的浪费，提升功效。

（8）可采取两班倒或者三班倒的工作制度，确保24小时不间断施工，最大限度的利用挖泥船的功效，缩短工期。

（9）加强对质量的控制，避免返工造成的工期延误。

通过控制这些关键项，可以达到对珊瑚砂吹填工程功效进行控制的目的。

4.3.5　形成吹填地层及初期地基处理

吹填施工中，通过精确的海洋勘察和测量，对取砂区域和吹填区域进行精细化的区域划分，分区分层分材质进行取砂和吹填作业，形成有利于机场施工和沉降控制的地层结构。同时，在吹填施工过程中地下水位以上部分引进层层压实的施工工艺并通过及时进行压实度检测和沉降观测等方法，从源头上对机场的基层进行处理。

吹填施工中，对于地层的控制，源头在于取砂区，通过对取砂区地层的分析研究，再分区域吹填至吹填区域，达到既定的要求。整体上看，跑道区域的吹填材质基本上选用的是均匀的密实类中粗砂、珊瑚枝丫和细珊瑚砂，以此确保吹填质量，土面区会夹杂着一些表层的细砂和地层的礁灰岩材质。新吹填区域形成后的典型地层剖面如图4.10和图4.11所示，地层编号如表4.1所示。

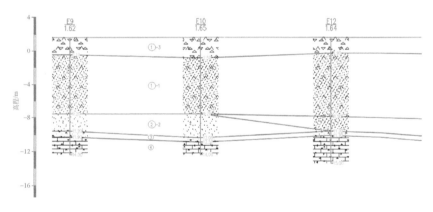

图4.10　新吹填跑道区域典型地层剖面图1

由吹填作业形成的地域剖面图可分析得出，新形成的地层构成合理，材质均匀，对于后续的地基处理提供了很大的便利，避免了不均匀沉降的发生。

同时，在吹填的施工过程中，当吹填面将近达到水面位置时，采用推土机进行推筑和层层压实施工技术（图4.12）。此种施工技术的应用，使吹填珊瑚砂在表层区域进行层层压实，有效地达到初步地基处理的效果，从吹填后的压实度检测、地勘资料以及后续的进一步的地基处理可以看出，效果显著。

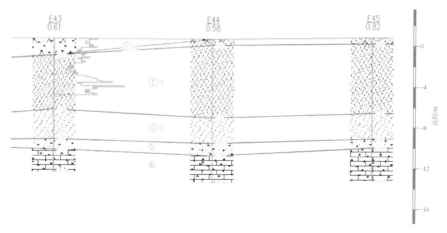

图 4.11　新吹填跑道区域典型地层剖面图 2

表 4.1　岛礁地层编号说明表

成因年代	地层编号	岩性名称
填土层 （Q^{ml}）	①-1	珊瑚砂素填土
	①-2	含珊瑚枝珊瑚砂素填土
	①-3	含珊瑚碎石珊瑚砂素填土
全新世 （Q）	②-1	珊瑚细砂
	②-2	珊瑚中砂
	②-3	珊瑚砾砂
	③	含珊瑚碎石珊瑚粗砂
	④	礁灰岩

图 4.12　吹填口压实和推土作业

吹填完成后，后期通过应用26t和36t大型振动压路机对珊瑚砂地层进行振动压实的地基处理工艺，对场区根据吹填地层情况进行合理分区，采用合理的珊瑚砂地层地基处理方法，使基层土体满足设计和规范要求，极大范围的减小工后沉降并避免不均匀沉降。

4.3.6　吹填珊瑚砂损失控制

如果护岸工程不是紧接着吹填工程进行，略有延后，则在做护岸结构之前边线处的珊瑚砂会有一定的损失量，对开敞式无围堰吹填工艺中珊瑚砂损失量的估计和控制是一个重要研究问题。为此，提出了对于不同的区域采用不同的处理措施来尽量减少损失。

（1）潟湖内侧：由于此片区域的海流、波浪和潮汐变化对海岸的侵蚀较小，此片区域的吹填边界条件进行优化，将吹填边线内移2.5m，将不足的珊瑚砂量储存在附近沿岸，则可留下一定的侵蚀空间，有利于在工程范围内形成缓坡且达到稳定，最大程度地减小了珊瑚砂损失。

（2）西北侧：此片区域位于外海，海流、波浪和潮汐的影响较大，对此片区域现场采取两种方法减缓损失，一种是将吹填边线内移3.5m，航道区域内移10m；另一种是用大粒径珊瑚砂袋在边线外围堆积，达到减缓海流、波浪和潮汐的作用。

通过现场的观察、水深测量数据及边线的断面，施工过程中采用的措施收到了良好的效果，减小了珊瑚砂的损失，其中边线处由于长时间的侵蚀，形成了一定的缓坡，达到稳定的状态且基本在设计边线内（图4.13）。

图4.13　吹填设计边线

4.3.7 吹填工程量计算

施工过程中的吹填工程量计量可采用 PDS 2000 等软件进行计量，同时使用麦格天宝的 TBC-HCE 等软件进行校核。通过对不同软件计算工程量的对比分析，可以基本保证数据的准确性。两款软件均采用 DTM 法，计算原理相同具有可对比性。

国内常用的土方量计算软件大都是基于 CAD 进行二次开发的，代表有南方 CASS、天正土方软件等。由于 CAD 的定位是一款绘图软件，所以在处理测量数据和进行土方量处理方面并不擅长，而虽然二次开发都融入了不同的土方计算方法，但会有操作不便、没有三维视图、没有专门为工程设置的土方量报告以及大面积场地计算能力弱等方面的不足。而 PDS 2000 软件（图 4.14）和 TBC-HCE 软件（图 4.15），均是可以基于测量数据和图纸进行土石方工程建模，三维视图直观展示三维模型，并生成专业的土方工程量报告的一款软件。

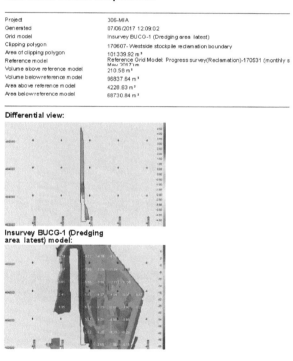

图 4.14 PDS 2000 软件计算报告

通过本项目吹填工程量的计算，体现了数字化软件的几点优势：

（1）操作简单，方便易用，计算快速；

（2）计算精准，直观三维可视化；

（3）快速生成报告；

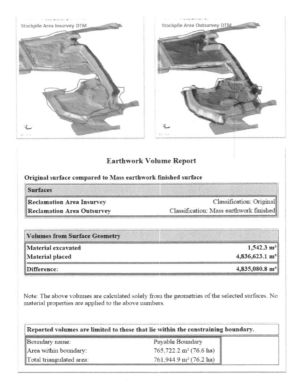

图 4.15　TBC-HCE 软件计算报告（显示计算边界、面积和体积）

（4）保证历史数据完整；

（5）当区域和放坡有变化时，可快速调整并计算结果。

填海工程量计算一般是以三期数据、三个模型和一个边界为主要依据进行计算和管理的，如图 4.16 所示，原始和最终之间即为填海工程总量，原始和动态之间即为已完成工程量，动态和最终之间即为剩余工程量。如果再加上时间这个维度，就可将工程量转化为工程进度。

图 4.16　填海工程量计算

1）三期数据

①在填海工程开始之前，需要对原始的海床进行扫描测量，获得原始海床真实三维数据；②填海工程开始后，按月对动态填海现状进行扫描测量，获得月度填海真实三维数据（动态变化）；③填海工程完工后，需要对最终完工区域进行扫描测量，获得填海竣工测量真实三维数据。

2）三个模型

①由原始海床真实三维数据创建的模型为原始海勘测量模型；②由月度填海真实三维数据创建的模型为月度填海测量模型（动态变化）；③由填海竣工测量真实三维数据创建的模型为填海竣工测量模型。

3）一个边界

设计给定的最终填海工程量计算范围为工程量计算的边界，具体的填海工程量计算流程如图 4.17 所示。

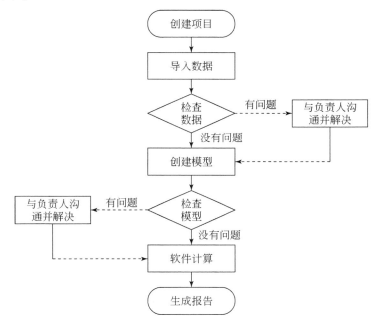

图 4.17　填海工程量计算流程图

4.3.8　小结

采用开敞式无围堰吹填工艺，排水路径短，可以更好地排走细颗粒，提高陆域成形质量，使用效果良好。开敞式无围堰珊瑚砂岛礁吹填技术与传统有围堰吹填工艺的对比，更能突显出无围堰吹填工艺的优势，两者对比情况见表 4.2。

表 4.2　吹填施工工艺比较表

工艺分类	吹填施工工艺比较						
	效率	环保	质量控制（含泥量）	成本	安全	珊瑚砂损失	额外
开敞式无围堰吹填	高，无需围堰，节省临时围堰的建设和拆除时间	较好，能满足要求。由于细颗粒的外流，导致吹填口外有细颗粒和泡沫的产生。现场配套采用了阻泥幕布，极大限度减小了环境污染	高，由于裸吹的珊瑚砂排出路径短且与海洋直接相连，细颗粒随着海流和潮汐流至远处，对于质量控制有利的大粒径和珊瑚枝丫留下堆积，含泥量极低	低，减少了临时围堰的建设，压缩了工期，在提升质量管控的同时，大范围节约了成本	高	一般，但是损失的均是质量不合格的细颗粒，且施工中采用了减缓流失的措施，流失量极少	基本无细颗粒、泥的额外处理
有围堰吹填	低，需要围堰，临时围堰的建设和拆除耗时较久	较好	低，此种吹填工艺，由于吹填路径长，排水口口径小，细颗粒在排水口进行堆积，导致最后此片区域的土方含泥量很高（约40%以上），无法作为跑道区域的珊瑚砂	高，此种吹填工艺，首先需要建设并拆除临时围堰，其次对于排水口区域尚需对细颗粒进行清除，大大增加了成本	高	少，但是将细颗粒珊瑚砂留下，有质量隐患	需要对围堰排水口处的累计细颗粒进行清理，确保质量
总结	无围堰吹填相较于有围堰吹填的工艺来说，更具优势且更有推广使用性						

4.4　开敞式无围堰珊瑚砂吹填质量控制及吹填珊瑚砂状态特性

4.4.1　珊瑚砂吹填质量控制技术

4.4.1.1　取砂区质量控制

每日的取砂作业，必须严格按照每日批准的作业区域、作业范围和作业路径进行，对挖泥船取砂过程中的中心线、挖宽和取砂路径要严格控制，对于挖深和边坡要严格按照施工方案和取砂-吹填计划进行控制。

取砂过程中，对于取砂边界的控制和取砂总量的控制是整个取砂区域质量控制的重点。施工中严格按照批准的取砂边界进行取砂。由于潟湖内材料储备量足够，取砂总量明显多于我方需要的吹填量，对两艘挖泥船的取砂区域、深度和总量进行控制，确保两艘挖泥船确保同步作业，且均有足够的作业范围，保证最大的施工效率。

对于取砂区的质量控制，最重要的是地层的控制。施工中对地层进行了粗略控制，在跑道区域吹填取砂区的中面层，保证吹填的材料均是中粗砂和珊瑚枝丫，确保吹填土的地基承载力，土面区会存在一些较大颗粒的礁灰岩和珊瑚细砂，但是均满足质量要求。

4.4.1.2　吹填区质量控制

每日对吹填现场进行巡视，检查现场垃圾情况、大颗粒情况、含泥量情况，以及挖泥船的取砂位置、吹填位置。通过每日巡查，高效地了解现场的情况，有效地进行质量控制。同时，通过对现场取样的试验检验，以及对含泥量和压实度的检验，达成控制质量的目的。

吹填区的质量控制是整个疏浚吹填工程的关键，对于后续的施工起到至关重要的作用。

1）吹填总量的控制

吹填总量按照取砂总量和流失量进行控制。控制时，对每日的取砂总量进行分析，并粗略估计珊瑚砂流失量，确定大致的每日吹填量和累计吹填量；并于每月进行月度测量，确定吹填总量在可控范围内。

2）吹填高程的控制

严格按照设计图纸进行高程及规范约定的高程误差 ≤ +15cm 进行控制（不允许欠填）。施工前确定永久性控制点并进行了妥善的保护；吹填区内设置了沉降观测点，以观测吹填区的沉降量，并做到对高程的动态控制；同时，在吹填区内设立临时的高程控制木桩，以更利于施工机械和人员直观控制高程。

3）含泥量的控制

主要通过现场经验性观察和筛分实验进行控制。现场如果发现有细颗粒聚集的情况，一般采取直接要求现场操作人员进行清除处理或进行拌和处理，如果区域较大，要求其停止此片区域的吹填，进行集中处理直至完毕。开展定期的筛分实验，对典型区域进行含泥量检测，以达到质量控制的目的。

4）压实度的控制

压实度一般在吹填过程中进行抽查，因为压实度的指标不是最终的控制指标，还要通过后期的地基处理进行更深层次的处理，但是如果实验结果不满足要求，会要求进行二次处理并进行复检，直至满足要求为止。

5）吹填粒径的控制

吹填粒径先从源头上进行控制，对于大挖泥船在礁灰岩层以下区域开挖时，会对铰刀进行控制，铰刀片的距离减小、隔断数量增加，从源头上避免大颗粒（图 4.18）的进入。同时，通过每日检查，对大颗粒的材料进行清除或者破碎，以达到质量的要求。

6）垃圾的控制

吹填新区域开始前，对周边区域进行垃圾清理（图 4.19），只有在检查合格，没有垃圾的存在后，才允许进行相应的吹填作业，避免垃圾的存在，影响吹填材料的质量。

图 4.18　大颗粒的粒径控制

图 4.19　吹填区的垃圾清理

4.4.2　吹填珊瑚砂承载力特性

为了对后续珊瑚砂新吹填陆域进行地基处理提供支撑和依据，对吹填后的珊瑚砂地基特性进行现场平板静载荷试验，各试验区平板静载荷试验结果如表 4.3 所示。可见吹填后的珊瑚砂地基承载力远大于普通填海泥沙。

表 4.3　珊瑚砂吹填后平板静载荷试验成果表

试验编号	地层	试验位置	最大加载压力/kPa	极限承载力/kPa	$s/b=0.01$ 对应的荷载/kPa	地基土承载力特征值/kPa	变形模量/MPa
S1-ZH1	②-1 珊瑚细砂	水位以上 50cm	600	600	374	200	28.7
S1-ZH2		水位以上 5cm	528	500	190	167	13.8
S2-ZH1	①-2 含珊瑚枝珊瑚砂素填土	水位以下 10cm	600	600	237	200	17.2
S3-ZH1	①-3 含珊瑚碎石珊瑚砂素填土	水位以上 160cm	600	600	301	200	21.5
S3-ZH2		水位以下 5cm	600	600	241	200	17.2
S4-ZH1	①-2 含珊瑚枝珊瑚砂素填土	水位以上 40cm	600	600	580	200	48.1
S4-ZH2		水位以下 5cm	600	600	271	200	19.3
S5-ZH2		水位以上 15cm	600	600		200	56.0

4.4.3　吹填珊瑚砂沉降变形特性

为了更好地对珊瑚砂沉降情况进行了解，为后续工程提供相应的参考和依据，对吹填区域进行了沉降观测。对吹填珊瑚砂沉降观测的数据分析可为之后类似工程提供相应的借鉴和依据，尤其是为后期开展的地基处理设计和施工提供了非常好的参考资料。

沉降观测点根据吹填进度与吹填方向进行设置，南北向每 200m 左右设置一个沉降观测点，采用整片吹填区域均匀布置的原则，整片飞行区吹填区域约布置 12 个沉降观测点。

沉降观测点布设在吹填区表面或者表面下 10~20cm（对沉降观测盘起到固定和保护作用，可忽略上层荷载的影响；图 4.20）。对沉降点设置后，在周边布置保护栏杆及保护线，防止周边机械设备、人员等对沉降观测点的破坏（图 4.21）。同时，由于未在原始海床设置沉降观测盘，所得沉降观测数据为整个地层的沉降。

根据监测的结果可知，吹填地层沉降较小，一般保持在 10mm 以内，其中 6 号沉降观测点的最大沉降为 22.4mm，初步分析原因是 6 号点位于深填海区，而且此片区域的表层在吹填过程中未进行基本压实处理，沉降盘的重量过大导致表层浮土的压实，沉降量变大，但后期沉降区域稳定。

同时，在整个吹填区域范围内布设 Trimble GNSS 沉降观测站，利用分布在新填海陆域的 6 座 GNSS 沉降观测站以每秒观测一次的速率进行不间断的沉降观测，经 Trimble 4D 沉降预警软件对 17168 小时的采集数据进行处理后获得沉降曲线。沉降曲线综合反映了整个陆域的沉降状态，并提供了准确可靠的机场岛改扩建区域的沉降动态预警，如图 4.22 和图 4.23 所示。

通过沉降观测证实，无围堰吹填工艺形成的陆域自然沉降很小。对于吹填工程而言，沉降观测较为重要，可以为后续的地基处理及上层结构设计提供参考的资料，有利于更好地了解地层情况和土质特点。

图 4.20　沉降观测点布置

图 4.21　沉降控制点布置情况

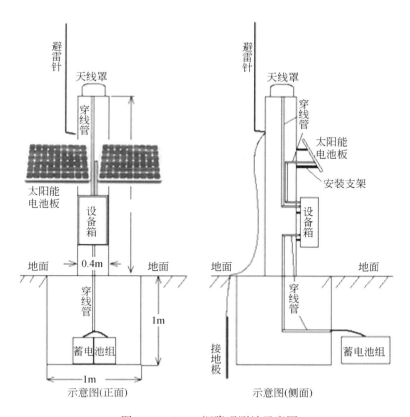

图 4.22　GNSS 沉降观测站示意图

图 4.23　GNSS 沉降观测站实体图

4.5　马尔代夫维拉纳国际机场改扩建工程吹填造陆工程

马尔代夫维拉纳国际机场改扩建工程工期较为紧张。为此开工前，针对新型吹填材料的特性及根据当地的法律法规、常规做法进行综合分析、研讨，讨论是否可以提出优化的适用于特殊环境背景下的新的吹填工艺，具体过程如下：

（1）通过当地调研和实际观测，发现马尔代夫施工环境温和、基本无台风等恶劣天气；吹填材料为珊瑚砂，咬合力好、摩擦角大、含泥量低、无污染物。综合以上情况，通过对两种吹填方式的对比，确定开敞式吹填更为合适。

（2）综合上述对于珊瑚砂吹填特性和工程潮流分析结果，针对新型吹填材料的特性及根据当地的法律法规、常规做法进行综合分析、研讨，提出优化的适用于特殊环境背景下的新的吹填工艺，并开展相应的研究、试验、分析及试验段施工。

（3）进行了80m宽、1000m长的试验段施工，通过观察珊瑚砂的流失量、含泥量、吹填土体颗粒组成、周边水体污染情况、边坡坡度、压实度等，进一步确认无围堰施工吹填工艺的可行性。

（4）通过有效的珊瑚砂吹填质量控制技术，在马尔代夫维拉纳国际机场改扩建工程中成功吹填造陆，形成了有利于后续飞行区施工和沉降控制的地层结构，吹填过程中珊瑚砂损失测量可控，吹填珊瑚砂地基的承载力和变形特性良好。

4.6　本 章 小 结

分析了开敞式无围堰吹填工艺的条件，建立了一套高效的基于绞吸式挖泥船进行珊瑚砂无围堰开敞式吹填的综合施工工艺，给出了珊瑚砂吹填质量控制技术要点。

（1）当吹填区域海浪、潮流、海流平缓，且基本无泥沙运动，可以在无围堰状态下进行施工，珊瑚砂损失极小。同时珊瑚砂具有摩擦性大、易于堆积、不易流失的特殊材质，采用的开敞式无围堰吹填工艺排水路径短，可以更好地排走细颗粒，提高陆域成形质量，使用效果良好；珊瑚砂填料含泥量低，采用开敞式无围堰吹填工艺施工不会造成环境污染。

（2）建立了开敞式无围堰珊瑚砂吹填的完整的施工控制工艺，详细确定了每个工序的关键施工要点，并在马尔代夫维拉纳国际机场改扩建工程成功应用。

（3）确定了开敞式无围堰珊瑚砂吹填质量控制要点。通过原位测试发现吹填后的珊瑚砂地基承载力远大于普通填海泥沙，且观测地表沉降较小，说明采用质量控制措施的吹填后珊瑚砂地基具有较好的工程特性。

第5章 远洋岛礁地貌条件下珊瑚砂新吹填陆域护岸工程设计

5.1 研究背景

5.1.1 工程背景和意义

护岸工程是远洋岛礁珊瑚砂新吹填陆域建设的重要部分，斜坡式护岸和板桩式护岸是岛礁新吹填陆域最常用的两种护岸结构形式。

珊瑚礁地形与传统的近岸地形差别较大，其主要特点是护岸前沿水深急剧变化、岸坡陡峭，导致波浪发生复杂的变形或破碎现象。

马尔代夫维拉纳国际机场改扩建工程新吹填陆域的护岸工程主要分布于机场西北侧、北侧以及东侧。其中，西北侧面向北马累环礁海域，直接受海域风浪作用，所处水文环境相对恶劣；北侧和东侧为潟湖侧护岸（图5.1）。

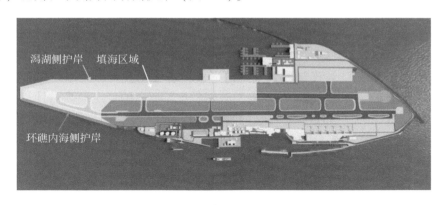

图5.1 机场岛护岸工程位置图

西北侧护岸直接受北马累环礁内海域的风浪影响，波高较大。西北侧护岸采用斜坡式和板桩式结合的形式，机场跑道西侧有一处斜坡式护岸和板桩式护岸结合部位。其中，斜坡式护岸外坡直接面临（或处于）波浪破碎区域，对西北侧斜坡式护岸护面块石护面稳定性产生非常不利的影响。对于斜坡式护岸和板桩式护岸结合部位，在斜向浪作用下，波浪沿板桩面的传播，能量辐聚，易引起结构破坏。板桩式护岸段，前沿水深较大，承受波浪的冲击作用，冲击压力是影响结构安全的重要因素之一，目前针对板桩式护岸波浪冲击压力的计算还不成熟；同时地基包含深厚珊瑚砂，钢板桩承受巨大的侧向水平荷载作用，目前传统地基土压力计算方法是否适用于珊瑚砂也没有定论。

因此，有必要深入研究和完善珊瑚砂吹填陆域斜坡式和板桩式护岸设计方法，为马尔代夫维拉纳国际机场改扩建工程和其他岛礁新吹填陆域护岸工程提供更可靠的护岸设计方法。

5.1.2　国内外研究进展

5.1.2.1　海岸工程斜坡式护岸结构稳定研究

护岸通常建造在岸滩的较高部位，作为海滨陆域与海域的边界，其作用是保护其后侧岸滩的填筑陆地。护岸形式主要分为斜坡式和直墙式两种，斜坡式护岸主要由抛石结构组成，有利于消散和吸收波能，一般适用于水深不大的岸段；直墙式护岸，在无风浪时可作为岸壁停靠小船，一般适用于岸坡陡峭、水深较大的岸段。护岸作为一种历史悠久的保护堤岸的工程措施，国内外研究者对其做了大量的研究工作。

波浪在由外海向近岸的传播过程中，由于受到复杂地形、障碍物和水流等因素的影响，将发生浅化、折射、绕射、反射、底摩擦能量耗散以及破碎等一系列复杂现象。珊瑚岛礁作为一种特殊的海岸（洋）地貌形式，与常见的海岸类型不同，珊瑚岛礁地形具有礁前坡度大、礁坪平坦、水深变化剧烈等特点。波浪作为最重要的动力因素，不但关系到岛礁地形上的护岸工程设施的安全性，还对海床泥沙运动具有重要影响。因此，需要首先了解波浪动力条件，在这方面，国内外学者进行了一些研究。

国内，梅弢和高峰（2013）结合我国南海某岛礁实际地形，利用水槽试验研究了波浪在岛礁坪上的传播规律，当入射波浪较大时，传播的过程中会在礁缘附近发生剧烈破碎，破碎波继续向坪内传播，且经一段距离后达到波面稳定状态。柳淑学等（2015）将珊瑚礁地形概化为坡度1:5的陡坡连接较长平台的形式，对规则波和不规则波在概化模型上的破碎特性进行了研究，给出了破碎波高以及破碎后重新形成的稳定波高的计算公式。姚宇等（2015）通过水槽试验对破碎带宽度，破碎带附近波浪的入射、反射、透射以及能量耗散进行了测量分析，结果表明礁坪水深和入射深水波高的比值是影响岸礁破碎带附近波浪演化的关键参数。

国外，Hardy等（1991）对位于澳大利亚东北部的大堡礁（Great Barrier Reef）上的波浪传播过程进行了现场观测，表明礁坪上波高大小受礁坪水深控制，有效波高与水深的比值在0.4左右，最大波高与水深的比值在0.6~0.8。Gourlay（1994）根据海曼岛（Hayman Island）的实测地形，通过二维水槽模型试验，对波浪在岛礁上的波浪传播过程进行研究。Jensen等（2005）通过水槽模型试验，对波浪在外坡坡比为1/0.5、1/1和1/2的概化岛礁模型上的波浪能量耗散特性进行研究，表明礁坪上波浪破碎之后透射至后方的能量与入射波高、波周期和礁坪上水深有关，而与前坡坡度关系不大。Blenkinsopp和Chaplin（2008）通过二维水槽模型试验，研究了淹没深度对斜坡上的波浪破碎特性的影响，淹没深度是影响波浪在斜坡上破碎特性的重要参数。Shin等（2016）通过物理模型（二维波浪水槽）和数值模型（Boussinesq方程）研究了不规则波在岛礁地形上的变形和破碎，研究表明规则波和不规则波礁坪上破碎后重新生成的稳定波高与礁坪水深的比值分别约为 0.3 和 0.56。

目前，对岛礁地形上波浪传播变形过程已基本清晰，即当波高较大时，波浪在礁缘附近破碎并损耗大量的能量，破碎带通常会在礁坪上延伸一段距离，随后破碎作用停止并重新生成稳定的行进波。破碎波高约为水深的 0.6~0.8 倍，重新生成的稳定行进波波高约为水深的 0.3~0.56 倍。

国内外学者和工程人员对于常规海岸的护岸工程护面块石、块体稳定性，堤顶越浪量，护岸迎浪面波压力等方面已经进行了大量的研究。

1）护面块石、块体稳定性方面

国外，西班牙工程师 Iribarren（1938 年）最早提出了斜坡堤抛石护岸护面块石稳定重量的计算方法，该方法沿用很久，至今仍为人们所重视，但该方法的计算误差较大。1959年，美国陆军工程兵团的 Hudson（1959）提出了护面块石稳定重量的另一种方法，该方法相对于 Iribarren 方法，精度有所提高，至今仍被国内外相关规范或手册广泛采用，例如，我国《港口与航道水文规范》（JTS 145—2015）、美国 *Coastal Engineering Manual*、日本《港湾构造物设计基准》等，一般情况下 Hudson 公式可获较好的结果。1987 年，荷兰学者 Van der Meer（1987）通过大量的试验研究提出了一种新的计算方法，Van der Meer方法被认为是至今在计算护面块石重量上考虑因素最多和最全的方法，目前欧洲很多国家广泛采用该方法。但 Van der Meer 方法中一些参数的选取还需依靠模型试验确定。

国内，杨正己等（1981）考虑波高、波长、堤前水深、堤破坡度、静水位到堤顶的高度等因素，经试验研究提出了抛石堤的面层块石或块体的稳定重量计算公式。俞聿修（1985）采用规则波、不规则波和波群，试验研究了波长和波浪不规则性对斜坡堤护面块体稳定性的影响。以上研究都是基于波浪正向作用的情况，对于斜向作用的情况，俞聿修等（2002）系统地试验研究了扭工字块体、钩连块体、四脚空心方块和块石等四种护面块体在五种波向角的斜向波和多向不规则波作用下的稳定性，给出了四种护面块体稳定重量的计算方法。

近年来随着数值模拟技术的发展，对斜坡式护岸护面块体水动力特性的数值模拟也得以实现。Lara（2008 年）采用雷诺平均纳维-斯托克斯（Navier-Stokes equation，N-S）方程，对波浪与斜坡堤的作用进行了模拟。任冰等（2013）基于光滑粒子流体动力学（smoothed particle hydrodynamics，SPH）方法模拟了波浪作用下斜坡堤护面块体的水动力变化特性。

2）堤顶越浪量方面

国外，1953 年 Saville 对斜坡堤直立式挡浪墙结构进行了越浪量模型试验。1976 年Weggle 总结了不同海堤结构形式的越浪计算方法。Owen（1980）分别针对单一斜坡的和带有戗台的斜坡堤进行了比较系统的测量不规则波平均越浪量的模型实验，给出了光滑不透水斜坡堤堤顶平均越浪量的估算公式，Owen 公式更适用于计算英国国内的斜坡堤越浪量。1992~2002 年，Van der Meer（2002）对斜坡堤越浪量进行了大量的研究工作，给出了斜坡堤波浪爬高和平均越浪量的计算公式，目前欧洲许多国家推荐使用 Vander Meer 的越浪量计算公式。

国内，从 20 世纪 60 年代开始，进行了许多试验研究，1990 年周家宝等进行了试验研究，提出的海堤平均越浪量的计算公式，后被我国《海港水文规范》所采用。俞聿修和魏德彬（1992）通过在二维水槽内作不规则波对斜坡堤和直立堤的越浪量试验得到计算公式。陈国平等（2010）结合物理模型试验，综合国内外有关越浪量研究成果，提出了海堤护岸不同防护要求时的允许越浪量标准。

3）护岸迎浪面波压力方面

国外，1974 年，Goda 在实验研究和现场资料分析基础上，提出了波压力的新计算方法，将各种波态的波压力计算归结为一个统一公式，打破了长期以来直墙建筑物波浪力计算中破波与立波压力不衔接的传统方法，在国内外规范和手册中应用较为广泛。对于斜向波与建筑物的相互作用，Goda 公式中考虑了波浪入射角的影响，计算得到波浪力随波向角增大而单调减小。Battjes（1982）基于线性理论给出了斜向波作用时水平波浪力沿堤纵向折减系数的计算公式。

国内，李玉成等（1997，1999）基于物理模型实验、因次分析和实例验证等综合分析方法对直墙上不规则波近破波和不规则波远破波的水平力计算方法、压力分布图式和墙底浮托力计算方法进行了研究，相关研究成果被编入了我国《海港水文规范》。为考虑斜向波的影响，李玉成等（2002）通过斜向规则波或斜向不规则波与直墙相互作用的实验研究，给出了每延米斜向不规则波浪力与正向力之比，即斜向波浪力折减系数。此外，还通过与规则波实验结果的比较，给出了斜向规则波与不规则波波浪力之间的相对关系。为研究波压强与总力之间的关系，王登婷和左其华（2003）在水槽中进行了几种不同坡度的斜坡平台上波浪作用下直墙波浪力试验，系统分析了直墙上相对最大压强和相对最大总力，对不同斜坡直墙波浪力进行比较，给出了它们之间的关系。

综合以上研究成果可知，对于常规海岸的护岸工程护面块石或块体稳定性、堤顶越浪量、迎浪面波压力等方面，国内外相关规范中均给出了计算方法，基本理论和计算方法较为成熟，但对岛礁地形上护岸工程的研究较少。

目前，对于岛礁地形上护岸工程的设计多参考现有常规海岸护岸工程的研究成果。岛礁地形作为一类特殊的海岸形式，礁前斜坡较为陡峭，当波浪由深水传播到礁面时，波浪将在礁面斜坡带发生明显地浅水变形，并在较短的距离范围内发生剧烈地破碎，这与缓变地形上的波浪传播变形规律和破碎特征存在较大的不同。因此，岛礁地形上护岸工程稳定特性与常规海岸应存在着一定的差别，现有的研究成果并不完全适用于岛礁地形上的护岸工程。然而，目前对岛礁地形上护岸工程的研究成果鲜有报道，这一点大大限制了本次工程的设计。

5.1.2.2　板桩结构与吹填地基相互作用研究

板桩结构在基坑工程、护岸工程、码头工程中得到了普遍的应用，主要是作为支挡结构抵抗侧向土压力作用。国内外学者对板桩结构和地基的相互作用进行了大量的研究，由于工程建设的需要，目前的板桩研究主要集中于对航道护岸和码头建设的工程条件。国内一些学者对板桩护岸在航道建设中的工作特性进行了研究，主要通过现场观测试验，对板桩护岸结构的受力机制进行研究，得到板桩结构的内力分布、变形特性、位移规律，以及墙后摩擦力、土压力分布和位移，为航道护岸建设提供了可靠的依据。然而，在海洋岛礁环境下的护岸结构受力规律与在航道环境下差别巨大，上述研究经验无法直接应用到复杂的海洋岛礁护岸建设中。相对而言，该种环境和海岸码头建设环境较为类似。

21 世纪以前，由于对板桩结构与土的相互作用规律认识较浅，板桩结构基本上是用于中小型码头的建设。近 10 年来，中国板桩码头建设技术取得了长足的进步，主要是在板桩码头大型化、深水化方面取得了突破性的成果，相继推出了半遮帘式、全遮帘式、分离卸荷式等新的板桩结构型式，建成了一大批 10 万吨级深水码头。相应地，对板桩码头的土压力作用规律和土与结构相互作用的认识也越来越深入，为复杂岛礁环境下港池护岸建设提供了宝贵的依据。

在护岸板桩的设计分析中，主要外部荷载为作用于板桩上的土压力。以单锚板桩码头为例，其结构由前墙、锚碇墙和拉杆组成。码头前沿原始状态为水平地面，港池是开挖出来的，称为挖入式港池。港池开挖前，前墙两侧土压力可以近似认为是静止土压力，处于平衡状态；随着港池的开挖，前墙海侧土压力随土层的开挖不断消失，造成前墙两侧土压力不平衡，这样前墙陆侧土压力推动前墙不断向海侧位移；随着前墙位移的不断增加，陆侧的土压力也随之向"主动"方向发生变化（变小），而土压力的变化又影响了前墙的变形与受力情况，这是典型的土和结构相互作用问题。同样，在码头运行过程中，码头面载作用于地基，也造成前墙陆侧土压力的增加，从而间接影响结构的受力与变形。总之，在港池开挖和码头表面堆载过程中，前墙两侧的土压力在不断地变化，始终处于"主动"和"被动"之间的某一个状态，其大小与结构作用面处土体的位移有关。可以想象，板桩结构工作特性既取决于土的变形特性，又与结构本身的刚度有关。

要合理地模拟和计算板桩结构与土的相互作用，必须解决两个关键技术问题，首先是能正确描述地基土层的变形特性，其次是能合理地模拟土和结构的接触。现有的计算一般将板桩结构作为线弹性体，用线弹性模型来分析板桩的应力–应变关系，而将土体作为非线性弹性体，采用非线性弹性模型来模拟土体的本构特性。也有一些计算采用简单的弹塑性模型如 Mohr-Coulomb 模型、Drucker-Prager 模型等来描述土体的本构关系。这些模型主要适用于极限分析，如分析结构的强度和整体稳定性，而要合理地分析板桩结构的变形特性，显然是有问题的。板桩结构分析的另一个关键技术问题就是如何正确地模拟土与结构的接触。由于板桩与土体的力学性质差异很大，特别是模量，板桩与土体之间形成接触面或接触带，如果直接采用土和结构体各自的本构关系分别进行计算并直接耦合，会带来很大的问题。目前一般采用接触面单元来模拟土与结构体的接触性质，包括薄层单元、无厚度单元等，这些单元的计算参数基本上都为假定，无法真正地反映接触面的特性，很难得到合理的结果。

此外，现有的板桩与地基相互作用的研究以黏土或普通石英砂地基条件为主，对于珊瑚砂地基条件下板桩与地基相互作用的研究很少，一方面这是因为相关的工程实践较少，另一方面珊瑚砂本身的特殊性和复杂性给原本就已经十分复杂的板桩与地基相互作用带来的更多的难点，因此有必要对珊瑚砂本身进行较为充分的研究。珊瑚砂是分布在珊瑚岛或珊瑚礁周围，是以珊瑚碎屑为主并含有石灰藻、有孔虫、棘皮动物碎片的钙质砂，钙质含量达 90%。由于碳酸钙颗粒强度低，所以珊瑚砂极易破碎。考虑到珊瑚砂的成分特征，对于珊瑚砂的物理力学特性，主要通过研究珊瑚砂的破碎规律研究其强度和变形特征，在此基础上进一步研究考虑珊瑚砂破碎规律的土压力计算和本构模型建立，可以为板桩施工提供更加精确的土压力计算参考。

作用在板桩上的土压力分布规律是板桩与土相互作用的研究核心，在人工岛礁和沿海港口工程勘察设计中，一般通过各土层的静止侧压力系数（K_0）推算出作用在结构物上的土压力分布，因此合理确定珊瑚砂的静止侧压力系数（K_0）尤为重要，值得深入研究。目前，国内外关于土体静止侧压力系数的研究多集中在砂土、黏土等地基土体，对于珊瑚砂静止侧压力系数的研究较少见，尤其是考虑珊瑚砂颗粒破碎影响的静止侧压力系数的研究更加少见。国内外关于静止侧压力系数的研究方法可以分为两种：现场测试法和室内试验法。由于现场测试时需要安装仪器，这会对土体产生扰动，导致不同的测试仪器测得的静止侧压力系数差异较大。相比之下，室内测试的方法由于边界条件可控、试验操作简单，而被广泛应用。根据对试样水平向的约束方式不同，室内试验可以分为基于三轴试验的测试方法和基于固结试验的测试方法，基于三轴试验静止侧压力试验装置及测试过程复杂，较多采用基于固结仪的土体静止侧压力系数试验方法。通过静止侧压力系数的研究可以获得土压力的简单计算公式，但对于珊瑚砂的强度和变形机理的清晰解释还需要进一步研究珊瑚砂的破碎规律。

现有研究表明，珊瑚砂的颗粒破碎对其强度和变形特性都会产生影响。刘崇权和汪稔（1999）进行了三轴排水条件下的钙质砂剪切试验，采用 Hardin 提出的相对破碎的概念，分析了三轴剪切条件下钙质砂相对破碎与塑性应变、塑性功和破碎功之间的关系，推导出颗粒破碎过程中的能量方程，建立了颗粒破碎与剪胀耦合的破碎功表达式。张家铭等（2005）通过侧限压缩试验，研究了钙质砂侧限压缩条件下的颗粒破碎特性，探讨了相对破碎与压力之间的关系，但没有考虑初始密度对相对破碎的影响。随后，张家铭等（2009）开展了不同围压、不同应变下的钙质砂三轴压缩试验，研究了颗粒破碎与围压及剪切应变之间的关系，建立了试样破坏时平均有效正应力与相对破碎的关系曲线。Shahnazari 和 Rezvani（2013）通过三轴压缩试验研究了围压、相对密度、轴向应变、排水条件和粒径分布对钙质砂颗粒破碎的影响，并分析了土体的输入能对颗粒破碎的影响。毛炎炎等（2017）开展了不同含水率条件下的钙质砂侧限压缩试验，分析了粒径、含水率对颗粒破碎和压缩变形的影响，得到了含水率与相对破碎和压缩指数之间的关系曲线。

在珊瑚砂的本构模型研究方面，Daouadji 等（2001）用塑性功来描述三轴剪切过程中颗粒破碎对粒径分布曲线的影响，并将其放入临界状态方程中，建立了考虑颗粒破碎影响的钙质砂弹塑性本构模型。孙吉主和罗新文（2006）通过引入两个参数来描述钙质砂由于颗粒破碎产生的附加孔隙比，并将此孔隙比的变化放入土的状态参数公式，基于临界状态的框架建立了考虑颗粒破碎影响的珊瑚砂弹塑性本构模型。该模型能在较大密度和应力水平范围内反映钙质砂的强度和变形特性，但模型中的临界状态方程用的是 e-$\lg p'$ 平面内的直线，而且没有考虑颗粒破碎对临界状态线的影响。胡波（2008）基于剪切变形中颗粒破碎的能量消耗提出了一个塑性流动准则，在极限平衡条件下结合该准则提出了考虑颗粒破碎影响的钙质砂本构模型。该模型可以模拟钙质砂在不同围压下的应力–应变特性，并且能够描述钙质砂的应变硬化和软化特性；另外，该模型还能模拟各个剪切阶段的颗粒破碎。由于采用应力剪胀理论，该模型无法模拟初始孔隙比的变化，采用的临界状态方程也是平面内的直线。综上，颗粒破碎是珊瑚砂区别于常规石英砂的显著特征，对珊瑚砂的强度和变形特性影响很大，需要深入的研究和探讨。目前的绝大多数研究只局限于应力水平（围压或竖向应力）对珊瑚砂颗粒破碎的影响，很少考虑初始密度的影响，更没有系统建立颗粒破碎与应力水平和初始密度之间的关系，也没有建立颗粒破碎对珊瑚砂临界状态的影响，缺乏考虑颗粒破碎影响的珊瑚砂状态相关本构模型。研究珊瑚砂地质条件下的桩土相互作用必须要对珊瑚砂本身的物理力学特性具有较为充分的认识，才能正确模拟地基土层的变形及其和板桩的相互作用规律。

5.1.3　本章内容

岛礁地形是一种特殊的海岸形式，其波浪传播变形和破碎特性与常规海岸存在一定差别，现有常规海岸护岸工程研究成果和设计方法不完全适用于吹填珊瑚砂地层的护岸工程，目前针对岛礁地形上护岸工程的研究成果较少。

本章通过对岛礁护岸工程所处海洋地貌、波浪作用和珊瑚砂地层特性的研究，确定陡坡岛礁地形上斜坡式护岸工程结构稳定的关键设计参数，形成远洋岛礁新吹填陆域斜坡式护岸设计方法；揭示板桩结构与珊瑚砂地基的相互作用规律，提出考虑颗粒破碎影响的珊瑚砂侧向土压力表达式，建立珊瑚砂的状态相关剪胀理论和本构模型，为珊瑚砂地区板桩式护岸结构设计提供关键设计参数。

5.2　远洋岛礁新吹填陆域斜坡式护岸设计方法[①]

由于目前对岛礁地形上护岸工程相关成果鲜有报道，为确定陡坡岛礁地形上护岸工程结构稳定条件和关键设计参数，开展斜坡式护岸断面稳定性模型试验。

5.2.1　斜坡式护岸稳定性模型试验

斜坡式护岸位于机场岛西北侧，其设计使用寿命为 50 年。斜坡式护岸段由南、北两段组成，南段长约 565m、北段长约 295m；南、北两段斜坡式护岸中间有长约 150m 的板桩式护岸（断面 E），如图 5.2 所示。

5.2.1.1　试验断面

斜坡式护岸断面如图 5.3 所示。防浪墙顶高程为 +2.2m，迎浪面采用两层重量 1000～3000kg 块石护面。平均海平面以上，外坡块石护面坡比为 1∶1.5；平均海平面附近设置 1.5m 宽平台；平台以下护面块石放至海床面高程 −1.6m 附近。垫层采用两层重量 10～40kg 块石，垫层下方铺土工织物，起反滤作用。垫层和土工织物均埋置于海床面以下。

---

① 南京水利科学研究院，2018，马尔代夫易卜拉欣·纳西尔国际机场改扩建工程护岸工程波浪物理模型试验研究报告。

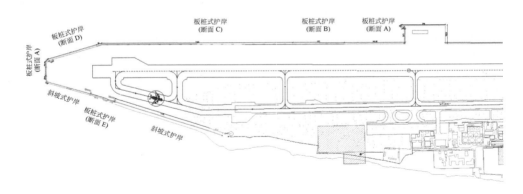

图 5.2　斜坡式和板桩式护岸工程平面布置示意图（图中左侧为北）

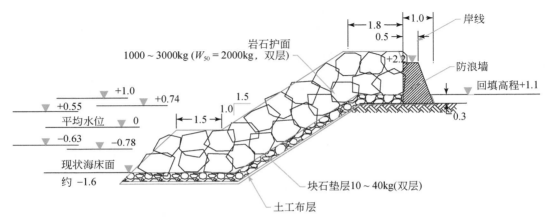

图 5.3　斜坡式抛石护岸断面示意图（单位：m）

　　工程区域岸坡陡峭，波浪破碎严重，且破波区域位于护岸外坡坡脚附近。断面试验中除模拟了斜坡式护岸断面外，还需模拟护岸前沿地形的变化。根据实测工程区域高程图，不同位置处工程前沿岸坡宽度存在一定的变化。试验选取 3 组不同代表宽度，即 17.0m（代表岸坡宽度 17.0～22.0m 的护岸段）、22.0m（代表岸坡宽度 22.0～27.0m 的护岸段）和 27.0m（代表岸坡宽度 ≥27.0m 的护岸段），各试验断面如图 5.4 所示。

5.2.1.2　试验仪器和设备

　　试验在南京水利科学研究院波浪水槽试验设备中进行。波浪水槽长 60m、宽 1.8m、高 1.6m，并配有风、波、流设备。水槽的两端配有消浪缓坡，在一端配有丹麦水工研究所生产的推板式不规则波造波机，并安装了二次反射波浪吸收装置。波浪模拟控制系统为丹麦水工研究所生产的 AWACS2 造波及二次反射吸收控制系统，该造波系统可根据需要产生规则波及不同谱型的不规则波，并能够消除造波机推波板造成波浪二次反射对试验结果的影响，如图 5.5 所示。

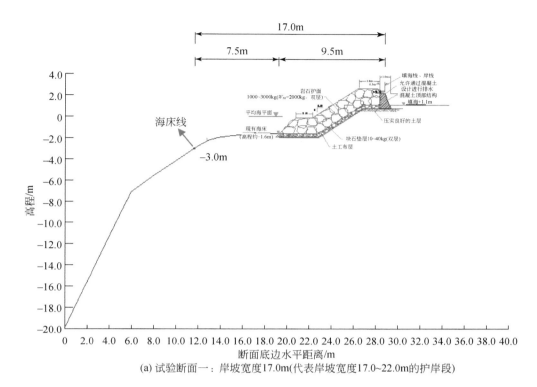

(a) 试验断面一：岸坡宽度17.0m(代表岸坡宽度17.0~22.0m的护岸段)

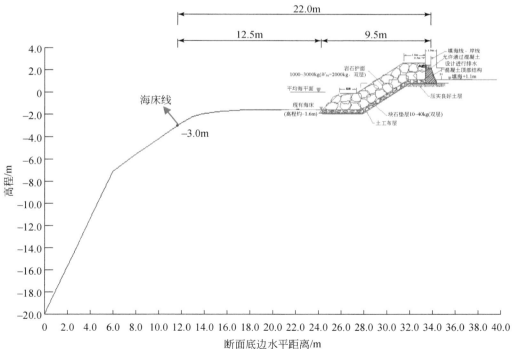

(b) 试验断面二：岸坡宽度22.0m(代表岸坡宽度22.0~27.0m的护岸段)

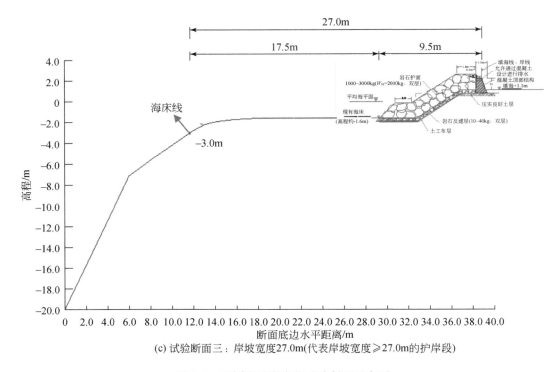

(c) 试验断面三：岸坡宽度27.0m(代表岸坡宽度≥27.0m的护岸段)

图5.4　不同岸坡宽度的试验断面示意图

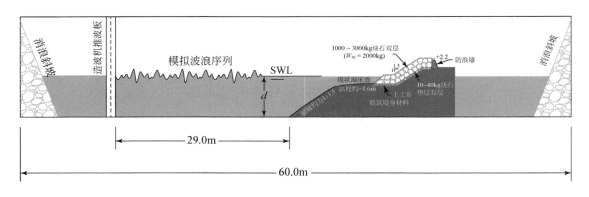

图5.5　试验水槽布置示意图

波高测量采用电容式波高仪，使用南京水利科学研究院研制的自动采集系统采集，最终由计算机形成数据文件。

5.2.1.3　模型试验设计

遵照《波浪模型试验规程》（JTJ/T 234—2001）的规定，采用正态模型，按弗劳德（Froude）数相似律设计，模型比例尺取1∶10。

1）试验地形及护岸断面的模拟

由于工程前沿地形变化较大，是影响斜坡式护岸护面块石稳定性的关键因素之一，故试验地形的模拟较为关键。试验中地形模拟采用等高线法进行圈围，偏差控制在 ±1mm 之内。

护岸断面包括堤顶、防浪墙、外坡护面等与原型保持几何相似（1∶10）。护面块石、垫层块石均严格挑选，保持重量相似，模型重量误差 ≤±3%。护面块石挑选过程如图 5.6 所示，重量分布情况如表 5.1 所示。

图 5.6　护面块石测量过程照片

表 5.1　1000~3000kg 护面块石重量分布情况表

块石总数量/个	平均重量/kg	不同重量区间块石数量/个			
		1000~1500kg	1500~2000kg	2000~2500kg	2500~3000kg
98	2000	23	26	25	24

2）波浪的模拟

工程波浪作用是斜坡式护岸结构的主要荷载，根据计算点位置以及受影响风区长度的不同，模型试验中设计波浪要素推算分两个区域进行，即外侧护岸区域和内侧潟湖区。试验波浪要素确定方法和数值见第 2 章。

试验分别采用规则波和不规则波进行，以不规则波试验为主。规则波采用 $H_{1\%}$ 或 $H_{5\%}$ 波高和平均周期，不规则波的波谱采用 JONSWAP 谱，谱密度函数为

$$S(f) = \frac{\alpha g^2}{(2\pi)^4}\frac{1}{f^5}\exp\left[-1.25\left(\frac{f_p}{f}\right)^4\right]\cdot r^{\exp\left[-\frac{(f-f_p)^2}{2\sigma^2 f_p^2}\right]} \qquad (5.1)$$

式中，α 为无因次常数；f_p 为谱峰频率；r 为谱峰升高因子，取 3.3；σ 为峰形参数量，$f \leqslant f_p$ 时，$\sigma = 0.07$，$f > f_p$ 时，$\sigma = 0.09$。

波浪按重力相似准则模拟，对规则波做到波高和波周期的相似，对不规则波模拟波谱。将按模型比尺换算后的特征波要素输入计算机，产生造波讯号，控制造波机产生相应的规则波和不规则波序列。模型试验中波高和周期模拟值与设计值的误差控制在 ±3% 以内。试验波浪要素选自 2.4.2 节机场岛波浪作用分析成果，如表 5.2 所示。

5.2.1.4　模型试验方法

试验中首先按照波浪模拟的要求进行波浪率定，然后按照平面布置方案进行平面放

样，再按照相应断面图构建模型，摆放及制作护岸建筑物，检查无误后开始试验。

表5.2　断面试验波浪要素表

波浪重现期	水位/m	$H_{1\%}$/m	$H_{4\%}$/m	$H_{5\%}$/m	$H_{13\%}$/m	平均波高/m	平均波周期/s	波长/m
50年	+1.00*	3.09	2.61	2.53	2.11	1.33	5.61	48.7
	+0.74	3.09	2.61	2.53	2.11	1.33	5.61	48.7
	+0.55	3.07	2.60	2.51	2.10	1.33	5.60	48.5
	0*	3.04	2.57	2.49	2.07	1.30	5.53	46.7
	−0.63	2.93	2.48	2.39	2.00	1.26	5.46	46.1
	−0.78	2.90	2.45	2.37	1.98	1.25	5.45	45.9

*补充水位。

观察试验断面在波浪作用下的稳定性情况时，每一波况累计试验持续时间不小于原型3小时。为保证试验结果的可靠性，每组试验至少重复3次，每次连续造波过程中，规则波波数大于20个，不规则波波数大于120个。当3次重复试验的试验结果差别较大时，则增加重复次数。每次试验均重新铺放断面块体。

护面块石失稳判别标准以《防波堤与护岸设计规范》（JTS 154—2018）中推荐的容许失稳率为标准，护面块石抛填两层容许失稳率为1%~2%，当滚动块石的个数超过护面块石总个数的1%~2%时即认为护面结构失稳。当滚动块石的个数为护面块石总个数的2%时即认为护面结构处于临界稳定。

5.2.1.5　模型试验结果

1）试验断面一

50年一遇波浪与高水位（平均水位以上）组合工况下，护面块石发生明显滚动，护岸失稳。滚动块石的重量在1200~2500kg。失稳原因为波浪在护岸坡脚附近发生破碎，卷起的水体直接冲击护面块石，冲击后的回流以及卷破波浪带动块石向外海滚动。在50年一遇波浪与低水位（平均水位以下）组合工况下，护面块石无明显滚动，护岸基本满足稳定性要求。这主要是由于，低水位时，破碎波高有所减小，同时波浪破碎点位置向海侧发生转移，卷破波对坡脚块石的冲击减弱。

2）试验断面二

50年一遇波浪与高水位组合工况下，护岸处于失稳或临界失稳状态。滚动块石的重量在1200~2500kg。在50年一遇波浪与低水位组合工况下，护岸满足稳定要求。相对于试验断面一，试验断面二的滚动块石的数量有明显减少。这主要是由于护岸前沿平台的宽度有所增加，尽管波浪破碎点位置没有发生大的变化，但破碎点与护岸坡脚的距离有所增加，卷破波卷起的水体在传播过程中，能量消耗增加，对护面块石的冲击有所减弱。

3）试验断面三

50年一遇波浪与高水位组合工况下，护岸满足稳定要求。在50年一遇波浪与低水位组合工况下，护岸满足稳定要求。相对于试验断面一和断面二，试验断面三护面块石满足稳定性要求。这主要是由于护岸前沿平台的宽度进一步增加，破碎点与护岸坡脚的距离进一步增加，卷破波在传播过程中，使得能量进一步消耗，且部分大波的主要破碎过程在到达护岸坡脚前已基本完成，故对护面块石的冲击进一步减弱。

各试验断面，波浪与护面块石的作用情况如图5.7所示，对比试验照片可知，随着岸坡宽度的增加，破碎点或卷破点与护岸坡脚的距离也呈增加趋势。具体稳定性试验结果见表5.3。由于极端高（低）水位和设计高（低）水位相差不大，故表中仅列出了50年一遇波浪与设计高（低）水位的组合工况试验结果。

(a) 试验断面一

(b) 试验断面二

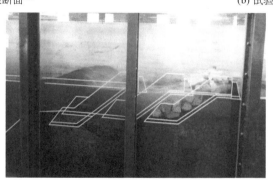
(c) 试验断面三

图 5.7　波浪与各断面块石作用过程图

表 5.3　护面块石稳定性情况汇总表

工况	试验断面一			试验断面二			试验断面三		
	护面块石滚动个数/个	失稳率/%	是否满足稳定性要求	护面块石滚动个数/个	失稳率/%	是否满足稳定性要求	护面块石滚动个数/个	失稳率/%	是否满足稳定性要求
工况一	7	7	否	3	3	否	无	0	是
工况二	7	7	否	2	2	临界稳定	无	0	是
工况三	无	0	是	无	0	是	无	0	是
工况四	无	0	是	无	0	是	无	0	是

注：工况一为50年一遇波浪与高水位（1.0m）的组合工况；工况二为50年一遇波浪与设计高水位（0.55m）的组合工况；工况三为50年一遇波浪与平均水位（0m）的组合工况；工况四为50年一遇波浪与设计低水位（-0.63m）的组合工况。

5.2.2　斜坡式护岸稳定条件和设计方法

斜坡式护岸断面模型试验表明，护岸坡脚前沿的岸坡宽度是影响护岸稳定性的重要因素。在同样波况条件下，岸坡宽度越宽对护面块石的稳定性越有利，因此，护岸断面宜尽量靠后布置，但由于岛礁上空间有限，护岸布置过于靠后，势必会压缩岛礁的空间资源，故还需探寻合理的平衡点，既要保证护岸工程的安全，又需最大限度地释放岛礁空间资源。

由试验过程可知，外坡块石护面失稳主要是由于波浪破碎（主要为卷破波）对块石的冲击造成，因此，直接避开卷破波对冲击，可大大减轻块石失稳的概率。根据姚宇等（2015）、Blenkinsopp 和 Chaplin（2008）的研究成果，礁坪相对淹没水深、入射波波陡是影响波浪破碎特性的重要参数，通过模型试验得到岛礁陡坡地形上波浪起始破碎点位置应满足：

$$\frac{S}{H_0} = m^{-2.1} \left(\frac{m}{\sqrt{H_0/L_0}} \right)^{1.4} \left(\frac{h_2}{d} \right)^{1.1} \tag{5.2}$$

式中，S 为波浪破碎点与礁缘之间的距离；d 为坡前水深；h_2 为礁坪水深；m 为外坡坡度（$m = \tan\beta$，β 为外坡与水平轴的夹角）；H_0 为深水波高；L_0 为深水波长。该公式即为斜坡式护岸稳定性的设计条件。

岛礁地形上护岸工程，除护面块石重量需满足现行我国《港口与航道水文规范》（JTS 145—2015）中规定的重量以外，护岸前沿还须满足一定的岸坡宽度。若护岸前沿岸坡宽度较宽时，护岸宜尽量靠后布置，并布置于破碎点之后 1 倍浅水波长之外；若护岸前沿岸坡宽度较窄时，根据工程研究成果，为安全考虑，护岸宜布置于破碎点之后，且外坡坡脚与破碎点之间的距离宜至少满足 1/4 倍浅水波长（$T\sqrt{gh_e}$）。这一点对于岛礁地形上护岸工程的稳定性至关重要，这一条件在目前现有的研究成果中均未涉及。研究成果明晰了陡坡岛礁地形上护岸工程结构稳定的块石重量和岸坡宽度关键设计参数，为同类护岸工程设计提供了依据。

图 5.8 给出了礁缘、破碎点和护岸坡脚三者之间的距离关系。

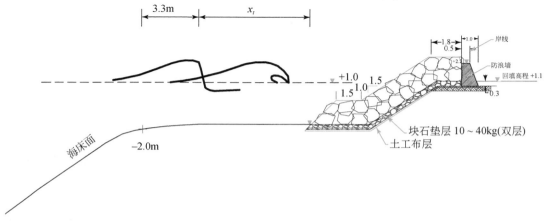

图 5.8　波浪破碎示意图

5.3 远洋岛礁新吹填陆域板桩式护岸设计方法[①]

针对远洋岛礁环境下珊瑚砂新吹填陆域板桩式护岸设计，存在以下两个难题：

（1）确定复杂工况下板桩结构的风浪荷载，需要研究运营期陆域不均匀竖向工作荷载以及海侧风、浪、流等复杂作用的荷载分布规律。

（2）揭示复杂工况下板桩结构与珊瑚砂地层的相互作用机理，需要研究建造期陆域回填和极端低水位等不利条件下，地基深厚珊瑚砂对结构的侧向水平荷载分布规律。

针对上述两项难题，我们通过模型试验确定了板桩式护岸波浪作用；通过室内试验获得了珊瑚砂土体的基本结构和力学参数，深入研究了破碎规律及其对珊瑚砂 K_0 和临界状态的影响，建立了考虑珊瑚砂破碎规律的状态相关本构模型，提出了板桩所受珊瑚砂土压力作用计算方法，在此基础上通过离心模型试验、数值模拟相结合的方式，揭示了板桩结构与珊瑚砂地基相互作用的受力变形模式，形成了吹填珊瑚砂地基钢板桩式护岸设计方法。

5.3.1 板桩式护岸波浪作用

板桩式护岸段前沿水深较大，承受波浪的冲击作用，冲击压力是影响结构安全的重要因素之一。目前，针对板桩式护岸波浪冲击压力的计算还不成熟。本节开展了板桩式护岸断面试验，测量了板桩式护岸迎浪面波浪冲击压力。

马尔代夫维拉纳国际机场改扩建项目的新吹填机场跑道陆域西侧、北端及东侧部分潟湖段采用板桩式护岸。板桩式护岸段结构共设计有 5 种（断面 A～E），其平面位置和结构形式如图 5.2 和表 5.4 所示。

表 5.4 各板桩式护岸段结构尺寸表

试验断面	堤顶高程 (z_1)/m	桩长 (L)/m	桩帽高度 (h)/m	桩帽厚度 (t)/m	前沿海床面高程 (z_2)/m
E	2.00	12	2.0	0.75	-6.0
D	1.70	20	1.7	0.80	-11.5
C	1.70	15	1.7	0.80	-10.0
B	1.70	10	1.7	0.80	-5.5
A	1.70	7.2	1.7	0.80	-4.0

针对 50 年一遇波浪及各水位组合工况下，开展模型试验，测量各板桩式护岸段（断面 E—断面 A）板桩的迎浪面压强、堤顶越浪量、堤顶越浪的水舌厚度以及越浪在堤后的落点位置。

5.3.1.1 试验波浪要素

由于断面 D—断面 A 段为潟湖护岸段，设计波浪要素推算报告中给出了极端高水位下

---

① 南京水利科学研究院，2018，马尔代夫机场改扩建工程护岸工程板桩结构与土体相互作用离心模型及数值分析研究报告。

的波浪要素。板桩式护岸断面试验考虑了多种水位，由于潟湖内波浪较小，各级水位的波浪要素均取为极端高水位下的波浪要素。

各护岸段试验波浪要素见表5.5。

表5.5　板桩式护岸断面试验波浪要素

护岸段	波浪重现期	水位/m	$H_{1\%}$/m	$H_{4\%}$/m	$H_{5\%}$/m	$H_{13\%}$/m	平均波高/m	平均波周期/s	波长/m
断面E	50年	+1.00	2.98	2.53	2.45	2.05	1.30	5.61	47.9
		+0.74							
		+0.55	2.97	2.52	2.43	2.04	1.30	5.60	47.7
		0							
		−0.63	2.58	2.19	2.11	1.77	1.12	5.46	45.2
		−0.78	2.54	2.15	2.08	1.74	1.10	5.45	45.0
断面D	50年	+1.00	1.03	0.87	0.84	0.70	0.44	3.23	16.3
		+0.74							
		+0.55							
		0							
		−0.63							
		−0.78							
断面C	50年	+1.00	0.99	0.83	0.81	0.67	0.42	3.14	15.4
		+0.74							
		+0.55							
		0							
		−0.63							
		−0.78							
断面B	50年	+1.00	1.06	0.90	0.87	0.73	0.46	3.29	16.6
		+0.74							
		+0.55							
		0							
		−0.63							
		−0.78							
断面A	50年	+1.00	1.06	0.90	0.87	0.73	0.46	3.29	16.6
		+0.74							
		+0.55							
		0							
		−0.63							
		−0.78							

5.3.1.2　试验断面

针对断面 E—断面 A 每一护岸段，各选一处断面进行试验。试验断面选取原则为综合比较本段护岸前沿海床面高程变化，选取不利位置的断面进行试验，断面示意如图 5.9 所示。

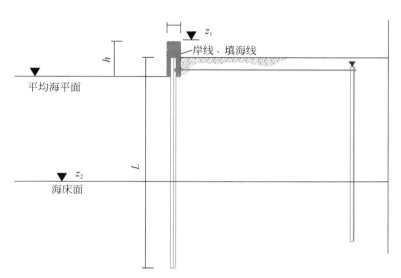

图 5.9　板桩式护岸段试验断面示意图
图中各量的解释见表 5.4

5.3.1.3　试验设备及试验方法

1. 试验设备

板桩式护岸断面试验的波浪压力采用 2000 型多功能监测系统测量，它是由计算机、多功能监测仪和各种传感器组成的数据采集和处理系统。压力传感器能进行动、静态压力测量，各传感器通过 4 芯屏蔽线，连接到多功能监测仪的通道接口上。压力传感器是硅横向压阻式的，可以在水下操作。

2. 模型设计

板桩式断面物理模型试验的模型比尺均取 1∶10。

3. 试验方法

1）板桩式护岸结构的模拟

板桩式护岸结构与原型保持几何相似，模型几何尺寸误差≤±1mm，模型重量误差≤±3%。

2）波浪的模拟

根据 5.3.1.2 节中给定的水位及相应的波要素，按模型比尺（1∶10）换算后的特征波要素输入计算机，产生造波讯号，控制造波机产生相应的波浪序列。模型试验中波高和周期与设计值的误差控制在±3%以内，造波机每次连续造波波数大于120个。

3）波压力测量

波压力测量，采样频率均不小于100Hz。为保证试验结果的可靠性，每组试验重复3次，取3次平均值作为试验结果。

以断面E的波压力测点布置为例，如图5.10所示，桩帽部分布置3个测点，测点高程分别+1.5m、+1.0m和+0.5m。板桩部分布置两列12个测点，其中4#、6#、8#、10#、12#、14#测点位于凹槽处，5#、7#、9#、11#、13#、15#测点位于凸起处。其余各段（断面D、断面C、断面B、断面A）波压力测点布置略。

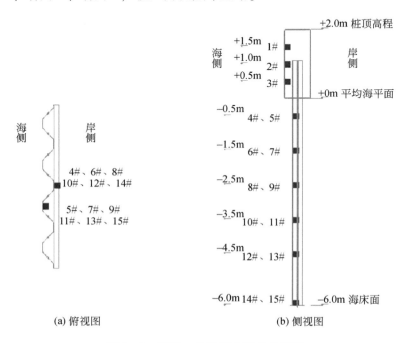

(a) 俯视图　　　　　　　　　　(b) 侧视图

图5.10　断面E的波压力测点布置图

5.3.1.4　波浪作用试验结果和分布规律

由于断面E位于机场岛西北侧环礁内海段，而断面D—断面A为潟湖护岸段，试验结果显示断面E板桩式护岸迎浪面所受波浪压强相对较大，最大压强为44kPa；断面D—断面A为潟湖段护岸，所受波浪压强相对较小。限于篇幅，只给出断面E和断面D波浪作用试验结果和分布规律。

1. 断面E试验结果和分布规律

各测点压强值，具体参见表5.6。由于极端高水位与设计高水位、设计低水位与极端低水位，波浪压强测量值比较接近，故表5.6中仅列出了补充水位1（1.00m）、设计高水位（0.55m）、补充水位2（0m）和极端低水位（-0.78m）的波浪压强值。

表 5.6　断面 E 的波最大压强测量结果表

水位/m	$H_{1\%}$/m	$H_{13\%}$/m	平均波周期/s	测点编号	波最大压强/kPa	水位/m	$H_{1\%}$/m	$H_{13\%}$/m	平均波周期/s	测点编号	波最大压强/kPa
1.00	2.98	2.05	5.61	1#	22.9	0	2.97	2.04	5.60	1#	17.4
				2#	30.1					2#	25.8
				3#	29.0					3#	26.5
				4#	36.1					4#	44.0
				5#	35.3					5#	43.3
				6#	19.3					6#	24.9
				7#	18.8					7#	22.5
				8#	18.2					8#	22.6
				9#	17.4					9#	21.4
				10#	16.7					10#	20.7
				11#	16.4					11#	18.6
				12#	16.4					12#	18.3
				13#	16.2					13#	17.5
				14#	15.2					14#	16.4
				15#	14.1					15#	15.0
0.55	2.97	2.04	5.60	1#	19.5	-0.78	2.54	1.74	5.45	1#	8.1
				2#	26.3					2#	16.3
				3#	27.5					3#	23.0
				4#	42.0					4#	42.6
				5#	41.8					5#	42.1
				6#	22.2					6#	23.1
				7#	20.7					7#	22.4
				8#	20.5					8#	20.8
				9#	19.6					9#	19.7
				10#	18.2					10#	18.9
				11#	17.0					11#	18.2
				12#	17.7					12#	18.0
				13#	16.4					13#	17.1
				14#	15.8					14#	16.0
				15#	14.5					15#	14.6

表 5.7　断面 D 的波最大压强测量结果表

水位/m	$H_{1\%}$/m	$H_{13\%}$/m	平均波周期/s	测点编号	波最大压强/kPa	水位/m	$H_{1\%}$/m	$H_{13\%}$/m	平均波周期/s	测点编号	波最大压强/kPa
1.00	1.03	0.70	3.23	1#	8.4	0	1.03	0.70	3.23	1#	—
				2#	8.9					2#	—
				3#	6.3					3#	4.2
				4#	5.3					4#	11.0
				5#	5.1					5#	10.3
				6#	4.6					6#	5.2
				7#	4.4					7#	5.0
				8#	3.8					8#	4.7
				9#	3.6					9#	4.2
				10#	3.1					10#	3.5
				11#	3.1					11#	3.2
				12#	3.0					12#	3.3
				13#	2.9					13#	3.1
				14#	2.4					14#	2.8
				15#	2.3					15#	2.7
0.55	1.03	0.70	3.23	1#	4.4	−0.78	1.03	0.70	3.23	1#	—
				2#	6.8					2#	—
				3#	9.0					3#	—
				4#	6.3					4#	9.0
				5#	6.0					5#	8.8
				6#	5.0					6#	5.5
				7#	4.8					7#	5.1
				8#	4.2					8#	4.9
				9#	3.6					9#	4.4
				10#	3.2					10#	3.9
				11#	3.1					11#	3.4
				12#	3.1					12#	3.5
				13#	3.0					13#	3.2
				14#	2.6					14#	3.2
				15#	2.5					15#	2.9

在补充水位 1 及 50 年一遇不规则波作用下，测得迎浪面最大压强为 36.1kPa，最大压强位于 -0.5m 高程附近。这可能与桩帽的存在有关。试验过程中发现桩帽底部（0m 高程）附近波浪冲击作用明显，波浪破碎时夹杂或包裹大量气体，使得该区域局部范围内的波浪压强变化非常复杂。此外，对比同一高度下护岸面板凸起部位和凹槽部位的压强发现：凸起部位与凹槽部位的压强相差不大，总体上凸起部位的压强略小于凹槽部位。

在设计高水位及 50 年一遇不规则波作用下，测得迎浪面最大压强为 42.0kPa，位于 -0.5m 高程附近。随着高度的增加，波浪压强表现出减小的规律；水位以下测点（除 4#、5#点外），随着入水深度的增加，波浪压强呈减小的趋势。

补充水位 2 及 50 年一遇不规则波作用下，迎浪面最大压强为 44.0kPa，位于 -0.5m 高程附近。相对于补充水位 1 和设计高水位，最大压强略微增加。

极端低水位及 50 年一遇不规则波作用下，迎浪面最大压强为 42.6kPa。相对于补充水位 2，最大压强略微减小。

2. 断面 D 试验结果和分布规律

在补充水位 1（1.00m）及 50 年一遇不规则波作用下，测得迎浪面最大压强为 8.9kPa。最大压强位于补充水位 1 附近，随着深度的增加，面板所受波浪压强逐渐减小。对比同一高度下护岸面板凸起部位和凹槽部位的压强，仍具有凸起部位与凹槽部位的压强相差不大，且总体上凸起部位的压强略小于凹槽部位的特点。在设计高水位（0.55m）及 50 年一遇不规则波作用下，测得迎浪面最大压强为 9.0kPa。最大压强位于设计高水位附近，水位以下测点，随着入水深度的增加，波浪压强呈减小的趋势。在补充水位 2（0m）及 50 年一遇不规则波作用下，测得迎浪面最大压强为 11.0kPa。最大压强位于 4#、5#点附近，水位以下测点，随着入水深度的增加，波浪压强呈减小的趋势。在极端低水位（-0.78m）及 50 年一遇不规则波作用下，测得迎浪面最大压强为 9.0kPa。最大压强位于极端低水位附近，水位以下测点，随着入水深度的增加，波浪压强呈减小的趋势。

与断面 E 板桩式护岸相比，断面 D 护岸面板所受的波浪压强明显减小，这主要是由于断面 D 为潟湖护岸，护岸前沿波高较小。各测点压强值，具体参见表 5.7。

5.3.2　基于颗粒破碎规律的珊瑚砂本构模型和土压力作用

5.3.2.1　珊瑚砂试样颗粒特征

试验所用材料见图 3.1，其颗粒比重为 2.78，最大粒径为 2cm，最佳含水率为 21%，试样粒径分布曲线详见图 5.11。

5.3.2.2　珊瑚砂三轴固结排水剪切试验与模型参数

采用全自动三轴仪对相对密度分别为 0.50、0.63、0.98 的珊瑚砂试样进行三轴固结排水剪切试验。图 3.14 为初始相对密度 $D_r = 0.98$ 的试样在 4 种不同围压下的三轴固结排水剪切试验结果，由图可知，随着围压的增大，试样的剪应力峰值不断增加。随着轴向应

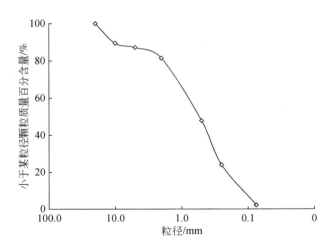

图 5.11　试样粒径分布曲线图

变的增加,剪应力先不断增加,达到峰值后不断减小,应力-应变关系表现为应变软化。当试样密度一定时,随着围压的增大其软化现象越不显著,剪应力峰值越大,且达到剪应力峰值时所产生的轴向应变越大。相应的试样体积先不断减小,至某一值后发生剪胀。

　　根据试验结果整理得到的珊瑚砂"南水双屈服面模型"参数详见表 5.8。

表 5.8　珊瑚砂"南水双屈服面模型"参数汇总表

试样名称	相对密度	制样干密度/(g/cm³)	$\varphi/(°)$	R_f	K	K_{ur}	n	c_d	n_d	R_d
	0.98	1.56	41.5	0.61	485	970	0.41	0.0022	1.08	0.48
珊瑚砂	0.63	1.41	38.3	0.55	457	914	0.43	0.0012	1.22	0.46
	0.50	1.36	36.7	0.53	423	846	0.42	0.0038	1.69	0.44

　　根据不同密实度下珊瑚砂的"南水双屈服面模型"参数,利用 ABAQUS 有限元软件对珊瑚砂三轴排水剪切试验进行模拟,以判断"南水双屈服面模型"在模拟珊瑚砂应力应变关系时的准确性和合理性。模拟试样尺寸与三轴试样尺寸一致,为直径 101mm、高度 180mm 的圆柱体,如图 5.12 所示。

图 5.12　珊瑚砂试验模型图

图 5.13 是相对密度（D_r）为 0.98 的珊瑚砂在 4 种不同围压下应力–应变数值模拟结果与试验结果对比关系曲线，由图可知，数值模拟结果与试验结果吻合较好，变化趋势基本一致，因此"南水双屈服面模型"可以描述珊瑚砂的应力–应变关系。

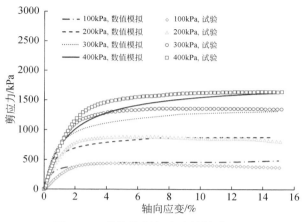

图 5.13　数值模拟与试验结果对比图

5.3.2.3　珊瑚砂颗粒破碎规律

1）密度对珊瑚砂颗粒破碎的影响

以相对密度分别为 0.75、0.85、0.95 的试样为例，研究密度对珊瑚砂三轴剪切试验前后试样粒径分布变化的影响，试验前后的粒径分布情况如图 5.14 所示，发现不同围压（δ_3）下各粒径分布曲线变化趋势基本一致，试验过程中的颗粒破碎随着相对密度的增大而增大。

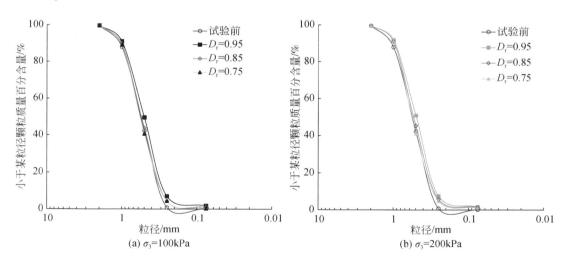

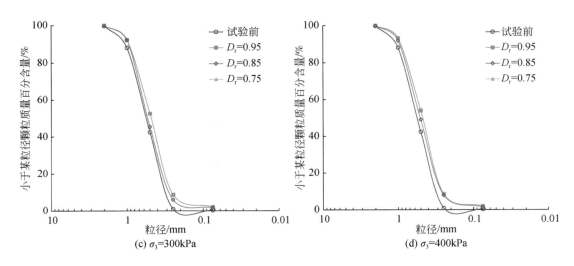

图 5.14　试验前后试样的粒径分布曲线

2）围压对珊瑚砂颗粒破碎的影响

试样在相同密度，不同围压作用下进行三轴剪切试验，研究围压对珊瑚砂三轴剪切试验前后颗粒粒径分布变化的影响。试验前后不同相对密度试样的粒径分布曲线如图 5.15 所示，试样前后粒径变化主要集中在 0.5~2mm，各试样的粒径分布曲线的变化趋势基本一致，试验过程中的颗粒破碎随着围压的增大而增大。

3）三轴剪切条件下颗粒破碎规律

选取相对破碎（B_r）作为表征颗粒破碎量的指标，把初始粒径分布曲线与粒径 0.074mm 竖线所围成的面积称为初始破碎（B_p），试验结束后试样粒径分布曲线与粒径 0.074mm 竖线所围成的面积称为总破碎（B_t），这样颗粒相对破碎 $B_r=B_t/B_p$。试样的相对破碎（B_r）不仅可以表征试验前后试样粒径的大小，而且能较为全面地反映颗粒破碎后的粒径分布情况。B_r 可以通过剪切前后试样的粒径分布曲线求得，图 5.16 是相对破碎（B_r）与围压的关系曲线，p_a 为标准大气压强。

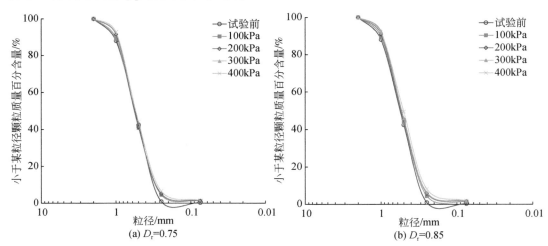

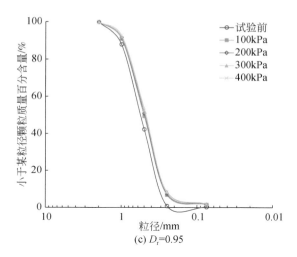

(c) $D_r=0.95$

图 5.15　试样前后的粒径分布曲线

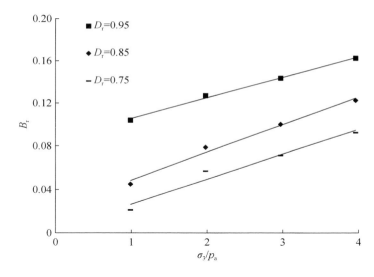

图 5.16　三轴剪切条件下 B_r 与 σ_3/p_a 的关系曲线

由图 5.16 可以发现如下规律：试样的相对破碎（B_r）与 σ_3/p_a 具有较好的线性关系；同一相对密度的试样，相对破碎随着围压的增大而增大；同一围压下，相对破碎随着相对密度的增大而增大。因此相对破碎与围压呈线性增长关系，随初始孔隙比的增大而减小，最终得到相对破碎（B_r）随围压和初始孔隙比的变化规律为

$$B_r = \alpha_1 + \beta_1 e_0 + \lambda_1 (\sigma_3/p_a) \tag{5.3}$$

式中，α_1、β_1、λ_1 为材料参数，对于本书研究的珊瑚砂，$\alpha_1 = 1.2231$、$\beta_1 = -1.225$、$\lambda_1 = 0.0227$。图 5.17 给出了不同相对密度的试样在剪切前后，其平均粒径（d_{50}）与相对破碎（B_r）的关系，可以表示为

$$B_r = b - ad_{50} \tag{5.4}$$

式中，a、b 为材料参数，对于本书研究的珊瑚砂，$a = 1.7954$，$b = 1.0179$。

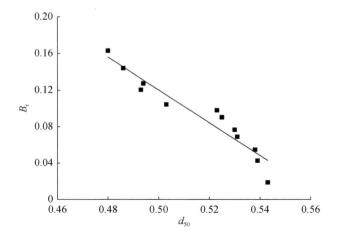

图 5.17　三轴剪切条件下 d_{50} 与 B_r 的关系曲线

5.3.2.4　颗粒破碎对珊瑚砂静止侧压力系数的影响

1）珊瑚砂静止侧压力系数（K_0）固结试验设备

试验所采用的设备是全自动 K_0 固结仪，如图 5.18 所示。该设备的主要技术参数为最大轴向荷载为 6kN，最大轴向位移为 10mm，最大孔隙压力为 1.0MPa。试验采用直径为 61.8mm，高度为 40mm 的圆柱形试样。

图 5.18　全自动 K_0 固结仪

2）珊瑚砂固结特性

以相对密度为 0.85 的试样为例，研究密度对珊瑚砂的压缩特性的影响，不同相对密度珊瑚砂的固结曲线如图 5.19 所示。

由图 5.19 可知，珊瑚砂固结曲线可分为 3 个阶段。第一阶段当上覆压力较小时，珊瑚砂的压缩曲线比较平缓，在低压力作用下，珊瑚砂颗粒以变位的方式来填充孔隙为主，所以变形量较小；第二阶段为过渡段，随着上覆压力的增大，压缩曲线开始出现明显的转

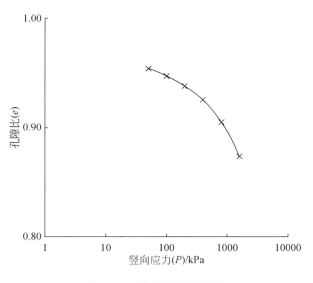

图 5.19　珊瑚砂固结曲线

弯点，斜率增大，珊瑚砂颗粒接触点开始破碎，所以变形量较大；第三个阶段为直线段，破碎后的颗粒充填孔隙，珊瑚砂的变形加大，压缩曲线接近直线。

3）珊瑚砂静止侧压力系数变化规律

表 5.9 为三轴剪切试验条件下压力（P）和相对破碎（B_r）的对应关系。

表 5.9　单向压缩条件下 P 和 B_r 的对应关系

D_r	e_0	P/kPa	$B_r = B_t/B_p$
0.85	0.972	1600	0.046246
		800	0.039671
		400	0.032748
		200	0.015473

分析表 5.9 可以发现，相对破碎与竖向应力呈对数增长关系，可以近似表示为

$$B_r = \alpha + \lambda \ln(P/p_a) \tag{5.5}$$

式中，α、λ 为材料参数；P 为竖向应力，对于本书研究的珊瑚砂，$\alpha = 0.007$、$\lambda = 0.0151$。在 $e-(P/p_a)^\xi$ 平面内假设有一根直线，在其上土体颗粒不发生破碎，此处称为起始压缩曲线，如图 5.20 所示。

该线的表达式为

$$e^0 = e_r^0 - \lambda_c \left(\frac{P}{p_a}\right)^\xi \tag{5.6}$$

式中，e^0 为不发生颗粒破碎时的砂土当前孔隙比；e_r^0 为不发生颗粒破碎时 $p=0$ 对应的孔隙比；λ_c 为一个假想的材料参数。进一步推导可得

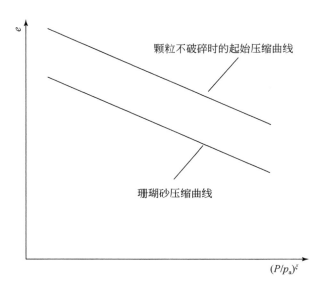

图 5.20　起始压缩曲线

$$e = a - bB_r - \lambda_c \left(\frac{P}{p_a} \right)^{\xi} \tag{5.7}$$

式中，a、b、λ_c 为材料参数，对 e、B_r、$(P/p_a)^{\xi}$ 进行二元线性分析可得，$a = 0.96$、$b = 0.125$、$\xi = 0.70$，$\lambda_c = 0.0117$。

图 5.21 是珊瑚砂静止侧压力系数（K_0）与当前孔隙比（e）的关系曲线，由图可知，二者可以用二次函数表示，即

$$K_0 = fe^2 + ge + h \tag{5.8}$$

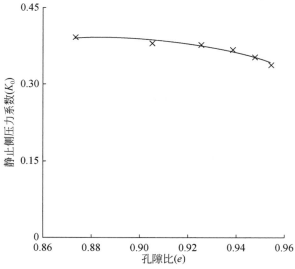

图 5.21　孔隙比与静止侧压力系数关系曲线

式中，f、g、h 为材料参数。对于本书研究的珊瑚砂，$f=-9.90$、$g=17.51$、$h=-7.36$。综合式（5.5）、式（5.7）和式（5.8），可以得到珊瑚砂静止侧压力系数计算公式：

$$\begin{cases} K_0 = fe^2 + ge + h \\ e = a - bB_r - \lambda_c \left(\dfrac{P}{p_a}\right)^\xi \\ B_r = \alpha + \lambda \ln(P/p_a) \end{cases} \tag{5.9}$$

这样，珊瑚砂静止侧压力系数可以通过孔隙比（e）和竖向应力（P）求得。

5.3.2.5　考虑颗粒破碎影响的珊瑚砂临界状态与本构模型

1）考虑颗粒破碎影响的珊瑚砂临界状态

从三轴剪切试验结果来看，当轴向应变达到 25% 时，剪应力和体积应变都基本趋于稳定，此时可以近似认为试样达到临界状态，故以轴向应变达到 25% 时的试验数据作为临界状态取值。表 5.10 给出了三轴剪切试验条件下围压（σ_3）和相对破碎（B_r）的对应关系。

表 5.10　三轴剪切试验条件下 σ_3 和 B_r 的对应关系

D_r	e_0	σ_3/kPa	B_r
0.95	0.931	100	0.10440
		200	0.12750
		300	0.14420
		400	0.16300
0.85	0.972	100	0.04278
		200	0.07654
		300	0.09810
		400	0.12050
0.75	1	100	0.01883
		200	0.05479
		300	0.06908
		400	0.09030

分析表 5.10 可以发现，相对破碎与围压呈线性增长关系，且随初始孔隙比的增大而减小，可以表示为

$$B_r = \alpha - \beta e_0 + \lambda \ln(\sigma_3/p_a) \tag{5.10}$$

式中，α、β、λ 为材料参数，对于本书研究的珊瑚砂，$\alpha=1.22$、$\beta=1.23$、$\lambda=0.023$，推导可得

$$e_c = a - bB_r - \lambda_c \left(\dfrac{P'}{p_a}\right)^\xi \tag{5.11}$$

式中，a、b 为材料参数，对于本书研究的珊瑚砂，$a = 1.15$、$b = 0.16$、$\xi = 0.70$、$\lambda_c = 0.05$。

综合式（5.10）和式（5.11），可以得到珊瑚砂在 $e-(P'/p_a)^\xi$ 平面上临界状态方程：

$$\begin{cases} e_c = a - bB_r - \lambda_c \left(P'/p_a \right)^\xi \\ B_r = \alpha - \beta e_0 + \lambda \ln(\sigma_3/p_a) \end{cases} \tag{5.12}$$

这样，临界状态孔隙比可以通过初始孔隙比（e_0）和有效平均正应力（P'）求得。

2）考虑颗粒破碎的珊瑚砂状态相关剪胀方程

正确地反映剪胀特性是建立土的本构模型的基础，珊瑚砂属于无黏性土，具有与石英砂相似的剪胀变形特性，只是珊瑚砂易破碎，必须考虑颗粒破碎对其剪胀特性的影响。基于砂土的状态相关剪胀理论，研究珊瑚砂的剪胀特性并建立其状态相关剪胀方程。表达式为

$$d = d_0 \left(e^{m\psi} - \frac{\eta}{M} \right) \tag{5.13}$$

式中，d 为剪胀；d_0 和 m 为模型参数；η 为应力比；ψ 和 M 为状态参量，ψ 表示为

$$\psi = e - e_c \tag{5.14}$$

对于珊瑚砂，e_c 用式（5.12）来表示。必须指出，剪胀方程式（5.13）形式上与石英砂的一样，但考虑了颗粒破碎的影响。

3）考虑颗粒破碎的珊瑚砂状态相关本构模型

为合理准确地反映珊瑚砂的剪切变形特性，将新建的珊瑚砂状态相关剪胀方程引入到砂土状态相关本构模型中，即

$$\begin{Bmatrix} dq \\ dP' \end{Bmatrix} = \left(\begin{bmatrix} 3G & 0 \\ 0 & K \end{bmatrix} - \frac{h(L)}{K_p + 3G - K\eta d} \cdot \begin{bmatrix} 9G^2 & -3KG\eta \\ 3KGd & -K^2\eta d \end{bmatrix} \right) \begin{Bmatrix} d\varepsilon_q \\ d\varepsilon_v \end{Bmatrix} \tag{5.15}$$

式中，q 为剪应力，$q = \delta_1 - \delta_3$；G 和 K 分别为弹性剪切模量和弹性体积模量；L 为塑性加载因子，$h(L)$ 为 Heaviside 方程，当 $L>0$ 时，$h(L) = 1$，当 $L \leq 0$ 时，$h(L) = 0$；K_p 为塑性模量，其他符号同前文。弹性剪切模量（G）可以根据经验公式来计算，即

$$G = G_0 \cdot \frac{(2.973 - e)^2}{1 + e} \cdot \sqrt{P' \cdot p_a} \tag{5.16}$$

$$K = G \cdot \frac{2(1 + \mu)}{3(1 + 2\mu)} \tag{5.17}$$

式中，G_0 为材料常数；e 为试样固结完成时的孔隙比；μ 为泊松比。塑性体积模量（K_p）根据下式计算：

$$K_p = hG \left(\frac{M}{\eta} - e^{n\psi} \right) \tag{5.18}$$

式中，h、n 为模型参数。该模型共包含 15 个参数，分为 4 组，所有的模型参数都可以根据三轴试验结果进行率定。对于本书的珊瑚砂，模型参数详见表 5.11。

4）模型预测与试验结果对比

将上文的珊瑚砂状态相关本构模型代码化嵌入专业有限元计算程序，以实现对三轴固结排水剪切试验的模拟。利用率定的模型参数及试验初始条件进行计算，并与试验结果对比，试验结果与计算结果对比图 5.22～图 5.24，由图可知，考虑颗粒破碎影响的状态相

关本构模型能较好地描述珊瑚砂的剪胀特性。该模型只需一套参数,可以较好地描述珊瑚砂在不同密度、不同围压条件下的应力变形特性,既能反映出珊瑚砂在一定固结压力作用下的应变硬化和应变软化现象,又能反映颗粒破碎对珊瑚砂变形特性的影响。

表 5.11　珊瑚砂模型参数汇总表

弹性参数	颗粒破碎参数	临界状态参数	模型参数
$G_0 = 160$ $\mu = 0.30$	$\alpha = 1.22$ $\beta = 1.23$ $\lambda = 0.023$	$M = 1.68$ $a = 1.15$ $b = 0.16$ $\lambda_c = 0.05$ $\xi = 0.70$	$d_0 = 2.15$ $m = 1.05$ $h_1 = 1.71$ $h_2 = 0.96$ $n = 0.80$

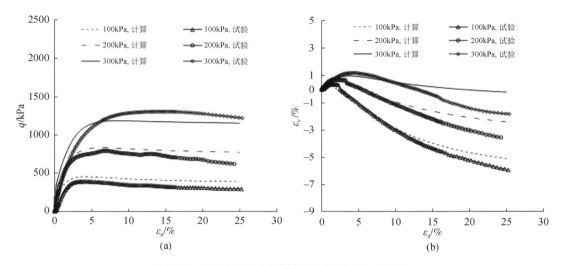

图 5.22　试验结果与计算结果对比图（$D_r = 0.75$）

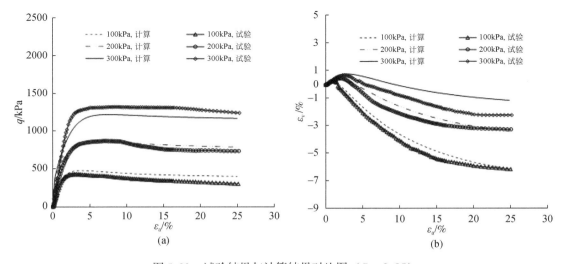

图 5.23　试验结果与计算结果对比图（$D_r = 0.85$）

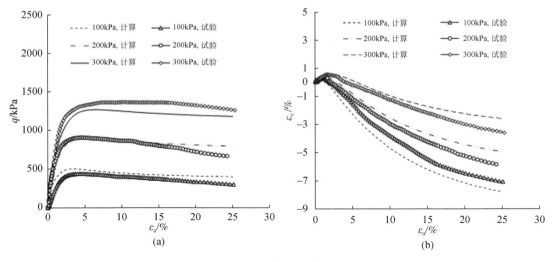

图 5.24　试验结果与计算结果对比图（$D_r = 0.95$）

5.3.3　钢板桩式护岸受力变形特性

通过离心模型试验、数值模拟方式，揭示了板桩结构与珊瑚砂地基相互作用的受力变形模式，为建立远洋岛礁新吹填陆域板桩式护岸结构设计方法奠定了基础。

5.3.3.1　钢板桩式护岸离心模型试验

1. 离心模型试验设备

1）400gt 离心机及模型箱

试验在南京水利科学研究院 400gt 大型土工离心机上进行，该机的有效半径为 5.5m，最大加速度为 200g，最大负荷为 2000kg。图 5.25 为 NHRI-400gt 大型土工离心机，试验采用模型箱见图 5.26，模型箱净尺寸为 700mm（长）×350mm（宽）×450mm（高）。

图 5.25　NHRI-400gt 大型土工离心机

图 5.26　模型箱

2）测试仪器

　　沉降和水平变位采用非接触式激光位移传感器测量，如图 5.27 所示。土压力传感器是 BW-3 微型界面土压力盒，如图 5.28 所示。

图 5.27　激光位移传感器

图 5.28　BW-3 微型界面土压力盒

为了掌握在工作荷载作用下受拉构件中的弯矩沿标高方向的分布，在模型主桩和锚碇桩的标高方向等间隔布置了弯矩测量单元，测量原理如图 5.29 所示。

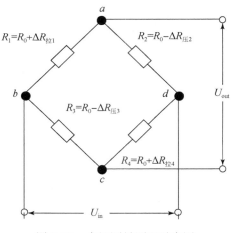

图 5.29 弯矩测量原理示意图

2. 模型设计和测量

模型试验所采用的模型箱净尺寸为长 700mm、宽 350mm、高 450mm，结合工程钢板桩护岸结构尺寸综合考虑，离心模型试验的几何比尺选取 $N = 70$，模拟现场长 49m、宽 24.5m、高 31.5m 的范围。

试验中采用铝合金板替代钢板和混凝土制作离心模型中的各种结构，其中模型胸墙厚度为 $d_m = 8.8$mm，D 断面主桩尺寸为 346mm（宽）×286mm（长）×4mm（厚），锚碇桩尺寸为 9mm（宽）×143mm（长）×4mm（厚）。钢板桩护岸结构主桩和锚碇桩模型见图 5.30。

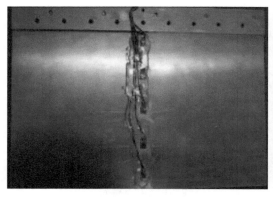

图 5.30 主桩和锚碇桩模型

对于拉杆结构，模型采用与原型相同的材料，按相似比尺 $N = 70$ 计算得到的拉杆直径为 0.5mm。共布置 19 根拉杆，每根锚碇桩上对应一根拉杆，各拉杆沿模型箱宽度方向间距为 17.5mm，拉杆长度为 129mm。试验采用拉杆模型见图 5.31。

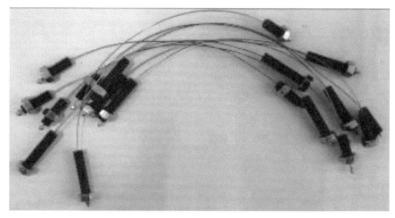

图 5.31　拉杆模型

模型地基土样取自现场，地基土模型自上而下依次为回填珊瑚砂、珊瑚粗砾砂、礁灰岩。根据马尔代夫维拉纳国际机场改扩建工程岩土工程勘察报告，钢板桩墙前地基土有一定坡度，试验采用 1∶6.0 的坡度模拟，水位的模拟标高采用低水位-0.56m。

3. 试验方案

试验选用模型箱净尺寸为 700mm（长）×350mm（宽）×450mm（高）的模型箱，模型比尺 $N=70$，即模型试验设计加速度为 $70g$。模型试验布置见图 5.32 和图 5.33。结合主桩模型尺寸，在主桩模型上居中等间距布置 6 个测点测量弯矩，并在主桩陆侧和海侧分别布置 4 个和 2 个土压力盒用以测量主桩两侧土压力分布规律，如图 5.34 所示。通过 19 根模型拉杆联接主桩和锚碇桩，每根拉杆间距 17.5mm，锚碇桩和拉杆布置见图 5.35。

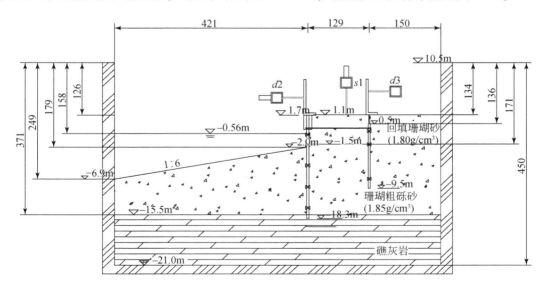

图 5.32　模型试验布置（单位：mm）

d2、d3、s1 为非接触式激光位移传感器，d 表示测量桩顶水平位移，s 表示测量土层表面沉降

图 5.33　D 断面剖面图

图 5.34　板桩弯矩和土压力测点布置

图 5.35　锚碇桩和拉杆布置

4. 结果分析

1）主桩弯矩

首先对结构受力进行分析，图 5.36 是施工期和运行期中 D 断面主桩单宽弯矩随时间变化情况。从图中可以看出，主桩单宽弯矩是在施工期产生的，运行期主桩单宽弯矩已经趋于稳定，并且主桩上部测点的弯矩为正值，表明其海侧受拉，主桩下部测点的弯矩为负值，表明其陆侧受拉。

D 断面主桩单宽弯矩沿深度的分布如图 5.37 所示。主桩弯矩沿墙身深度呈"S"形分布，标高约-8.0m 处以上主桩结构是海侧受拉，标高约-8.0m 处以下部分的主桩结构是陆侧受拉。其中，主桩上部结构单宽弯矩沿墙身往下呈先变大后变小的分布规律，在标高约-2.2m 处主桩单宽弯矩最大，最大单宽正弯矩值约 45(kN·m)/m；主桩下部结构单宽弯矩绝对值沿墙身往下也呈现先变大后变小的分布规律，最大单宽负弯矩值约-29(kN·m)/m。

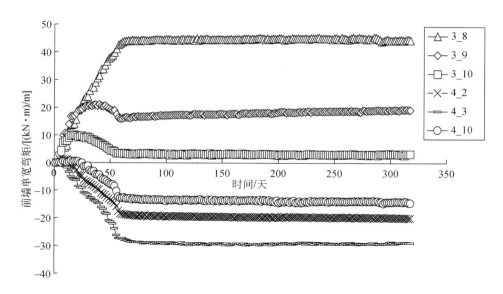

图 5.36　D 断面主桩单宽弯矩随时间变化规律图

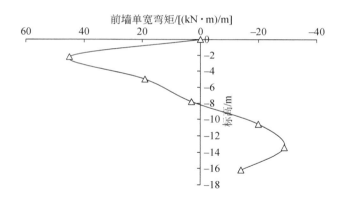

图 5.37　D 断面主桩单宽弯矩随深度变化规律图

根据钢板桩应力计算公式 $\sigma = M/W$，已知 D 断面板桩最大单宽弯矩 $M = 45(\text{kN} \cdot \text{m})/\text{m}$，截面抵抗矩 $W = 4034\text{cm}^3/\text{m}$，则板桩所受应力 $\sigma = 11.2\text{MPa} < [\sigma] = 172.5\text{MPa}$。断面板桩所受应力远小于结构容许应力，表明钢板桩内力设计值在安全范围内。

2）锚碇桩弯矩

模型中共布置 19 根锚碇桩，其中 9 根锚碇桩上布置了弯矩测点，它们依次标号为 p1 ～ p9，弯矩分布规律见图 5.38。

依前所述，定义锚碇桩海侧受拉为正，陆侧受拉为负，锚碇桩实测弯矩值均为负值，表明锚碇桩结构整体陆侧受拉，且锚碇桩上半部分结构的弯矩绝对值明显大于锚碇桩下半部分结构弯矩值。从图 5.38 可知，这些锚碇桩弯矩分布规律一致，p5 锚碇桩，即位于模型中间布置的锚碇桩，受到的弯矩绝对值最小，p3 上部和 p7 中部锚碇桩受到的弯矩绝对值最大。估算 D 断面模型锚碇桩受到的最大负弯矩值约 −55kN · m，该实测值远小于锚碇

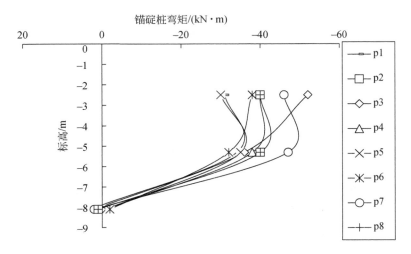

图 5.38　锚碇桩弯矩分布图

桩允许的最大弯矩值 150.17kN·m，锚碇桩所受内力也处于安全区间。

3）土压力

主桩陆侧和海侧实测土压力分布规律见图 5.39，从图中可知，主桩两侧土压力沿标高均呈线性分布，其中，在标高约–12m 以上部分，陆侧土压力均大于同一标高处的主动土压力，这说明这部分陆侧土体并未处于主动极限平衡状态；而陆侧标高–14.8m 处测点的陆侧土压力与主动土压力接近，但考虑到主桩嵌入礁灰岩深度约为 2m，表明在很大程度上墙后陆侧土体并未达到主动极限平衡状态。海侧土压力实测值远小于被动土压力理论值，这说明海侧土体远未达到被动极限平衡状态。从土压力分析可知，试验中钢板桩结构与珊瑚砂相互作用合理，板桩两侧土体均未达到极限平衡状态。

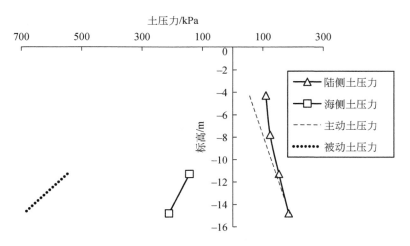

图 5.39　土压力分布规律图

4）结构稳定性

试验共布置了 3 个激光位移传感器，分别用于测量回填珊瑚砂沉降、锚碇桩水平位移和主桩水平位移。回填珊瑚砂沉降发展规律及结果见图 5.40 所示，不同于原型钢板桩护岸海侧坡面在现场已经存在，离心模型试验模拟的海侧前沿坡面需要在地面预先开挖至指定深度，然后再将离心加速度从 $1g$ 提高至 $70g$，而在该过程中所产生的回填珊瑚砂沉降在实际工况中并不存在，因此结合实际情形考虑，原型回填珊瑚砂沉降应为离心加速度达到 $70g$ 后的沉降值，约为 10mm；主桩和锚碇桩水平位移发展规律见图 5.41，同理，锚碇桩水平位移值约为 2mm，主桩水平位移值约为 4mm。离心模型试验结果表明，采用这种型式的钢板桩护岸结构的整体稳定性良好。

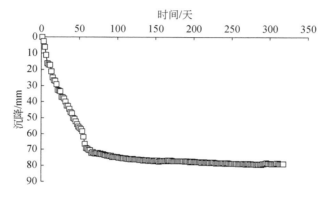

图 5.40　回填珊瑚砂沉降发展规律图

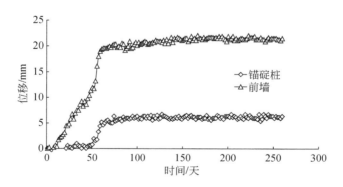

图 5.41　主桩和锚碇桩水平位移发展规律图

表 5.12 给出了 D 断面离心模型试验结果，包括主桩最大单宽弯矩、锚碇桩弯矩、结构水平位移和珊瑚砂沉降等，各结构物的受力性状特征值以运行期的值为准。

5.3.3.2　钢板桩式护岸数值模拟

1. 计算参数的确定

1）地基土体弹塑性本构模型参数的确定

土体是由固相、液相和气相组成的三相分散系，具有高度的各向异性、非均质性和非

表 5.12　模型试验中各结构物受力性状特征值（运行期）

泥面标高 /m	水位/m	主桩最大单宽弯矩 /[(kN·m)/m]		锚碇桩弯矩 /(kN·m)	主桩水平位移 /mm	锚碇桩水平位移 /mm	珊瑚砂沉降 /mm
		海侧	陆侧				
1.1	-0.56	45	-29	-55	4	2	10

连续性，在力学特性上表现出非线性、弹塑性、剪胀性、压硬性等。对于土和结构物相互作用问题的分析，最关键的因素之一就是如何正确地模拟土的应力与变形特性。土的应力-应变关系非常复杂，影响因素众多，很难找出一个能反映土的所有力学特性的本构模型。目前国内工程中计算分析中应用最广泛的土体本构模型主要包括以"南水双屈服面模型"为代表的一些弹塑性模型。通过在 ABAQUS 有限元平台的模型库中植入岩土工程界广泛使用的"南水双屈服面模型"子程序，拓展了该平台的应用范围，使其具有合理分析岩土工程问题的能力。在工程现场取回珊瑚砂试样，进行了三轴剪切试验测定土料的应力-应变关系，确定土料的抗剪强度指标及"南水双屈服面模型"参数，见表 5.8。

2）结构弹性参数确定

护岸结构为钢板桩结构。计算时采用线弹性模型来模拟钢板桩的应力应变关系。钢板桩线弹性模型参数有两个，分别为杨氏模量（E）和泊松比（μ），按常规计算，$E = 206\text{GPa}$、$\mu = 0.2$。

3）静止侧压力系数和接触面摩擦系数

根据前期对珊瑚砂进行的静止侧压力系数（K_0）固结试验，本计算珊瑚砂的静止侧压力系数取 0.40。根据参考文献，接触面摩擦系数取 0.22。

2. 钢板桩护岸三维有限元模型

1）护岸结构与珊瑚砂地基模拟

根据设计院提供的设计图纸，模型的设计断面如图 5.42 所示，其中主桩下端嵌入礁灰岩 2m。

图 5.42　马尔代夫机场护岸结构设计断面示意图（单位：mm）

为消除边界效应，深度方向为 30m，长度为 70m，宽度为 6m。模型底部施加三个方向约束，周围施加法向约束。地基模型和护岸结构分别如图 5.43 和图 5.44 所示。

2）地基与护岸结构接触模拟

对于护岸结构，主桩和地基土体有接触，锚桩和地基土体也有接触，拉杆与钢板桩之

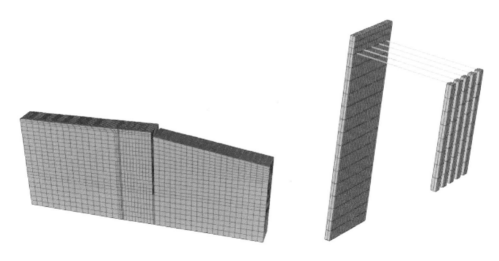

图 5.43　珊瑚砂地基模型　　　　　　　　图 5.44　护岸结构模型

间也有接触。本研究中，除拉杆与板桩之间采用"绑定"的方法，其他接触均采用"接触对"的方法。与土之间切向设置为小滑移接触，法向为硬接触，而切线方向设置最大摩擦力，当切向摩擦力小于最大摩擦力时，此时为静摩擦，当大于最大摩擦力时，转为滑动摩擦。设置"接触对"时结构为主面，土体为从面，主面可以穿透到从面内，但是从面不能穿透到主面中。

3）地基初始应力场模拟

初始应力场的模拟对于具有复杂本构关系的非线性问题和接触问题的计算非常重要，模拟时在土体中施加重力，使土体在自重应力下固结，分离出此时各节点的应力，重新施加到每个节点上，从而消除节点位移。

4）计算工况

本计算重点关注两种主要工况，一是护岸结构在陆侧回填条件下的整体稳定性，回填总高度为 1.2m，分两层，每层 0.6m，二是机械荷载对结构整体稳定性的影响，机械荷载施加在主桩和锚桩之间，大小为 60kN，约为土层自重的 3 倍，这是因为考虑到机械荷载在施工期间几乎持续存在，与土层的主要沉降期重合，因此有必要考虑该种荷载对护岸结构和土体沉降的影响。

3. 板桩式护岸三维有限元模拟分析

图 5.45 和图 5.46 为模型整体的竖向和水平位移分布云图，整体最大竖向位移发生在主桩和锚桩间的回填土上，最大竖向位移为 1.66cm，方向向下，发生在靠近主桩的回填土上。模型整体最大水平位移为 0.49cm，发生在回填土体的中间位置，指向海侧。

图 5.47 和图 5.48 分别为主桩和锚桩的水平位移分布云图，主桩的最大水平位移为 3.85mm，指向港侧，发生在结构顶部。锚桩的最大水平位移为 3.59mm，指向港侧，发生在结构顶部。

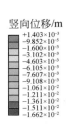
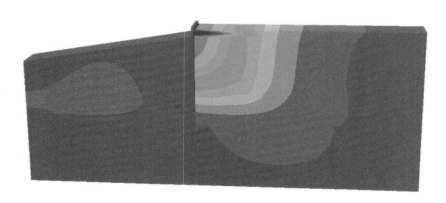

图 5.45　模型整体的竖向位移分布云图

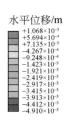
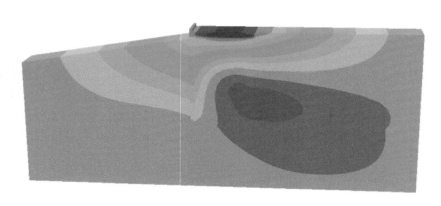

图 5.46　模型整体的水平位移分布云图

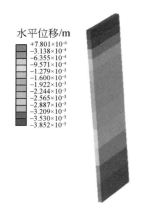
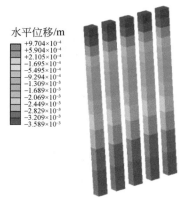

图 5.47　主桩的水平位移分布云图　　　图 5.48　锚桩的水平位移分布云图

图 5.49 为地基土中剪应力分布云图，绝大部分地基土体的剪应力在 8 ~ 15kPa，剪应力不大。土体最大剪应力为 86.4kPa，只发生在板桩与土体基础附近的局部位置，不会对地基土层整体造成破坏。综上所述，板桩结构在正常工作情况下基本是稳定的。

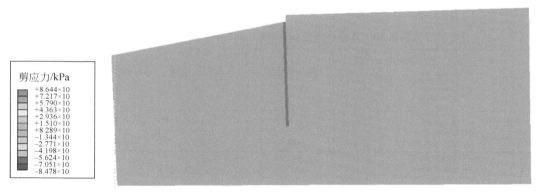

图 5.49　地基剪应力分布云图

图 5.50 和图 5.51 分别是主桩和锚桩的弯矩分布，陆侧受拉为正。主桩上部出现正弯矩，中部出现负弯矩，下部出现正弯矩。其最大正弯矩距墙顶深度为 19m，单宽弯矩为 23.4(kN·m)/m。最大负弯矩距墙顶深度为 14m，单宽弯矩为 -4.1(kN·m)/m。锚桩上部出现负弯矩，下部出现正弯矩，最大负弯矩距墙顶深度为 3.8m，单宽弯矩为 -19.6(kN·m)/m，最大正弯矩距墙顶深度为 9.5m，其单宽弯矩为 8.3(kN·m)/m。

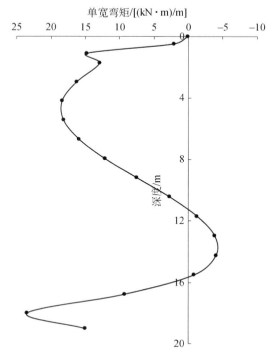

图 5.50　主桩单宽弯矩

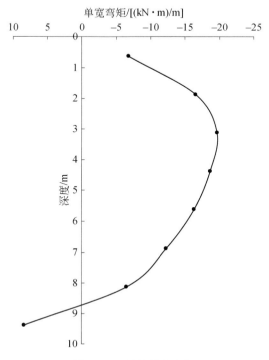

图 5.51　锚桩单宽弯矩

5.3.3.3 离心模型试验与数值模拟结果对比

表 5.13 给出了运行期 D 断面离心模型试验和数值模拟结果对比，包括主桩最大单宽弯矩、锚碇桩弯矩、主桩水平位移、锚碇桩水平位移以及珊瑚砂沉降。

表 5.13 D 断面离心模型试验和数值模拟结果对比表

工况	主桩最大单宽弯矩 /[(kN·m)/m]		锚碇桩弯矩 /(kN·m)	主桩水平位移 /mm	锚碇桩水平位移 /mm	珊瑚砂沉降 /mm
	海侧	陆侧				
模型试验	45	−29	−55	4	2	10
数值模拟	23.4	−4.1	−19.6	3.85	3.59	16.6

1）水平位移结果对比

离心模型试验显示，主桩和锚碇桩水平位移分别为 4mm 和 2mm，这说明，在主桩和锚碇桩之间的回填区土体或拉杆沿海侧方向变形（伸长）了 2mm（实际上考虑到板桩本身的弯曲变形，其相对值和回填区水平变形不完全相同）。而数值计算的结果分别为 3.85mm 和 3.59mm，显示土体或拉杆变形为 0.26mm，数值模拟的锚桩位移比模型试验值偏大约 2mm，这可能是因为在模型试验中拉杆所用的材料弹性模量和数值模拟使用的理论值存在差别，导致实际模型中拉杆存在伸长的现象，而数值模拟中拉杆伸长很小，另外在离心模型试验中，从 0g 到 70g 加速的过程不可避免，该过程实际模拟了港池开挖的过程，而数值模拟与实际监测并未模拟该过程，因而模型试验得到的相对位移比数值模拟要偏大。

2）地面沉降结果对比

离心模型试验测得珊瑚砂地面的沉降约为 10mm，数值模拟结果为 16.6mm，模型试验结果比数值模拟结果偏小 6.6mm，数量级一致，两者体现出较好的一致性。由于在离心模型中采用的回填土密度为 1.80g/cm³，比实测值要小，因此其绝对沉降值相对数值计算要小，类似的规律在和现场监测值得比较中也能体现。

3）结构内力结果对比

数值模拟结果的海侧最大弯矩约为模型试验结果的 0.52 倍，陆侧弯矩约为 0.14 倍；离心试验和数值模拟得到的主桩板桩的弯矩沿深度分布趋势一致，结果都表现出了"S"形的变化规律，随着深度增加，海侧正弯矩先增大后减小，并逐渐出现负弯矩，负弯矩随后也逐渐增大，达到最大值后逐渐减小；在数值计算的结果中还能看出在接近基岩的锚固段时，正弯矩再次出现一段较大的增长，这是由于基岩对板桩底部的约束作用产生的类似悬臂梁的固端弯矩造成的。总体来看离心模型和数值计算的结果在板桩弯矩沿深度分布的规律上体现出了较好的一致性，而弯矩绝对值的差异主要是由于在离心模型试验中从 0g 到 70g 加速模拟了港池开挖的过程，而数值模拟与实际监测并未模拟该过程，因此也会导致进一步的弯矩增大。

5.3.4　板桩式护岸设计方法

波浪作用和珊瑚砂地层土压力作用是远洋岛礁珊瑚砂新吹填陆域板桩式护岸结构的两种主要荷载。首先，通过板桩式护岸波浪作用模型试验，研究确定了板桩所受波浪荷载作用大小和分布规律。其次，通过室内试验获得了珊瑚砂土体的基本结构和力学参数，并深入研究了破碎规律及其对珊瑚砂静止侧压力系数（K_0）和临界状态的影响，建立考虑珊瑚砂破碎规律的状态相关本构模型，并建立了板桩所受珊瑚砂土压力荷载作用计算方法。

最后，在稳定性、强度极限状态、正常使用极限状态等分析中考虑这两项荷载作用，形成了板桩式护岸结构的设计方法。

5.4　马尔代夫维拉纳国际机场改扩建工程护岸工程设计

5.4.1　斜坡式护岸

根据岛礁陡坡地形上波浪起始破碎点位置要求，即式（5.2），计算马尔代夫维拉纳国际机场改扩建工程破碎点位置，进行斜坡式护岸设计条件验证。

外坡坡度 m 取 1/1.5，经换算深水波高 $H_0 = 2.59\text{m}$（由 $H_{5\%} = 2.53\text{m}$ 波高换算），深水波长 $L_0 = 49.1\text{m}$，礁坪水深 $h_2 = 3.0\text{m}$，坡前水深 $d = 20\text{m}$，经计算破碎点距离 $S = 3.3\text{m}$，即波浪破碎点位于礁缘后 3.3m 附近。需要说明的是上述破碎点为起始破碎点，波浪起始破碎后，水体翻卷，至卷破点还有一定的距离。

波浪在岛礁地形上传播变形，浅水波长 $T\sqrt{gh_e}$（h_e 为礁缘处水深）是重要的参数之一。Nelson 等研究表明，卷破长度 x_p（起始破碎点与卷破点之间的距离）与浅水波长 $T\sqrt{gh_e}$ 近似相等，即 $x_p/T\sqrt{gh_e} \approx 1.0$。Gourlay 的研究表明，$x_p/T\sqrt{gh_e} \approx 1.0$ 的变化范围在 0.77~1.08，由此可知，为了建筑物的安全，护岸宜布置在破碎点之后 1 倍浅水波长范围之外。但对于某些工程，例如马尔代夫维拉纳国际机场改扩建工程，由于空间位置的限制，护岸前沿岸坡宽度不能到达 1 倍浅水波长。对于此类情况，还需做进一步分析。

计算得到各工况的坡脚至破碎点的距离 x_t，相对距离 $x_t/T\sqrt{gh_e}$ 如表 5.14 所示，由此表可知，当 $x_t/T\sqrt{gh_e} = 0.26$ 时，护面块石处于临界稳定状态；当 $x_t/T\sqrt{gh_e} > 0.26$ 时，护面块石处于稳定状态；当 $x_t/T\sqrt{gh_e} < 0.26$ 时，护面块石大多处于失稳状态，具体情况还与水深、波高等有关。

表 5.14　各工况坡脚至破碎点的距离计算表

工况	试验断面一			试验断面二			试验断面三		
	x_t	$x_t/T\sqrt{gh_e}$	是否稳定	x_t	$x_t/T\sqrt{gh_e}$	是否稳定	x_t	$x_t/T\sqrt{gh_e}$	是否稳定
工况一	1.7	0.05	否	6.7	0.22	否	11.7	0.38	是
工况二	2.1	0.08	否	7.1	0.26	临界稳定	12.1	0.43	是
工况三	2.8	0.11	是	7.8	0.32	是	12.8	0.52	是
工况四	3.5	0.18	是	8.5	0.43	是	13.5	0.68	是

5.4.2　板桩式护岸

通过建立的板桩式护岸设计方法，进行了马尔代夫维拉纳国际机场改扩建工程板桩式护岸结构工程的设计和施工。基于确定的波浪作用和珊瑚砂土压力作用计算方法，计算得到板桩陆侧土压力实测值大于主动土压力理论值，海侧土压力实测值远小于被动土压力理论值，两侧土体均未达到极限平衡状态。计算得到的主桩板桩的弯矩沿深度分布表现出了"S形"的变化规律，随着深度增加，海侧正弯矩先增大后减小，并逐渐出现负弯矩，负弯矩随后也逐渐增大，达到最大值后逐渐减小。并且在接近基岩的锚固段时，正弯矩再次出现一段较大的增长，这是由于基岩对板桩底部的约束作用产生的类似悬臂梁的固端弯矩造成的，如图 5.50 和图 5.51 所示。

在结构稳定性方面，断面主桩和锚桩的水平位移呈现出先增大后减小，最终趋于稳定的趋势，其中锚桩通过拉杆与主桩连接成为整体，呈现出与主桩相似的变化趋势，而无锚断面主桩由于缺少锚桩和拉杆的锚固效应，其变化幅度相对稍大。拉杆安装后，板桩与土体呈现出较好的整体性，成为同一受力主体，近邻区域的施工（锚桩与拉杆安装、回填）会对断面处的位移与沉降产生影响，并进一步影响断面拉杆应力和桩身应力。

设计结果和实际施工中，表明该型式的钢板桩护岸与珊瑚砂相互作用合理，结构内力处于合理区间，结构整体稳定性较好。工程现场对钢板桩式护岸结构的受力与变形进行了监测，并与离心模型试验结果进行了对比，验证了设计方法的可靠性。

5.4.2.1　现场监测内容

现场监测项目主要工作内容包括：地面沉降监测、水平位移监测、桩身应变监测和拉杆应力监测。

1）地面沉降监测

在试验断面布置地表沉降标，测量钢板桩打设和珊瑚砂回填等施工过程中地基的沉降量，并为最终沉降量的推算和固结度的计算提供最可靠的数据支撑。

2）水平位移监测

在试验断面钢板桩桩身顶部布置监测棱镜柱，作为永久监测点，测量钢板桩在胸墙浇筑和珊瑚砂回填等施工过程中桩身水平位移量，并为最终水平位移的推算和桩身弯矩的计算提供最可靠的数据支撑。

3）桩身应变监测

通过监测了解码头结构中主桩、锚桩桩身受力变形情况，并根据实测钢板桩受拉侧应力换算桩体弯矩（考虑偏心对弯矩的影响），验证桩身入土深度、设计尺寸、钢板桩型号的设计合理性。

4）拉杆应力监测

通过监测拉杆承受的拉力来测试护岸结构中拉杆表面的实际拉应力，并根据实测的拉应力换算出拉杆所受拉力，验证拉杆理论设计计算时拉杆间距、设计尺寸以及拉杆型号的安全度。

5.4.2.2 现场测点布置

根据设计要求，在机场扩建区钢板桩护岸 D 断面内共设置 2 个测试断面（D-1 和 D-2 断面），包括一个有锚断面和一个无锚断面。各断面分别布置地面沉降板、水平棱镜、桩身应变计、拉杆应力计等测试仪器和设备，断面仪器及测点布置如图 5.52 所示。

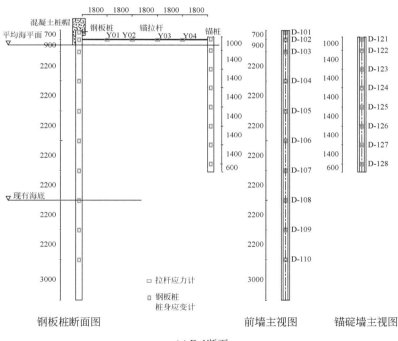

(a) D-1断面

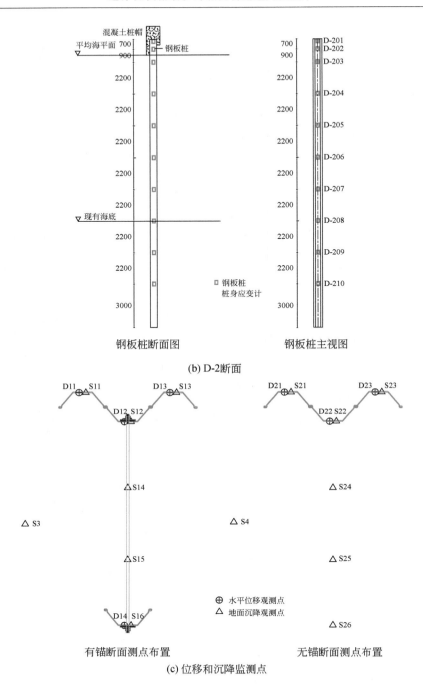

图 5.52　断面仪器及测点布置图（单位：mm）

5.4.2.3　监测仪器埋设与安装

1）沉降测量仪器

采用沉降板配合棱镜进行地基表层沉降监测，沉降板在车间提前预制。沉降板采用

0.6m×0.6m×0.01m 厚的钢板，钢管（监测标）采用镀锌水管，直径为 50mm，底部焊于钢板上，沉降管分段制作，随施工高度增高而及时接长。沉降板的制作如图 5.53 所示。在主桩打设前，由全站仪定位，将制作好的沉降板安装至设计位置，沉降板和沉降管的现场安装如图 5.54 所示。

图 5.53　沉降板制作　　　　　　　图 5.54　沉降板和沉降管的现场安装

2）水平位移测量仪器

测量仪器采用 TOPCON GPT-3000LNC 系列全站仪，水平位移永久测点通过在钢板桩顶部焊接棱镜柱实现，利用安放在棱镜柱上的棱镜来进行水平位移观测，棱镜柱现场焊接情况如图 5.55 所示。

图 5.55　水平位移测点棱镜柱现场焊接

3）桩身应变计安装

桩身应变计安装时首先装上应变计的安装调试芯棒，JTM-V5000DB 型振弦式表面应变计到位后必须与安装架的两端外侧面齐平，在拧紧前后分别测量一次频率值（f_1，f_2），频率应控制在 $f_2 = f_1 \pm 50\mathrm{Hz}$ 之内，如图 5.56 所示。

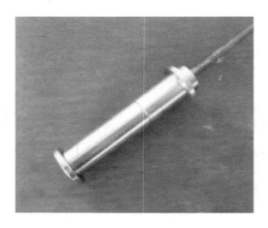

图 5.56　JTM-V5000DB 型振弦式表面应变计

4）拉杆应力计安装

JTM-V1000D 型振弦式拉杆应力计现场安装实际情况如图 5.57 所示。

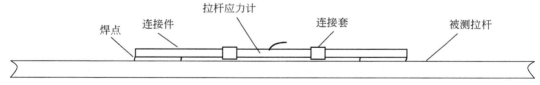

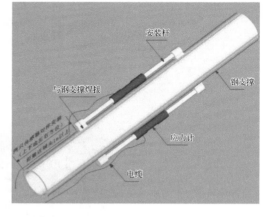

图 5.57　JTM-V1000D 型振弦式拉杆应力计

5.4.2.4 现场监测结果

1）地面沉降结果

各测点的沉降变化趋势如图 5.58 所示，其中正值表示地面上升，负值表示地面下降，给出了 D-1 和 D-2 断面 S12、S16、S22、S14 和 S24 测点的沉降值随时间的变化曲线。

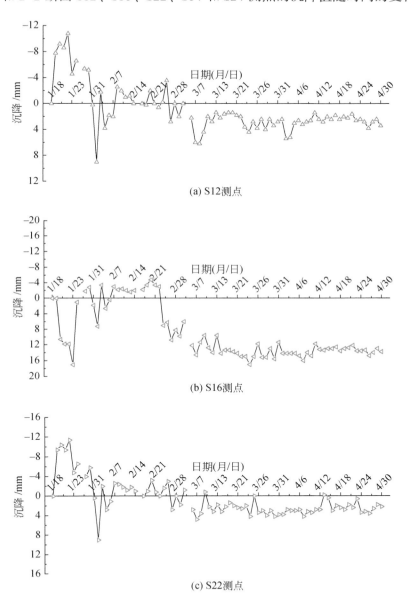

(a) S12测点

(b) S16测点

(c) S22测点

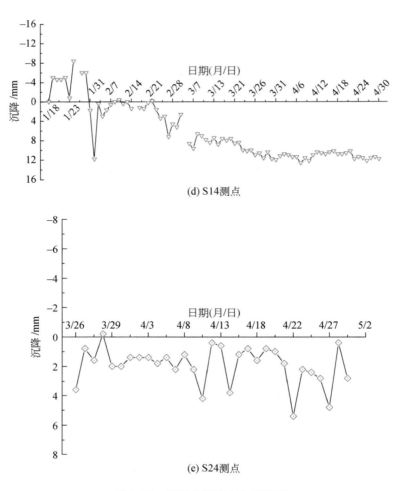

(d) S14测点

(e) S24测点

图 5.58　各测点沉降变化趋势图

如图 5.58（a）~（c）所示，监测结果表明，不同沉降测点监测值的变化趋势基本相同，即监测初期沉降量变化较大，沉降在 −17 ~ 13mm 范围内，随着时间的推移变化幅度逐步变小，至 4 月监测末期趋于稳定。其中，锚桩 S16 测点沉降量在初期出现了负值，这是由于锚桩位于回填区陆侧，回填区土体有向海侧偏移的趋势，因此在回填之前锚桩所受海侧土压力较小、摩擦力相应也较小，易于沉降，而在回填后很快便出现了沉降值的变大，并和主桩沉降值同步变化。从图中还可以看出，沉降变化量并不是逐步下降的，而是经历几次波动之后逐渐下降并最终趋于稳定状态。这是由于在监测初期，钢板桩施工造成珊瑚砂受到扰动，珊瑚砂在与钢板桩相互作用的过程中逐渐达到平衡状态，并最终趋于稳定。

如图 5.58（d）、（e）所示，监测结果表明，监测值初期沉降变化量起伏较大，沉降在 −15 ~ 15mm 范围内，随着时间的推移，变化幅度逐步减小、沉降变化量也越来越小，逐渐趋于稳定。S14 测点位于拉杆沿线上，该区域和主桩的沉降变化几乎相同，说明有锚板桩和回填区土体沉降变化的同步性。S24 测点位于无锚板桩回填区，其沉降值较小，且后期锚桩出现轻微上升的趋势，这是由于此处无拉杆和板桩锚固，且受到近邻有锚断面回填区土体的挤出效应导致的。汇总不同区域沉降如图 5.59 所示，发现以下规律：

（1）回填后，主桩和回填区土体都有较大的沉降，绝对沉降较为接近，此时，桩土界面的相对滑移较小，沿界面表面几乎没有相对滑动，桩土此时处于黏结状态；

（2）施工结束，沉降进入稳定区后，沿海侧向陆侧方向，沉降逐渐增大；

（3）回填区土体沉降差别很小，说明回填区的沉降较为均匀，土体具有较好的连续性；

（4）最终主桩相对土体有明显的位移差，即回填区土体相对主桩有向下沉降的趋势，因此土体对主桩除了水平土压力外，在桩土接触界面上还存在向下的摩擦力作用，而锚桩则相对于土体有向下沉降的趋势，进一步增强了锚固效应，该效应可以增加主桩的稳定性。

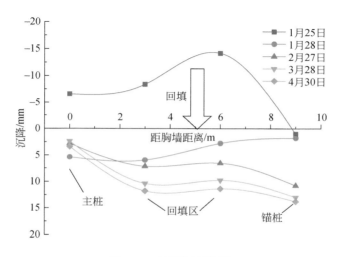

图 5.59 不同区域沉降

2）水平位移结果

各测点的水平位移变化趋势图如图 5.60 ~ 图 5.62 所示，其中正值表示向陆侧位移，负值表示向海侧位移。下面将根据有锚主桩、有锚锚桩、无锚主桩各测点的水平位移量变化趋势进行分析。

D12 水平位移测点位于 D-1 有锚断面钢板桩桩顶中间位置，监测初期水平位移变化幅度较大，水平位移在−14 ~ 6mm，随着时间的推移，变化幅度逐步减小，各测点的水平位移逐渐趋于稳定。除了钢板桩施工扰动外，钢板桩海侧潟湖内潮汐对钢板桩的周期规律性作用也会对钢板桩水平位移产生不可避免的影响，因此水平位移在震荡中波动变化并最终趋于稳定状态。

锚桩水平位移测点（D16 测点）的变化趋势与主桩的水平位移变化趋势呈现出较好的一致性，即监测初期水平位移变化幅度较大，并且变化幅度相较于主桩测点更大，水平位移在−15 ~ 2mm，随着时间的推移，尤其在墙后回填土施工结束之后，变化幅度逐步减小，水平位移量也越来越小，在监测末期，各测点的水平位移逐渐趋于稳定。这一方面是锚桩

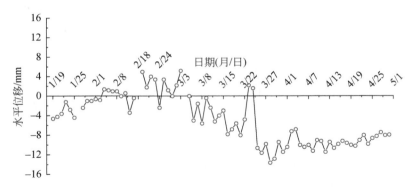

图 5.60　D-1 有锚断面主桩 D12 测点水平位移变化趋势图

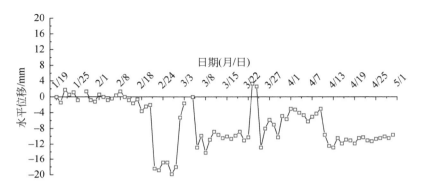

图 5.61　D-1 有锚断面锚桩 D16 测点水平位移变化趋势图

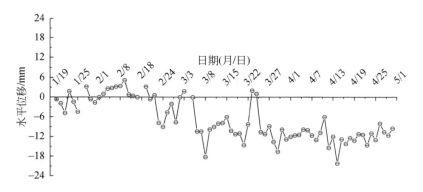

图 5.62　D-2 无锚断面主桩 D22 测点水平位移变化趋势图

与珊瑚砂土体共同作用的结果；另一方面是由于锚桩通过拉杆与主桩连接成为整体，受到主桩在监测过程中的影响，因而呈现出与主桩相似的变化趋势。

D22 水平位移测点位于 D-2 无锚断面钢板桩顶中间位置，监测初期水平位移变化幅度较大，水平位移在 –20～6mm。与有锚断面类似，水平位移是在震荡中波动变化并最终趋于稳定状态的，并且无锚断面的水平位移波动幅度稍大，这是由于无锚断面缺少锚桩以及拉杆的约束导致的。

3）桩身弯矩结果

D-1 断面主桩、锚桩，以及 D-2 断面主桩的桩身弯矩分布变化如图 5.63 ~ 图 5.65 所示。

如图 5.63 所示，钢板桩明显呈现出两种截然不同的受力状态。断面拉杆安装之前，钢板桩桩身弯矩变化并不大，而在拉杆安装后，桩身弯矩即开始慢慢变化，且板桩上部弯矩比下部弯矩的变化幅度大，随着时间的推移，变化幅度逐渐减小，弯矩沿深度的分布逐渐趋于稳定。在-10m 至-7m 标高部分钢板桩桩身弯矩为负值，说明钢板桩陆侧受拉，海侧受压；在-4m 标高以上和-10m 标高以下部分钢板桩桩身弯矩为正值，说明钢板桩陆侧受压，海侧受拉；而在标高-7m 到-4m 之间处于过渡状态，桩身弯矩由正变负，存在一个临界点使得此处钢板桩桩身弯矩为零。该钢板桩受力类似于在末端处施加了一个多余约束的悬臂梁，即桩底部固定，顶部受到指向陆侧的拉力，监测值表明桩身弯矩分布和理论分布规律相同。

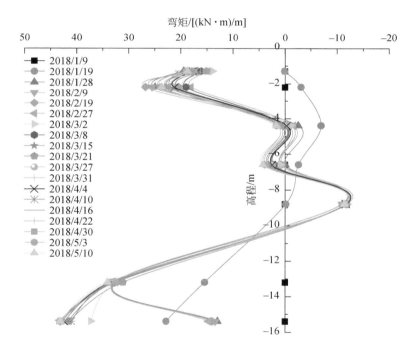

图 5.63　D-1 断面主桩桩身弯矩变化趋势图

如图 5.64 所示，锚桩明显呈现 3 种不同的受力状态，在断面拉杆安装之前，钢板桩桩身弯矩很小；而在拉杆安装后，桩身弯矩即出现明显变化；到墙后回填施工结束后，钢板桩桩身弯矩在此再次出现增大，在-4m 和底部-9m 左右的弯矩出现较明显的增长，并且随着时间的推移，变化幅度逐渐减小，弯矩沿深度分布逐渐趋于稳定。在-2m 标高以下部分钢板桩桩身弯矩为负值，说明钢板桩陆侧受拉，海侧受压；在-2m 标高以上部分钢板桩桩身弯矩为正值，说明钢板桩陆侧受压，海侧受拉。

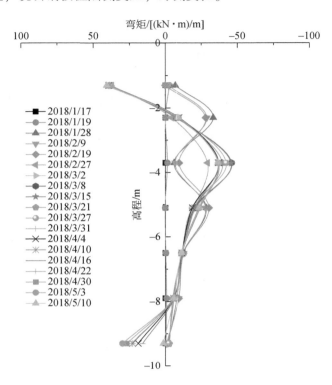

图 5.64　D-1 断面锚桩桩身弯矩变化趋势图

　　如图 5.65 所示，D-2 断面主桩桩身弯矩变化在不同施工阶段弯矩变化量较小，在墙后回填土施工结束后，钢板桩的桩身弯矩才小幅增加，但是变化范围仍不太大，随着时间的推移，基本趋于稳定。在 −13m 标高以下部分钢板桩桩身弯矩为负值，而且随着深度增加弯矩值逐渐增大，说明钢板桩陆侧受拉，海侧受压；在 −13m 标高以上部分钢板桩桩身弯矩则为正值，说明钢板桩陆侧受压，海侧受拉；该钢板桩弯矩分布符合桩底部固定，顶端自由的悬臂梁的受力特征。

　　4）拉杆应力结果

　　监测过程中有锚断面拉杆拉力变化如图 5.66 所示，在拉杆安装之后拉力突然增大到某一数值，此后，在整个监测过程中，拉杆拉力一直处于应力释放状态，表现为拉杆拉力值一直处于缓慢下降状态，在监测末期拉杆拉力最终趋于某一稳定数值。稳定后拉杆的拉力值很小，这是因为锚桩和主桩在拉杆安装后实际上距离逐渐减小，在拉杆安装后（不是沉降图中起始时间），主桩向海侧偏移了约 6mm，而锚桩则偏移了约 8mm，因此两者之间的距离接近了约 2mm，此时，计算可得拉杆拉力减小了约 52kN，十分接近拉杆拉力的减小值，可以解释拉杆拉力随着时间减小的规律。

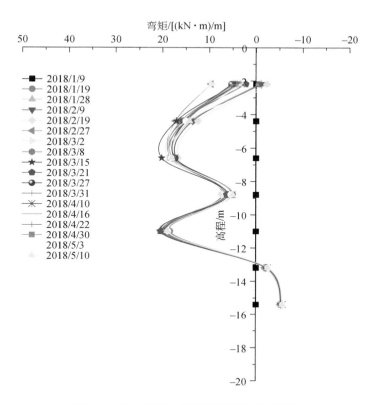

图 5.65　D-2 断面主桩桩身弯矩变化趋势图

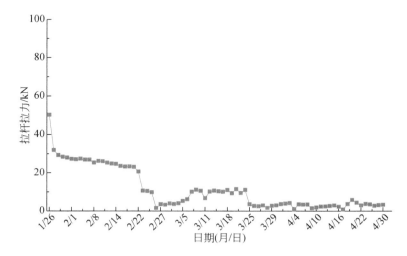

图 5.66　D-1 有锚断面拉杆拉力变化趋势图

5.4.2.5 现场监测与离心模型试验结果对比

表 5.15 给出了运行期 D 断面离心模型试验结果与现场监测结果对比，包括主桩最大单宽弯矩、锚碇桩弯矩、主桩水平位移、锚碇桩水平位移以及珊瑚砂沉降。现场监测结果揭示的板桩结构与珊瑚砂地基相互作用受力变形模式，验证了板桩式护岸结构设计方法的可靠性。

表 5.15 D 断面离心模型试验和现场监测结果对比表

工况	主桩最大单宽弯矩/[(kN·m)/m]		锚碇桩弯矩/(kN·m)	主桩水平位移/mm	锚碇桩水平位移/mm	珊瑚砂沉降/mm
	海侧	陆侧				
模型试验	45	−29	−55	4	2	10
现场监测	34	−12	−46	8	7	12

1）水平位移结果对比

离心模型试验显示，主桩和锚碇桩水平位移分别为 4mm 和 2mm，这说明，在主桩和锚碇桩之间的回填区土体或拉杆沿海侧方向变形（伸长）了 2mm（考虑到板桩本身的弯曲变形，其相对值和回填区水平变形不完全相同）。而现场监测结果分别为 8mm 和 7mm，显示土体或拉杆变形为 1mm，因此离心模型试验和现场监测得到的桩的水平位移十分接近，特别是主桩和锚桩的相对位移十分接近，进一步增强了结果的可靠性。

主桩位移现场监测值比模型试验值偏大约 4mm，产生这种现象的原因可能是离心模型试验是在安装好板桩后以开挖作为施工期的开始，并未模拟板桩插入土体的过程，在这一过程中，珊瑚砂土体不可避免受到扰动，由于珊瑚砂土体本身具有较强的剪胀性，在板桩插入土体的过程中砂土颗粒间的位置重排积累了较多的能量，该能量随着时间的推移和土体的回填逐渐释放转化为板桩位移，导致模型试验结果比实际观测结果偏小。

2）地面沉降结果对比

离心模型试验测得珊瑚砂地面的沉降约为 10mm，现场原型观测结果显示，在施工约 2 个月后，地面沉降约为 8mm，并逐渐稳定至沉降 12mm，其变化趋势表现出和离心模型结果类似的规律，即在施工期沉降较快，进入运行期后沉降变缓直至稳定，且测得的沉降值也十分接近。

3）板桩内力结果对比

有必要看到，在有锚断面和无锚断面处主桩在接近底部时的弯矩变化不同，有锚断面呈现出明显的弯矩增大，这说明有锚断面处的基岩的嵌固作用更明显，有锚和无锚板桩尽管处于相邻位置，但变形并不相同，说明该种板桩护岸结构并非整体统一变形，在同一高度处的变形趋势不同，出现类似挠曲薄板的特征，因此对于和离心模型的比较而言，用有锚板桩的内力分布进行对比分析。

由表 5.15 可知，离心试验和监测到的主桩板桩的最大正弯矩（海侧受拉）较为接近，而最大负弯矩（陆侧受拉）相差较大。弯矩绝对值不同的原因除了土体密度不同外，主要是由于在离心模型试验中，存在从 $0g$ 到 $70g$ 加速的过程，该过程实际模拟了港池开挖的过程，而实际监测对象并未出现该过程，因此导致进一步的弯矩增大。

从弯矩沿深度的变化来看，离心模型试验的结果和实际观测结果都表现出了"S"形的变化规律，随着深度增加，正弯矩先增大后减小，并逐渐出现负弯矩，负弯矩随后也逐渐增大，达到最大值后逐渐减小至零。在接近基岩的锚固段，弯矩出现一段较大的增长，这是由于基岩对板桩底部的约束作用产生的固端弯矩造成的。

5.4.3　斜坡式护岸与板桩式护岸衔接设计

马尔代夫维拉纳国际机场改扩建工程吹填区域西北侧护岸直接受北马累环礁内海域的风浪影响，波高较大。西北侧护岸采用斜坡式和板桩式结合的形式，如图 5.2 所示。为考虑岛礁地形整体对护岸块石稳定性的影响，以及斜坡式护岸与板桩式护岸衔接段护面块石稳定情况，开展了局部整体试验研究。试验在南京水利科学研究院港池中进行，港池长 50m、宽 17.5m、高 1.2m。模型在港池内的平面布置如图 5.67 所示。试验中研究斜向（W 向）浪作用下护面块石的稳定性。

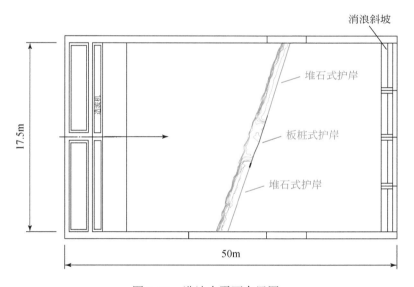

图 5.67　港池内平面布置图

5.4.3.1　模型设计和试验方法

局部整体模拟试验采用正态模型，按弗劳德数相似律设计。模型比尺取为 1：40。由于护岸前沿地形变化剧烈，是影响护面块石或块体结构稳定性的重要因素之一。因此，试验地形的模拟较为关键，须确保试验地形的精度。局部整体试验地形模拟采用等高线法进行圈围，从−15m 高程起算，对每一等高线上的关键位置点进行放样，对局部变化剧烈区域以及地形顶部区域放样点进行加密。地形制作偏差控制在±1mm 之内。

模型中护岸断面包括堤顶、防浪墙、外坡护面等与原型保持几何相似，护面块石、垫层块石均严格挑选，保持重量相似。如图 5.68 所示，波浪模拟方法和试验方法与断面试验基本相同。

图 5.68　斜向波浪对护岸的作用示意图

5.4.3.2　护岸稳定性结果

在 50 年一遇斜向（W 向）波浪与高水位（平均水位以上）组合工况作用下，试验测得全线外坡护面块石发生明显滚动，护岸失稳，见图 5.69。块石失稳原因为波浪在护岸坡脚附近发生破碎，水体猛烈冲击护面块石，冲击后的回流以及卷破波浪带动块石向外海滚动；在 50 年一遇斜向（W 向）波浪与低水位（平均水位以下）组合工况作用下，试验测得护面块石未发生明显滚动，护岸基本稳定。

从滚动块石沿整个护岸长度方向的分布来看，岸坡宽度较窄处失稳块石数量大于岸坡较宽处。局部整体试验结果与断面试验的结果基本一致。

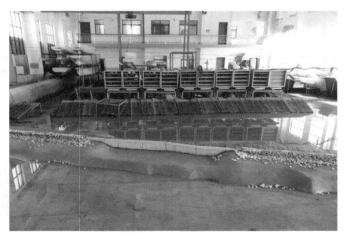

图 5.69　护面块石失稳示意图

5.5　本 章 小 结

（1）开展护岸稳定性断面和局部整体物理模型试验研究。研究成果表明，岛礁地形上护岸工程除须满足规范中的块石重量要求以外，前沿岸坡宽度也是应考虑的关键设计参数。护岸宜尽量靠后布置，若条件允许时可布置于破碎点之后 1 倍浅水波长之外；若条件不允许时，护岸外坡坡脚与破碎点之间的距离至少应满足 1/4 倍浅水波长（$T\sqrt{gh_e}$）之外。

（2）珊瑚砂室内试验表明，当试样围压一定时，珊瑚砂颗粒破碎随着相对密度的增大而增大，当试样密度一定时，试验过程中的颗粒破碎随着围压增大而增大，相对破碎与围压呈线性增长关系，并建立了三轴剪切条件下珊瑚砂相对破碎随初始孔隙比和应力的变化规律公式，可较好的描述颗粒破碎程度与各影响因素之间的关系。珊瑚砂的静止侧压力系数随着竖向应力的增加而逐渐增大。在加载初期，珊瑚砂的静止侧压力系数增加较快，随着加载继续，珊瑚砂的静止侧压力系数增加变缓。建立了考虑颗粒破碎影响的珊瑚砂静止侧压力系数计算公式。

（3）珊瑚砂的变形特性与密度和应力水平有关，密度越大，应力水平越低，珊瑚砂的剪胀特性越显著。当剪应变较大时，所有的试样均达到了临界状态。在 q–P' 平面内，珊瑚砂存在唯一临界应力比。在 e–$(P'/p_a)^{\xi}$ 平面内，由于颗粒破碎，导致临界状态线不唯一，所有临界状态线基本平行。临界状态孔隙比与试样的初始密度及颗粒破碎有关，可以通过初始孔隙比（e_0）和有效平均应力（P'）求得。基于珊瑚砂的临界状态理论，建立了状态相关剪胀方程，并将其引入珊瑚砂的状态相关本构模型中，建立了珊瑚砂的状态相关本构模型。

（4）板桩式护岸结构的离心模型试验、数值计算和现场监测的综合研究发现，主桩弯矩主要是在施工期产生，运行期主桩单宽弯矩基本趋于稳定。主桩上部海侧受拉，下部陆侧受拉，弯矩沿深度呈先变大后变小的"S 形"分布，锚桩弯矩均为陆侧受拉。采用这种型式的钢板桩护岸结构与珊瑚砂相互作用合理，板桩两侧土体均未达到极限平衡状态，整体稳定性良好、结构内力处于合理区间，在正常工作情况下结构稳定。

第6章 机场跑道吹填珊瑚砂地基处理及变形控制技术

6.1 研 究 背 景

6.1.1 工程背景和意义

马尔代夫维拉纳国际机场改扩建工程中的飞行区主要项目为新建4F级跑道、联络道、东西两侧机坪，其中跑道的部分位于新填海陆域，填海采用潟湖中的珊瑚砂作为吹填材料。对于跑道及联络道的建设区域，在场道工程施工前要进行地基处理，以便满足上部机场跑道结构的地基承载力及变形要求。

6.1.2 国内外研究现状

1）吹填珊瑚砂地基处理技术

目前，国内未见珊瑚砂填海造陆工程公开报道，国际上与珊瑚砂有关的项目及其材料性能的研究较少，吹填珊瑚砂地基处理方面尚为技术空白。

2）吹填珊瑚砂压缩特性和地基沉降变形控制

珊瑚砂土颗粒具有多孔隙（含有内孔隙）、形状不规则、颗粒易胶结等特性，使得其工程力学性质与一般陆相、海相沉积物相比有较明显差异。已有研究表明，珊瑚砂地基承载力较高、抗剪切强度指标也较高，是工程性能很好的地基填料。但是同时，珊瑚砂颗粒易破碎、单粒支撑结构需要重组等细观特性，又使得其在高应力条件下会发生较大变形。研究还表明珊瑚砂在固定压力条件下，会在较长时间内持续产生长期的沉降变形，这可能会对建造在珊瑚砂地基上的工程产生不利影响。

Nauroy 和 Le Tirant 提出钙质砂的压缩由4个部分组成：①土体的弹性变形；②颗粒的重排列；③颗粒破碎；④胶结体分离（如果存在）。前面两个在普通颗粒材料的压缩中都存在，后面两个主要伴随钙质砂的压缩而发生，因此，钙质砂的压缩和蠕变比普通石英砂更显著。Coop 的研究表明，钙质砂的压缩性与黏土类似，压缩变形以不可恢复的塑性变形为主，当压力超过某一值时，颗粒破碎对钙质砂的压缩特性起控制作用。Bryant 等对取自墨西哥湾的钙质土做120组各种类型的试验，结果显示其压缩指数随碳酸盐含量的增加而增加。

刘崇权和汪稔（1998）的研究发现，我国南海钙质砂的压缩特性类似于正常固结黏土，但其压缩指数偏高，而膨胀线 k 值很低，压缩过程中变形几乎都为塑性变形。刘汉文（1996）对珊瑚礁碎屑沉积物做地基回填料进行了试验研究，结果表明珊瑚礁砂是良好的地基回填材料；同时，对现场施工工艺进行了分析，但仅就珊瑚礁钙质沉积物作为地基填料的可能性进行初步的尝试，未就其压实机理及压实后珊瑚礁钙质沉积物的力学性质进行分析。

另外，研究发现珊瑚砂具有类蠕变特性，在本书第 3 章进行了试验研究。国内外对珊瑚砂的类蠕变长期变形特性的研究刚刚起步，目前尚欠缺吹填珊瑚砂地基的长期沉降变形的设计和工程控制技术。

6.1.3　本章内容

本章依托马尔代夫维拉纳国际机场改扩建工程，进行以下 3 个方面的研究。

（1）根据机场跑道设计要求、珊瑚砂工程特性、飞机荷载影响深度，研究确定地基处理深度。

（2）通过室内试验和原位沉降监测揭示珊瑚砂地基的压缩特性和长期沉降变形规律、机理及影响因素，阐明珊瑚砂地层沉降变形的分类和工后沉降组成，提出珊瑚砂地层长期沉降计算公式和参数确定方法，形成机场跑道吹填珊瑚砂变形计算和控制技术体系。

（3）建立地基处理施工工艺、施工参数，形成吹填珊瑚砂机场跑道地基处理技术和检测方法，指出可采用重型动力触探指标用于地基处理深度检测，采用原位干密度测试指标用于地基处理质量控制。

6.2　机场跑道地基受力特性

6.2.1　飞机荷载影响深度

程国勇、杨召焕（2013）给出了各种飞机荷载分类条件下地基附加应力沿深度变化的曲线，详见图 6.1；董倩等（2013）同样给出了不同机型作用下的地基附加应力的曲线，详见图 6.2。

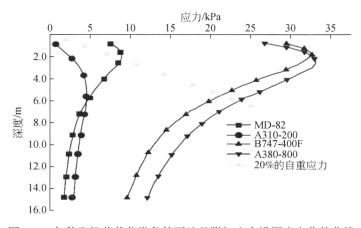

图 6.1　各种飞机荷载分类条件下地基附加应力沿深度变化的曲线

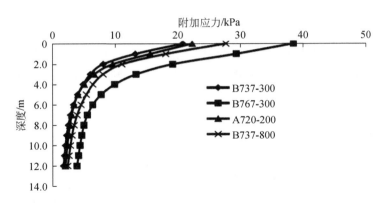

图 6.2　不同机型作用下的地基附加应力的曲线

通过以上两个曲线可以看出，在中低压缩性的地基中，深度超过 4.0m 以后，飞机荷载所产生的地基附加应力很小，基本可以判断飞机荷载的影响深度为基底以下 4.0m。

根据飞机荷载影响深度，机场跑道地基可以分为两层，上层为飞机荷载影响深度范围，在中低压缩性的地基中为 4.0m 左右；下层中飞机荷载附加应力基本可以忽略。

6.2.2　吹填珊瑚砂地基变形特性

机场跑道下珊瑚砂地基处理需要重点考虑的关键问题如下：

（1）珊瑚砂的颗粒组成存在较大差别，珊瑚砂并非均匀材料，其物理力学性质存在较大差别，作为飞机跑道的地基时，可能产生较大的不均匀沉降。

（2）无法通过常规的击实试验来确定珊瑚砂的最大干密度，进而也无法确定珊瑚砂的压实度。因此，无法采用常规的压实度指标来进行地基检测。

（3）由于珊瑚砂地层的渗透系数较大，研究区域内地下水位受海水影响较为明显，拟建跑道道基位于地下水位波动范围以内，地下水位以下无法取得地基反应模量及 CBR 检测指标。

（4）珊瑚砂的主压缩完成较快，但在施工完成以后的较长时间内会产生较大的类蠕变沉降，这对机场跑道工后沉降控制带来了挑战。

6.2.3　机场跑道地基处理需求

根据《民用机场水泥混凝土道面设计规范》（MH/T 5004—2010）、《民用机场沥青混凝土道面设计规范》（MH/T 5010—2017）和《民用机场岩土工程设计规范》（MH/T 5027—2013），以及飞行区道面设计计算参数的取值，4F 级机场跑道地基处理设计参数如表 6.1 所示。

需要根据飞机跑道地基对变形的要求，合理确定地基处理的深度。在满足沉降要求的前提下，中低压缩性的地基中基底 4.0m 深度范围内是地基处理的重点区域；如果还不能满足地基变形限值的要求，则 4.0m 下层深度范围也需要进行地基处理。

表 6.1　4F 级机场跑道地基处理设计参数表

承载力要求	变形要求
≥150kPa	工后沉降≤300mm 差异沉降≤1.5‰

6.3　岛礁珊瑚砂地基沉降特性和控制技术

6.3.1　珊瑚砂地基沉降特性

珊瑚砂地基的沉降由 3 个部分组成，初始压缩沉降、主固结沉降和类蠕变沉降。图 6.3 引自 J. A. Knappett 和 R. F. Craig 的 *Craig's Soil Mechanics* 4.6 节。对于砂土地层，初始压缩沉降在荷载施加后瞬间就完成，不会引起工后沉降，主固结沉降在地基处理后道面结构施工完成后根据经验可完成 80%，蠕变沉降全部为工后沉降的组成部分。由于珊瑚砂的特性，类蠕变沉降就是珊瑚砂在长期竖向荷载作用下的结构调整而产生的类蠕变变形，竖向荷载作用下引起的竖向类蠕变变形称为次压缩。

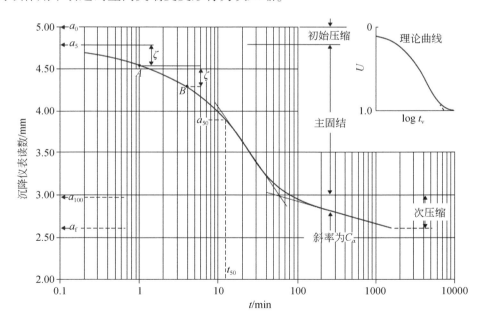

图 6.3　沉降组成部分（引自 Knappett and Craig，2012）

1）初始压缩沉降计算

初始压缩沉降，按照无限半空间弹性模型考虑，采用弹性力学公式计算。

$$S_d = \omega \frac{1-\mu^2}{E} B p_0 \tag{6.1}$$

式中，S_d 为初始压缩沉降，mm；ω 为沉降影响系数，对于矩形跑道，取 2.54；μ 为泊松比，取 0.3；E 为弹性模量或变形模量，MPa；B 为跑道宽度，取 60m；p_0 为跑道均布荷载，kPa。

2）主固结沉降计算

主固结沉降采用 *Craig's Soil Mechanics* 中推荐公式进行计算。

$$S_c = \sum_{i=1}^{n} \frac{H_i}{1+e_0} C_c \log \frac{\sigma_1'}{\sigma_0'} \tag{6.2}$$

式中，S_c 为主固结沉降，m；H_i 为各土层厚度，m；e_0 为孔隙比；C_c 为压缩指数；σ_1' 为施工后的有效应力，kPa；σ_0' 为有效自重应力，kPa；n 为计算沉降的土层数。

参考 *Fundamentals of Soil Behavior* 书中表 10.30（Mitchell and Soga，2005）。砂的压缩指数（C_c）经验值为 0.004~0.1。根据第三章中的关于 C_c 的试验计算结果，在振动碾压影响深度范围内的①层 C_c 取 0.05，影响深度以下①层 C_c 取 0.1、②层 C_c 取 0.05、③层 C_c 取 0.005。

3）类蠕变沉降计算

类蠕变沉降计算公式为

$$S_{cr} = \psi_c S_{cr}' = \psi_c \frac{C_\alpha}{1+e_0} H \log \frac{t_f}{t_i} \tag{6.3}$$

式中，S_{cr} 为类蠕变沉降，mm；S_{cr}' 为计算的类蠕变沉降，mm；ψ_c 为类蠕变沉降修正系数；C_α 为类蠕变系数；e_0 为初始孔隙比；H 为计算土层厚度，mm；t_f 为类蠕变计算时间；t_i 为类蠕变起始时间。

6.3.2 珊瑚砂地基工后沉降变形计算和控制技术

采用分层总和法计算珊瑚砂地基总工后沉降变形。其中，由于地基处理深度地层范围内珊瑚砂密实度增加，其类蠕变特性和下层原状珊瑚砂有所不同，需分两层分别进行类蠕变沉降计算。

以马尔代夫维拉纳国际机场改扩建工程地基振动处理深度为 5.6m 为例，第一层为振动影响深度范围内（5.6m 厚），第二层为振动影响深度范围以下部分，如图 6.4 所示。通过室内压缩实验测定原状和处理后珊瑚砂的类蠕变系数（C_α）分别为 0.00258 和 0.00100（分别对应干密度为 1.43g/cm³ 和 1.60g/cm³ 的试样，压缩曲线见 3.3.2 节）。

式（6.3）中的类蠕变沉降修正系数 ψ_c，是因为室内类蠕变试验试样的应力-应变状态与地基土实际应力-应变状态不一致，以及室内重塑样与现场土层的物理力学性质不完全一致等因素而提出的修正因子，可通过现场观测值与理论计算值的对比反演分析来进行。

通过计算的工后变形与地基跑道工后变形限值的对比，来确定地基处理方法的适用性，如果工后变形超过限值，则需要提高地基处理深度和密实度要求，重新计算工后变形达到限值以内。

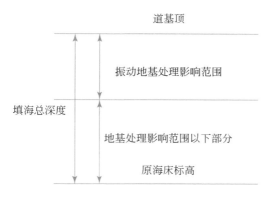

图 6.4 类蠕变沉降分层计算示意图

6.4 机场跑道吹填珊瑚砂地基处理技术

6.4.1 珊瑚砂地基处理机理

对可采用的珊瑚砂地基处理方法进行对比，各方法优缺点见表 6.2。

表 6.2 地基处理方法优缺点对比

地基处理方法	优点分析	缺点分析	可行性建议
振冲法	此方法处理深度较深且容易达到预想的地基处理效果	此方法工期较长、成本较大，且施工时产生的振动会影响现有跑道的使用	综合考虑不建议采用振冲法进行地基处理
强夯法	此方法对地下水位以上珊瑚砂处理效果较好	此方法在处理地下水位以下的地层时，效果难以控制，且施工时产生的夯击振动会影响现有跑道的正常使用	综合考虑不建议采用强夯法进行地基处理
冲击碾压	此方法成本低、工期短、施工工艺相对简单、施工影响范围小，不会影响已有跑道的正常使用	处理深度相对较浅，无法对较深部的地层进行有效的处理	可通过现场小区试验来确定是够可以达到地基处理目标
振动碾压	此方法成本低、工期短、施工工艺相对简单、施工影响范围小，不会影响已有跑道的正常使用	处理深度相对较浅，无法对较深部的地层进行有效的处理	可通过现场小区试验来确定是够可以达到地基处理目标

珊瑚砂具有表面粗糙、布满孔隙、颗粒之间具有咬合以及砂颗粒之间的摩擦力较大的特征，珊瑚砂具有结构性，砂颗粒不如石英砂那样易于发生运动以达到更为稳定的状态，但是随着时间的增长，珊瑚砂在外界因素的影响下仍然会继续向更为稳定的状态移动。珊瑚砂的这种结构特性使得珊瑚砂具有类蠕变特性，地基处理的主要目标之一就是降低其类

蠕变特性，减小地基的工后变形。

通过对珊瑚砂施加振动可以降低其类蠕变系数，减小其类蠕变性。振动碾压对珊瑚砂地基进行处理，本质上是其振动作用，因此提出了对珊瑚砂地基处理最有效的振动碾压法，建立了一套振动碾压法珊瑚砂地基处理施工工艺和质量检测技术体系。

6.4.2　机场跑道吹填珊瑚砂地基处理施工工艺和质量检验方法

6.4.2.1　地基处理施工工艺

地基处理施工工序见图6.5所示。

图6.5　地基处理施工工序图

1）洒水

为了使碾压处理达到最佳效果，在碾压施工前，采用容量为12m³的洒水车对待碾压区进行洒水作业，地表略有积水即可终止洒水。洒水作业完成后即可开始碾压施工，洒水作业照片见图6.6。

图6.6　洒水作业照片

通过对比碾压完成后喷洒海水以及喷洒淡水区域内的动力触探、地基反应模量、CBR以及干密度等指标，碾压过程中喷洒海水或喷洒淡水对碾压效果影响不大。

2）振动碾压

振动碾压是碾压机用动力使偏心块高速运转产生振动力，并结合设备自身重力，共同作用，以此达到使地基土密实的效果。采用 26t（吹填深度小于 6m）及 36t（吹填深度大于 6m）振动碾压设备，振动频率为 20~30Hz，表面碾压 20 遍，如图 6.7 所示。

图 6.7　振动碾压施工照片

6.4.2.2　地基处理质量检测指标

在道路、机场场道的道基检测中，往往会采用压实度指标，但珊瑚砂无法取得最大干密度指标，从而对道基的检测带来不便。

通过珊瑚砂地基处理前后原位测试指标和干密度对比关系，珊瑚砂在重型圆锥动力触探击数达到 5 击以上后，其承载力、地基反应模量及 CBR 指标均能满足设计要求，在干密度达到 1.60g/cm³ 后，其蠕变系数显著降低，工后沉降在可接受范围以内。因此，在无法取得珊瑚砂压实度的情况下，可以采用重型圆锥动力触探击数指标及珊瑚砂干密度指标来作为地基处理后的道基验收指标。

从工程珊瑚砂地基处理前后的圆锥动力触探试验（dynamic penetration test，DPT）结果得出，采用 26t 振动碾压机处理后影响深度约为 4.5m，采用 36t 振动碾压机处理后影响深度约为 6.1m。

6.5　马尔代夫维拉纳国际机场改扩建工程机场跑道地基处理工程[①]

马尔代夫维拉纳国际机场改扩建工程项目中，通过沉降达标验算确定了地基处理深度和干密度指标，通过地基处理小区试验确定了施工参数，通过系列的地基处理前后原位测试指标和干密度对比关系测定了珊瑚砂地基处理实际深度、处理效果。并且计算得到了机场跑道工后沉降预测曲线，与实际监测结果进行了对比，两者发展趋势较为一致，验证了本章地基处理方法可以满足飞行区场道工程对地基基础沉降控制的要求。

6.5.1　地基处理小区试验

（1）小区试验时采用振动碾压和冲击碾压两种碾压方式。

（2）根据地层条件和土基顶标高两个因素共设置 5 个试验区。通过试验区 I 确定振动碾压和冲击碾压的地基处理效果，选择效果较好的碾压方式进行试验区 II ~ V 的小区试验。

（3）现场珊瑚砂填土由于地下水较高，压实度检测困难，通过动力触探检测间接反映压实度指标，动力触探的检测标准通过小区试验确定。

1）试验场地的选取

根据原有陆域区、新填海区和吹填珊瑚砂的厚度，将场地划分为 3 个区域，区域 A、区域 B 和区域 C。试验共选取了 5 个试验区，具体如下。

（1）试验区 I：位于新吹填海域新建跑道位置，小区内地面标高约 1.7m，在 100m×25m 的范围内采用冲击碾压处理；在 50m×25m 的范围内采用振动碾压处理。

（2）试验区 II：位于原有陆域新建跑道位置，小区内地面标高约 1.5m，填土厚度约 0.8m，试验范围为 80m×50m，碾压方式采用通过试验区 I 比完成后比选出的较优处理方法。

（3）试验区 III：位于原有陆域新建跑道位置，小区内地面标高约 1.0m，填土厚度约 0.3m，试验范围为 30m×30m，碾压方式采用通过试验区 I 比完成后比选出的较优处理方法。

（4）试验区 IV：位于原有陆域新建跑道位置，小区内地面标高约 1.7m，填土厚度约 1.0m，试验范围为 40m×30m，碾压方式采用通过试验区 I 比完成后比选出的较优处理方法。

（5）试验区 V：位于新吹填海域新建跑道位置，小区内地面标高约 1.8m，填土厚度约 9.0m，试验范围为 100m×40m，碾压方式采用通过试验区 I 比完成后比选出的较优处理方法。

场地的位置见图 6.8。

---

① 中航勘察设计研究院有限公司，2018，马尔代夫易卜拉欣·纳西尔国际机场改扩建工程地基处理科研报告。

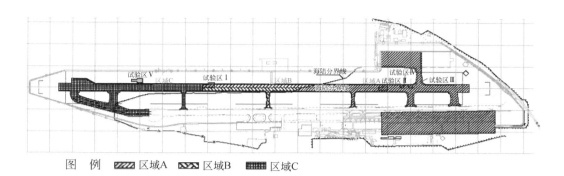

图例　▨ 区域A　⬙ 区域B　▦ 区域C

图 6.8　场地划分及试验区布置示意图

2）试验工序及碾压遍数要求

各试验区碾压方式及遍数要求详见图 6.9。

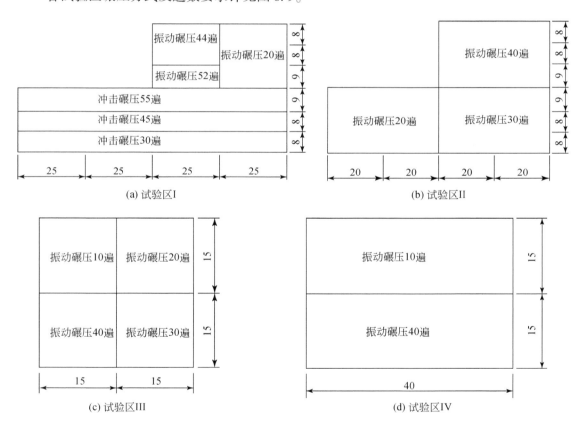

(a) 试验区 I　　　　　　　　　　　　　　　　(b) 试验区 II

(c) 试验区 III　　　　　　　　　　　　　　　(d) 试验区 IV

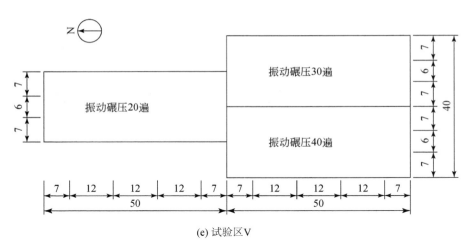

(e) 试验区V

图 6.9　各试验区碾压方式及遍数图（单位：m）

3）冲击碾压

小区试验中对比采用了冲击碾压，冲击碾压是由牵引车带动多边形轮滚动，多边形滚轮的大小半径产生位能落差与行驶的动能相结合，沿地面对土石材料进行静压、搓揉、冲击的连续冲击碾压作业，形成高振幅、低频率的冲击压实。冲击碾压区采用 26kJ 冲击势能碾压设备，冲击碾压车见图 6.10。

图 6.10　冲击碾压施工

4）检测项目

试验区检测项目包括浅层平板静载荷试验、地基反应模量（K）试验、加州承载比（CBR）试验、动力触探、密度检测、压缩试验等。其中，在新吹填海域和原有陆域范围进行表层沉降监测和分层沉降监测。表层沉降监测点 24 个，其中 10 个位于原有陆域；分层沉降监测点 10 个，其中 4 个位于原有陆域。监测精度要求小于 1mm。原有陆域监测频率，前两周每周一次，以后每月一次；新吹填海域监测频率，前 4 个月，每周一次，以后每半月一次，持续 4 个月，往后每月一次；试验区监测频率同新吹填海域监测频率一样。

5）小区试验结果

各试验小区冲击碾压及振动碾压参数及地表下沉量见表 6.3，通过小区试验，确定了地基处理的方式和施工参数。

表6.3　小区试验碾压参数及地表下沉量一览表

试验区	碾压方法	设备自重（能量）	碾压遍数/遍	地表下沉量/mm
I	冲击碾压	26kJ	20	122.82
			44	176.08
			52	195.23
	振动碾压	26t	30	194.73
			45	215.31
			55	229.49
II	振动碾压	26t	20	106.81
			30	126.4
			40	138.21
III	振动碾压	26t	10	49.66
			20	83.59
			30	95.71
			40	108.55
IV	振动碾压	26t	10	44.66
			20	51.73
V	振动碾压	36t	20	403.49
			30	489.02
			40	532.67

6.5.2　工后沉降预测和实测结果

6.5.2.1　确定类蠕变沉降修正系数

建立的工后沉降计算方法中，需要确定类蠕变沉降修正系数（ψ_c），可通过现场观测值与理论计算值的对比反演分析来进行。

通过在吹填完成后即在吹填完工面进行了沉降观测，沉降观测点布置如图 6.11 所示，沉降观测的数据如图 6.12 所示。选取有代表性的沉降观测点 5# 和 6# 进行分析，这两个点周围吹填厚度分别为 9.6m 和 9.3m，沉降观测时间从 2016 年 11 月 20 日至 2017 年 3 月 31 日，共持续观测了 4 个月，详细观测数据见表 6.4，从图 6.12 和表 6.4 的数据分析认为从 吹填完成后 1 个月的 2016 年 12 月 22 日至 2017 年 3 月 23 日 3 个月 5#、6#点分别发生了 4.4mm 和 7.2mm 的沉降，因为无附加荷载、原海底地层模量较大，可忽略主固结沉降，因此后 3 个月观测到的沉降可认为是类蠕变沉降，通过计算 3 个月的类蠕变沉降与实测的 类蠕变沉降进行比较可以得到类蠕变沉降修正系数（ψ_c），计算参数和结果见表 6.5。

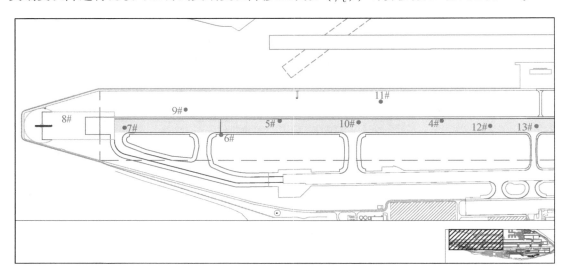

图 6.11　地基处理前沉降观测点布置图

图 6.12　地基处理前沉降观测曲线图

表 6.4　5#、6#点沉降观测结果表　　　　　　　　（单位：mm）

日 期	5#	6#	日 期	5#	6#	日 期	5#	6#
2016-11-20	0	0	2017-01-16	−8.8	−17.1	2017-03-03	−10.7	−22.3
2016-11-27	−3.1	−6.8	2017-01-25	−8.7	−18.1	2017-03-14	−10.6	−19.7
2016-12-05	−4.5	−10.9	2017-02-03	−9.8	−19.8	2017-03-23	−10.6	−22.4
2016-12-15	−6.7	−14.4	2017-02-11	−9.9	−19.2	2017-03-31	−11.3	−20.6
2016-12-22	−6.2	−15.2	2017-02-17	−9.5	−19.0	类蠕变沉降	4.4	7.2
2017-01-05	−7.6	−16.8	2017-02-25	−9.7	−19.5			

注：类蠕变沉降为 2016 年 12 月 22 日至 2017 年 3 月 23 日 3 个月期间发生的。

表 6.5　类蠕变修正系数计算表

点号	C_α	e_0	H/mm	$t_\text{f}/月$	$t_\text{i}/月$	实际类蠕变沉降 (S_cr) /mm	计算类蠕变沉降 (S_cr') /mm	ψ_c
5#	0.00258	0.891	9600	4	1	4.4	7.89	0.56
6#	0.00258	0.891	9300	4	1	7.2	7.64	0.94

表 6.5 选取两个代表性的沉降观测点 5#、6#的沉降观测结果，用反演法计算得到了类蠕变沉降修正系数为 0.56、0.94，综合后取马尔代夫维拉纳国际机场改扩建工程的类蠕变沉降修正系数（ψ_c）为 0.75。

6.5.2.2　工后沉降计算预测

采用建立的工后沉降计算方法预测机场跑道工后沉降。在跑道区域选取典型的勘察孔位置进行计算分析。图 6.13 为吹填区域的勘察孔平面布置图，对应的地层剖面信息见表 6.6。

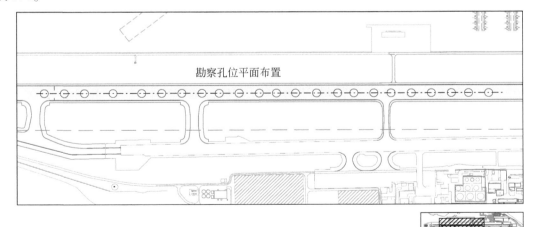

图 6.13　填海区域勘察孔平面布置图

表 6.6　填海区域勘察孔剖面信息表

钻孔编号	孔口标高	①层底标高	②层底标高	③层底标高
E9	1.62	−7.58	−9.58	−10.28
E10	1.65	−7.55	−10.35	−10.85
E12	1.64	−7.86	−9.56	−10.06
E14	1.65	−8.45	−10.85	−11.45
E16	1.61	−6.59	−9.59	−10.49
E18	1.58	−6.82	−9.82	−10.32
E19	1.55	−6.85	−8.95	−9.85
E21	1.32	−5.88	−9.18	−10.28

　　计算机场跑道工后 15 年（183 个月）内的沉降。工后沉降起始计算时间考虑为 3 个月。工后沉降由两部分组成，道面荷载引起的主固结沉降量的 20% 和类蠕变沉降。主固结沉降计算见表 6.7。类蠕变沉降计算分为振动影响深度范围内沉降（S_{cr1}）和振动影响深度范围以下沉降（S_{cr2}）两部分计算，计算结果表 6.8 和表 6.9。工后沉降计算汇总见表 6.10。

表 6.7　振动影响深度范围内固结沉降计算表

钻孔编号	C_c	e_0	H_i/mm		σ_1'	σ_0'	S_i/mm	S_c/mm
E9	0.0326	0.738	①层水位以上	1320	26.14	12.14	8.25	26.74
	0.0326	0.738	①层水位以下	4280	60.12	46.12	9.24	
	0.0500	0.891	①层水位以下	3600	98.86	84.86	6.31	
	0.0500	0.800	②层	2000	125.68	111.68	2.85	
	0.0050	0.750	③层	700	139.15	125.15	0.09	
E10	0.0326	0.738	①层水位以上	1350	26.42	12.42	8.30	27.62
	0.0326	0.738	①层水位以下	4250	60.52	46.52	9.11	
	0.0500	0.891	①层水位以下	3600	99.11	85.11	6.30	
	0.0500	0.800	②层	2800	129.89	115.89	3.85	
	0.0050	0.750	③层	500	146.30	132.30	0.06	
E12	0.0326	0.738	①层水位以上	1340	26.33	12.33	8.28	26.62
	0.0326	0.738	①层水位以下	4260	60.38	46.38	9.15	
	0.0500	0.891	①层水位以下	3900	100.44	86.44	6.72	
	0.0500	0.800	②层	1700	127.18	113.18	2.39	
	0.0050	0.750	③层	500	138.15	124.15	0.07	
E14	0.0326	0.738	①层水位以上	1350	26.42	12.42	8.30	28.14
	0.0326	0.738	①层水位以下	4250	60.52	46.52	9.11	
	0.0500	0.891	①层水位以下	4500	103.34	89.34	7.52	
	0.0500	0.800	②层	2400	136.37	122.37	3.14	
	0.0050	0.750	③层	600	151.31	137.31	0.07	

钻孔编号	C_c	e_0	H_i/mm		σ_1'	σ_0'	S_i/mm	S_c/mm
E16	0.0326	0.738	①层水位以上	1310	26.05	12.05	8.23	26.89
	0.0326	0.738	①层水位以下	4290	59.98	45.98	9.29	
	0.0500	0.891	①层水位以下	2600	94.08	80.08	4.81	
	0.0500	0.800	②层	3000	121.15	107.15	4.44	
	0.0050	0.750	③层	900	140.59	126.59	0.12	
E18	0.0326	0.738	①层水位以上	1280	25.78	11.78	8.17	27.18
	0.0326	0.738	①层水位以下	4320	59.58	45.58	9.43	
	0.0500	0.891	①层水位以下	2800	94.78	80.78	5.14	
	0.0500	0.800	②层	3000	122.79	108.79	4.38	
	0.0050	0.750	③层	500	140.19	126.19	0.07	
E19	0.0326	0.738	①层水位以上	1250	25.50	11.50	8.11	26.15
	0.0326	0.738	①层水位以下	4350	59.19	45.19	9.56	
	0.0500	0.891	①层水位以下	2800	94.53	80.53	5.15	
	0.0500	0.800	②层	2100	118.09	104.09	3.20	
	0.0050	0.750	③层	900	133.07	119.07	0.12	
E21	0.0326	0.738	①层水位以上	1020	23.38	9.38	7.59	27.04
	0.0326	0.738	①层水位以下	4580	56.13	42.13	12.74	
	0.0500	0.891	①层水位以下	1600	87.00	73.00	1.22	
	0.0500	0.800	②层	3300	110.86	96.86	0.94	
	0.0050	0.750	③层	1100	132.80	118.80	0.03	

表 6.8　振动影响深度范围内类蠕变沉降计算表

ψ_c	C_α	e_0	H/mm	t_f/月	t_i/月	S_{cr1}/mm
0.75	0.001	0.738	5600	183	3	4.3

表 6.9　振动影响深度范围以下类蠕变沉降计算表

钻孔编号	ψ_c	C_α	e_0	H/mm	t_f/月	t_i/月	S_{cr2}/mm
E9	0.75	0.00258	0.891	3580	183	3	6.5
E10	0.75	0.00258	0.891	3550	183	3	6.5
E12	0.75	0.00258	0.891	3860	183	3	7.1
E14	0.75	0.00258	0.891	4450	183	3	8.1
E16	0.75	0.00258	0.891	2590	183	3	4.7
E18	0.75	0.00258	0.891	2820	183	3	5.2
E19	0.75	0.00258	0.891	2850	183	3	5.2

续表

钻孔编号	ψ_c	C_α	e_0	H/mm	$t_f/月$	$t_i/月$	S_{cr2}/mm
E21	0.75	0.00258	0.891	1880	183	3	3.4

表 6.10 工后沉降计算汇总表

钻孔编号	主固结沉降 (S_c) /mm	20% 主固结 沉降/mm	S_{cr1}/mm	S_{cr2}/mm	工后沉降/mm	孔间距/m	差异沉降 /‰
E9	26.7	5.3	4.3	6.5	16.1		
E10	27.6	5.3	4.3	6.5	16.3	74.7	0.002
E12	26.6	5.3	4.3	7.1	16.7	74.6	0.005
E14	28.1	5.6	4.3	8.1	18.0	114.5	0.011
E16	26.9	5.4	4.3	4.7	14.4	111.3	0.033
E18	27.2	5.4	4.3	5.2	14.9	77.0	0.007
E19	26.1	5.2	4.3	5.2	14.7	74.1	0.003
E21	27.0	5.4	4.3	3.4	13.1	75.9	0.021

计算结果表明工后最大沉降量和差异沉降均能满足跑道对沉降的要求，最大沉降不大于 300mm，最大差异沉降不大于 1.5‰。

6.5.2.3 工后沉降观测结果及与预测对比

在试验区 V 试验完成后，在试验区范围内设置了沉降观测点，进行了沉降观测。试验区 V 吹填完成时间为 2016 年 11 月 20 日，试验完成时间为 2017 年 8 月 10 日。试验区 V 内设置了 6 个沉降观测点，编号为 Y19、Y20、Y21、Y22、Y23 和 Y24，观测点布置见图 6.14，原海床标高约为 -8.7m，吹填厚度约为 10.3m。工后沉降预测计算值与观测数据对比见图 6.15 和表 6.11。

图 6.14 试验区 V 沉降观测点布置图

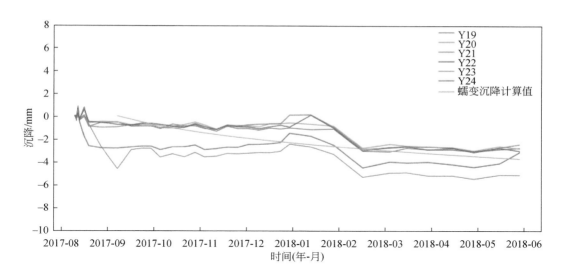

图 6.15　类蠕变沉降计算值与观测数据对比图

表 6.11　类蠕变沉降计算值与观测数据对比表

日期	Y19	Y20	Y21	Y22	Y23	Y24	类蠕变沉降 计算值
2017-08-10	0.00	0.00	0.00	0.00	0.00	0.00	
2017-08-11	0.03	-0.05	-0.19	-0.3	-0.45	0.01	
2017-08-12	0.01	0.31	0.88	0.66	0.46	0.25	
2017-08-13	-0.35	-0.29	-0.37	-0.51	-0.31	-0.32	
2017-08-16	0.78	0.62	-0.07	-1.78	0.09	0.59	
2017-08-19	-0.91	-0.60	-0.90	-2.62	-0.73	-0.48	
2017-08-27	-0.58	-0.48	-0.99	-2.81	-2.66	-0.56	
2017-09-07	-0.53	-0.52	-0.96	-2.83	-4.64	-0.74	0
2017-09-16	-0.90	-0.78	-0.76	-2.72	-2.96	-0.78	-0.28
2017-09-23	-0.88	-0.73	-0.86	-2.64	-2.84	-0.63	-0.51
2017-09-29	-0.88	-0.73	-0.86	-2.64	-2.84	-0.63	-0.69
2017-10-05	-1.02	-1.04	-1.11	-2.96	-3.61	-0.73	-0.85
2017-10-13	-1.05	-0.93	-0.70	-2.70	-3.32	-0.87	-1.04
2017-10-21	-1.00	-0.74	-0.86	-2.69	-3.59	-0.97	-1.21
2017-10-28	-0.73	-0.52	-0.85	-2.53	-3.19	-0.65	-1.35
2017-11-03	-1.04	-0.77	-1.09	-2.95	-3.59	-0.91	-1.47
2017-11-11	-1.32	-1.15	-1.15	-2.85	-3.52	-1.16	-1.61
2017-11-18	-0.89	-0.77	-0.83	-2.72	-3.28	-0.79	-1.73
2017-11-25	-1.09	-0.81	-0.88	-2.73	-3.31	-0.93	-1.84

续表

日期	Y19	Y20	Y21	Y22	Y23	Y24	类蠕变沉降计算值
2017-12-02	-1.08	-0.84	-0.75	-2.47	-3.25	-0.94	-1.94
2017-12-09	-1.22	-0.93	-0.70	-2.46	-3.20	-1.09	-2.04
2017-12-16	-1.03	-0.66	-0.67	-2.41	-3.21	-0.92	-2.14
2017-12-23	-1.11	-0.65	-0.66	-2.30	-3.08	-0.79	-2.23
2017-12-29	-1.02	-0.58	0.11	-1.48	-2.44	-0.94	-2.31
2018-01-12	-1.16	-0.69	0.14	-1.74	-2.69	0.11	-2.48
2018-01-27	-1.11	-0.86	-0.94	-2.52	-3.34	-1.03	-2.65
2018-02-15	-3.06	-2.80	-2.90	-4.52	-5.34	-3.02	-2.85
2018-03-05	-3.12	-2.44	-2.78	-4.00	-4.97	-2.71	-3.03
2018-03-16	-2.79	-2.59	-2.66	-4.08	-4.94	-2.64	-3.13
2018-03-30	-2.92	-2.67	-2.68	-4.02	-5.22	-2.94	-3.26
2018-04-15	-2.94	-2.73	-2.76	-4.24	-5.22	-2.81	-3.39
2018-04-29	-3.10	-3.04	-3.18	-4.47	-5.50	-3.09	-3.51
2018-05-16	-2.91	-2.63	-2.74	-4.14	-5.15	-2.79	-3.64
2018-05-29	-2.80	-2.84	-2.46	-3.16	-5.17	-3.05	-3.74

从表6.11中的对比结果可以看出，工后沉降的预测值和沉降观测值较为接近，预测值比沉降观测值略大。

6.6　本 章 小 结

通过对珊瑚砂基本特性的研究分析，建立了珊瑚砂地区地基处理的合理方法及地基处理后地基检测的手段，提出了吹填珊瑚砂压缩特性和地基沉降变形控制技术。

（1）根据珊瑚砂工程特性和飞行区地基的受力特性需求，确定了地基处理方法和处理深度；通过地基处理小区试验，确定了地基处理施工工艺和参数，形成了吹填珊瑚砂机场跑道地基处理技术和检测方法。

（2）通过室内试验和原位沉降监测揭示了印度洋珊瑚砂的压缩特性和长期沉降变形规律、机理及影响因素，提出了珊瑚砂地层长期沉降的计算公式和参数确定方法；提出了可以采用重型动力触探指标用于振动法地基处理深度检测，原位干密度测试指标用于振动法地基处理质量控制的方法；最后阐明了珊瑚砂地层沉降变形的分类和工后沉降组成，形成了机场跑道吹填珊瑚砂地基工后沉降控制技术体系。

第7章　机场跑道基层水泥稳定
珊瑚砂砾应用技术

7.1　研究背景

7.1.1　工程背景及意义

机场跑道基层，一般分为无机结合料稳定类基层、沥青稳定类基层和粒料稳定类基层。无机结合料稳定类基层具有稳定性好、抗冻性能强、结构本身自成板体等特点，常被用于国内机场尤其是大型国际枢纽机场、干线机场的跑道基层中，并且一般选用水泥稳定碎石作为基层。例如，北京大兴国际机场的跑道、滑行道上下基层均为水泥稳定碎石（图7.1），国内建设规模最大的上海浦东国际机场第一、二、三、四、五跑道上下基层设计均为水泥稳定碎石，上海虹桥西跑道上下基层也均为水泥稳定碎石。

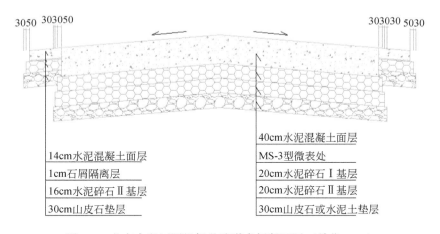

图 7.1　北京大兴国际机场北跑道东侧断面图（单位：cm）

通过吹填围海造地建设完成的香港机场，其飞行区场道工程基层均为碎石集料，正在建设中的第三跑道，其结构层主要为710mm级配碎石+131mm沥青混凝土，基层同样为碎石结构。

国外多数机场基层设计偏向于使用碎石层，包括水泥碎石或级配碎石。如近年建设完成的阿联酋阿布扎比机场扩建工程，其机坪、滑行道基层为250mm厚级配碎石+200mm厚水泥碎石。美国较多的机场，如肯尼迪、芝加哥机场等，其基层均采用级配碎石层。

无论采用水泥稳定碎石还是级配碎石作为跑道基层，其原材均需大量不同粒径的碎石。然而远洋岛礁大多远离大陆，交通不便，且当地资源通常十分匮乏，几乎所有物资全部依赖海运，包括砂、石在内的地材，均需从相邻大陆采购，数量多、品种杂，给施工组织带来很大的难度，且材料采购成本高。若采用传统的砂、石集料等进行工程建设，则存在海上运输任务艰巨风险大，运输成本过高等难题，严重制约项目的大规模建设、管理和资源开发利用。

珊瑚砂是岛礁中特有的建筑材料，其具有表面粗糙、布满孔隙、颗粒之间具有咬合以及砂颗粒之间的摩擦力较大的特点。珊瑚砂在工程性质上与普通石英砂有本质区别，珊瑚砂的结构强度较好，砂颗粒不如石英砂那样易于发生运动而调整结构；高压缩性、高孔隙比，具有比普通石英砂更高的内摩擦角。珊瑚砂颗粒在水泥稳定珊瑚砂材料中具有明显的吸水、释水作用，有利于提高珊瑚砂颗粒与水泥界面结合能力，而且水泥石能依附于珊瑚砂颗粒孔生长，形成嵌套结构，因此，研究岛礁道面基层材料中用珊瑚砂替代传统砂石可行。

7.1.2　国内外研究现状

对于远洋岛礁，无论原有陆域还是新吹填陆域形成材料均为珊瑚砂，可因地制宜，就地取材合理利用珊瑚砂。第二次世界大战后期，由于战事美日需在太平洋区域修建工事及其他建筑，这些建筑大多选用珊瑚材料充当了混凝土的骨料。Howdyshell（1974）研究得出珊瑚粗骨料可以用于配制混凝土，但必须控制珊瑚骨料的氯盐含量。Arumugam 和 Ramamurthy（1996）研究指出珊瑚骨料混凝土具有早期强度增长快，后期强度发展慢的特点。由于珊瑚骨料自己的强度低，导致同等水灰比下的普通混凝土强度要高于珊瑚骨料混凝土。目前，国内也有部分学者对此展开研究，王以贵（1988）分析了珊瑚碎块、珊瑚细砂以及各种配合比下的珊瑚混凝土，认为在边远的岛、礁可将当地珊瑚砂作混凝土的粗、细骨料，并可在防波堤、防砂堤、挡墙、护岸、消浪块体以及路面工程等港工构筑物中应用。苏家驹（2018）根据珊瑚砂的特性进行珊瑚礁砂的配合比设计，研究认为珊瑚礁砂在基层上应用是可行的，可节约砂石资源，值得推广应用。王红凯等（2018）选用多为小于9.5mm 粒径的珊瑚礁砂配置水泥稳定珊瑚砂用于路面底基层施工，通过实验发现水泥稳定珊瑚砂早期强度发展较快，后期趋于稳定，且水泥含量越多，无侧限抗压强度、劈裂强度越大，与普通水泥稳定砂砾类似，可满足路面底基层强度要求，用于路面工程建设。

综上所述，国内外学者对珊瑚砂的研究证实了其可作为骨料应用于混凝土及道路基层，可解决岛礁施工材料匮乏等问题。本章着重对珊瑚砂砾应用于岛礁机场跑道基层的技术要求、配合比设计、施工技术及其重难点进行分析，为机场、道路、码头堆场等场道工程的应用提供技术支持。

7.1.3　本章内容

本章研究建立岛礁上珊瑚砂替代普通石英砂铺筑机场路面基层的建造技术。珊瑚砂作为水稳层的重要组成部分，研究表明其在水稳层中主要起填充、骨架作用，通过分析珊瑚砂的物理特性、成分等基本性能，设计满足结构受力和施工质量要求的珊瑚砂类水稳层。本章主要介绍马尔代夫维拉纳国际机场改扩建工程跑道基层工程应用，以期为远洋岛礁场道基层工程提供技术借鉴。

7.2　机场道面（下）基层技术要求

用珊瑚砂替代普通石英砂铺筑机场路面基层，需要满足相关标准技术要求。水泥稳定珊瑚砂砾（下）基层应用技术，需要满足机场道面（下）基层技术要求。

机场道面的早期破坏很多都是由于基层质量不合格引发的，基层质量决定了道面的使用性能和寿命。基层作为道面结构承重层，需要具有足够的强度、刚度和稳定性，才能在飞机荷载作用下不会产生过多的残余变形，不易产生剪切破坏和弯拉破坏，起到稳定路面、传递荷载的作用。珊瑚岛礁年雨水充沛、蒸发量大，在岛礁上修筑机场道面，对其长期路用性能具有一定的技术要求。

7.2.1　一般要求

基层按照结构层的刚度分为柔性基层、半刚性基层和刚性基层；按照材料类型分为粒料类基层、沥青稳定类基层、无机结合料稳定类基层、碾压混凝土基层和贫混凝土基层。基层宜采用无机结合料稳定类、沥青稳定类和粒料类等材料。《民用机场沥青道面设计规范》（MH/T5010—2017）中第 4.4 节规定："飞行区指标 II 为 A、B 时，基层总厚度应不小于 150mm，飞行区指标 II 为 C、D、E、F 时，基层总厚度应不小于 300mm。厚度等于或大于 300mm 的基层，可分为两层或两层以上。"

7.2.2　水泥稳定类（下）基层要求

水泥稳定类材料可用于道面基层。飞行区指标 II 为 C、D、E、F 时，用作基层的水泥稳定类材料宜采用骨架密实型混合料，集料级配范围宜满足规范要求。水泥稳定类材料的压实度、7 天无侧限抗压强度代表值应满足表 7.1 的要求。

表 7.1　水泥稳定类材料的压实度及 7 天无侧限抗压强度表

层位	飞行区指标 II 为 C、D、E、F	
	压实度/%	抗压强度/MPa
上基层	≥98	≥4.0
下基层	≥97	≥2.0

普通的水泥稳定碎石基层是以级配碎石作骨料，采用一定数量的胶凝材料和足够的灰浆体积填充骨料的空隙，按嵌挤原理摊铺压实，使其压实度接近于密实度，强度则主要靠碎石间的嵌挤锁结原理，同时用足够的灰浆体积来填充骨料的空隙，因而其初期强度较

高，且强度随龄期的增长很快结成板体，使其具有较高的强度、抗渗性和抗冻性。

依据上述原理采用珊瑚砂石配制水泥稳定层，规定以大于 4.75mm 的珊瑚礁石定为碎石，小于 4.75mm 的珊瑚砂为细集料，通过合理搭配珊瑚砂石的比例提高嵌挤锁结强度，再通过合理搭配水泥、水及外加剂使其成为具有较好的水稳定性、抗裂性和满足设计要求无侧限抗压强度的半刚性材料。

7.3　水泥稳定珊瑚砂砾下基层应用技术

7.3.1　混合料成型特性

通过材料试验研究，得到了水泥稳定珊瑚砂砾下基层混合料的路用性能特性，包括强度和刚度特性、收缩性、水稳定性，得到了可以满足技术要求的水泥稳定珊瑚砂砾下基层混合料。

7.3.1.1　机场跑道下基层路用性能要求

1）强度和刚度特性要求

机场跑道下基层 7 天无侧限抗压强度要求不小于 2.5MPa。同时，道面基层必须要有与面层相匹配的刚度，才能有效抵抗飞机反复行驶所造成的累计变形。道面刚度作为路面质量控制的关键指标，具有一定的适宜范围，刚度过小，面层往往会因拉应力或拉应变过大而破坏，影响道面服务水平；而刚度过大，易产生温缩或收缩裂缝，造成道面结构损坏。

2）收缩特性要求

温度收缩是基层材料收缩主要形式，研究表明，当室外温度降到-5℃以下，材料会表现出明显的温度收缩。

受岛礁特殊的气候条件和珊瑚砂材料自身特性影响，在施工过程中温度收缩并不明显，因此研究中对水泥稳定珊瑚砂砾的收缩特性不作要求。

3）水稳定性要求

远洋岛礁一般降雨频繁，瞬时降水量较大，年均降水量常在 2000mm 以上，容易产生地面积水。过多的雨水通过路面下渗到基层，会改变路基干湿状况，易使路基软化，结构失稳。因此水泥稳定珊瑚砂砾水稳定性是评价其路用性能优良与否的关键指标，要求水泥稳定珊瑚砂砾基层材料的强度、刚度和整体性在水的作用下，不会显著下降。

7.3.1.2　水泥稳定珊瑚砂砾的力学特性

通过材料试验，研究了水泥稳定珊瑚砂砾混合料的 3 天、7 天、28 天、90 天无侧限抗压强度、劈裂强度、弯拉强度和回弹模量特性，其中包括 4%、5%、6%、7% 和 8% 5 种水泥掺量方案。

混合料按照《公路工程无机结合料稳定材料试验规程》（JTG E51—2009）进行试验。

根据击实试验确定的最大干密度和最佳含水量成型试件。当加入最佳用水量时需要预留 1%~2%，待与珊瑚砂拌和均匀并密封于塑料袋中闷料至少 2 小时后，将水泥加入闷好的珊瑚砂材料中拌合均匀，再将预留水加入开始成型。混合料拟定压实度为 98%。每组强度试件成型 13 个。具体操作为将拌合好的混合料分两次加入无侧限试模，每次用捣棒轻微插捣 10 次左右，放置于压力机下，以 1mm/min 速率加压至上下压块压入试模内后静压 15s，放置 3 小时等材料形成初始强度再脱模称重并测量试件高度。用塑料袋包裹置于标准养护室内，养生至相应龄期，并在最后一天浸水 24 小时，进行强度测试。

1）无侧限抗压强度

按照《公路工程无机结合料稳定材料试验规程》（JTG E51—2009），进行 3 天、7 天、28 天、90 天饱水无侧限抗压强度试验。将养生至龄期的试件从水中取出，用毛巾擦干表面水分，放置于压力机下，控制加载速率为 1mm/min，记录试件破坏载荷。每组试件数目为 13 个，同组数据采用 3 倍均方差剔除异常值，并保证变异系数不大于 15%，试验过程如图 7.2 所示，试验结果见表 7.2、表 7.3，以及图 7.3、图 7.4。

(a) 试验试块

(b) 无侧限抗压试验

图 7.2　无侧限抗压强度试验

表 7.2　水泥稳定珊瑚砂砾各龄期无侧限抗压强度表

类别	龄期/天	不同水泥掺量（%）的抗压强度/MPa				
		4	5	6	7	8
水泥稳定珊瑚砂砾	3	1.85	2.26	2.68	2.9	3.16
	7	2.12	2.54	3.08	3.26	3.9
	28	2.17	2.93	3.5	3.6	4.18
	90	2.36	3.12	3.78	3.92	4.65
抗压强度比（RC7/RC90）/%		89.8	81.4	81.5	83.2	83.9

表 7.3　水泥稳定普通砂各龄期无侧限抗压强度表

类别	龄期/天	不同水泥掺量（%）的抗压强度/MPa				
		4	5	6	7	8
水泥稳定普通砂	3	1.98	2.32	2.76	3.34	3.58
	7	2.38	2.80	3.19	3.63	3.78
	28	2.87	3.43	3.63	4.21	4.51
	90	3.18	3.79	4.05	4.67	4.76
抗压强度比（RC7/RC90）/%		74.8	73.9	78.8	77.7	78.5

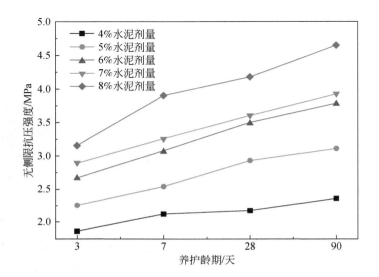

图 7.3　水泥稳定珊瑚砂砾无侧限抗压强度

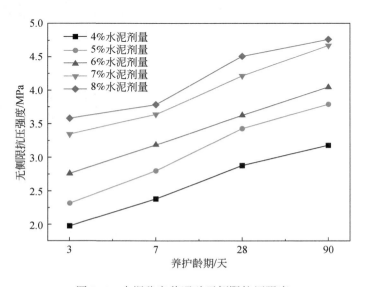

图 7.4　水泥稳定普通砂无侧限抗压强度

从图 7.3 和图 7.4 可以看出两种水泥稳定砂的无侧限抗压强度均随着龄期增加而增长，但增长速率有所不同。水泥稳定珊瑚砂砾早期强度增长较快，抗压强度比（RC7/RC90）平均值达到 83.8%，大于水泥稳定普通砂抗压强度比平均值 76.7%。原因是珊瑚砂中存在的 Cl^-、SO_4^{2-} 等充当早强剂作用，促进水泥早期水化反应，使得水泥稳定珊瑚砂砾早期强度发展较快。

从图中还可以看出，在相同龄期内，两种水泥稳定砂强度随水泥掺量增加而增大。水泥稳定珊瑚砂砾在水泥掺量小于 6% 时，水泥掺量每增加 1%，7 天强度增长 17%；在水泥掺量大于 6% 时，7 天强度增长率只有约 4%。这说明，较大的水泥掺量并不能显著提高水泥稳定珊瑚砂砾强度，选择适量的水泥掺量不仅能够满足强度要求，还可以减少收缩，节约成本。

图 7.5 比较了水泥稳定珊瑚砂与普通砂在相同水泥掺量下 7 天无侧限抗压强度大小，可以看出水泥稳定普通砂强度略高于水泥稳定珊瑚砂砾。这是因为水泥稳定珊瑚砂材料中存在部分珊瑚碎屑与普通石英砂相比，强度较小，造成混合料整体强度低于普通石英砂混合料。但珊瑚砂碎屑表面粗糙、多孔，在一定程度上增大材料内部机械咬合力，在一定程度上弥补了颗粒强度小的劣势。

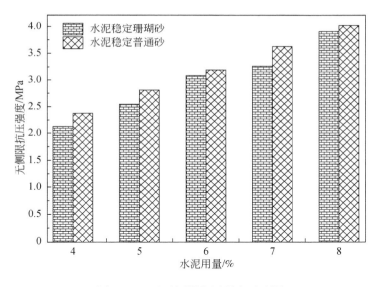

图 7.5　7 天无侧限抗压强度对比图

2）劈裂强度

劈裂强度测试试验步骤：将养生至龄期的试件从水中取出，用毛巾擦干表面水分，放置于一根宽 18.75mm，弧面半径为 75mm 的压条上，然后安装另一根压条，要保证两根压条都位于试件直径顶端并与试件紧密接触，最后开启压力机，控制加载速率为 1mm/min，记录破坏载荷。测试过程如图 7.6 所示。每组试件数目为 13 个，同组数据采用 3 倍均方差剔除异常值，并保证变异系数不大于 15%。具体测试结果见表 7.4 及图 7.7、图 7.8。

图 7.6 劈裂强度试验

表 7.4 混合料各龄期劈裂强度表

类别	龄期/天	不同水泥掺量（%）的劈裂强度/MPa				
		4	5	6	7	8
水泥稳定珊瑚砂砾	3	0.09	0.16	0.23	0.24	0.25
	7	0.16	0.26	0.31	0.32	0.48
	28	0.2	0.27	0.36	0.37	0.5
	90	0.26	0.32	0.46	0.49	0.64
水泥稳定普通砂	3	0.17	0.26	0.34	0.41	0.5
	7	0.28	0.35	0.41	0.47	0.53
	28	0.3	0.38	0.44	0.52	0.54
	90	0.33	0.41	0.46	0.53	0.55

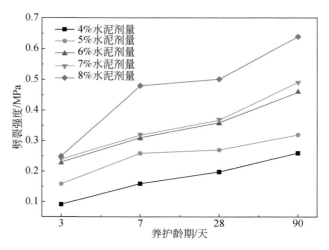

图 7.7 水泥稳定珊瑚砂砾劈裂强度

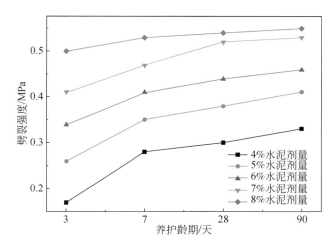

图 7.8　水泥稳定普通砂劈裂强度

从图 7.7 和图 7.8 可以看出，水泥稳定砂劈裂强度与无侧限抗压强度变化趋势相似，都随着养护龄期和水泥掺量增长而增加。相比之下，水泥稳定珊瑚砂砾随水泥用量增加，劈裂强度变化幅度更大，这是由于当水泥掺量较小时，混合料表现出软质复合材料的特性，随着水泥掺量增大，混合料向硬质复合材料转变。为研究水泥稳定珊瑚砂砾劈裂强度与抗压强度相关性，根据表 7.4，绘出水泥稳定珊瑚砂砾抗压强度与劈裂强度关系图，如图 7.9 所示。

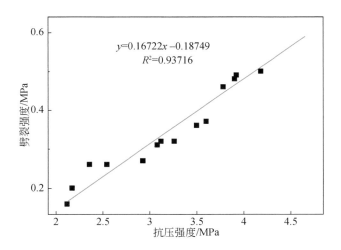

图 7.9　水泥稳定珊瑚砂砾抗压强度与劈裂强度关系图

从图 7.9 中可以看出，随着水泥稳定珊瑚砂砾抗压强度增长，劈裂强度稳定增长，且两者基本呈线性关系。劈裂强度作为路面结构层设计关键指标，相当于材料抗拉强度。建立抗压强度与劈裂强度之间关系，可以通过劈裂强度指标来计算抗压强度，又能为道面结构设计提供参数。

3) 弯拉强度

弯拉强度测试试验步骤: 将制作的 100mm×100mm×400mm 尺寸试件标准养护至 90 天龄期后, 在 CMT5423 电子多功能试验机 (图 7.10) 进行抗弯拉试验。试验以 0.20kN/min 的速度采用三分点加载至试件破坏, 并记录破坏极限荷载 F (N)。

由表 7.5 可以看出, 随水泥掺量增加, 水泥稳定砂弯拉强度逐渐增加, 但增长趋势逐渐变缓, 水泥稳定珊瑚砂砾弯拉强度与水泥稳定普通砂相差不大, 甚至略高于水泥稳定普通砂。这是因为珊瑚碎屑较普通砂砾表面更粗糙, 对裂缝约束力要大于普通砂砾。另外, 珊瑚碎屑表面的开放孔隙使其与水泥黏结强度更高, 宏观表现为弯拉强度较大。

(a) 实验试块

(b) 抗弯拉强度试验

图 7.10 抗弯拉强度试验

表 7.5 弯拉强度测试结果

类别	水泥掺量/%	90 天弯拉强度/MPa
水泥稳定珊瑚砂砾	5	0.752
	6	0.938
	7	1.321
	8	1.502
水泥稳定普通砂	5	0.782
	6	0.973
	7	1.233
	8	1.650

4) 回弹模量

回弹模量测试试验步骤为将养护至 28 天和 90 天水泥稳定砂试件提前 1 天浸水, 后用湿毛巾擦干放在 CMT5423 电子多功能试验机承压板上待测。试件经过预压后, 开始记录加载和卸载读数, 按照《公路工程无机结合料稳定材料试验规程》 (JTG E51—2009) 推算回弹模量，曲线图见图 7. 11 和图 7. 12。

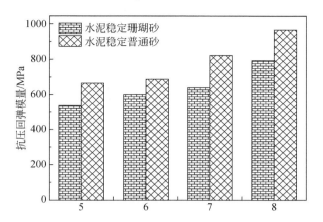

图 7. 11　水泥稳定普通砂和珊瑚砂 90 天回弹模量图

从图 7. 11 可以看出，水泥稳定砂抗压回弹模量随水泥掺量增加而增大，说明水泥稳定砂刚度逐渐增大，另外珊瑚砂比普通砂刚度小。基层材料在强度满足要求条件下，刚度越小，抵抗温度应力与收缩应力能力越强。

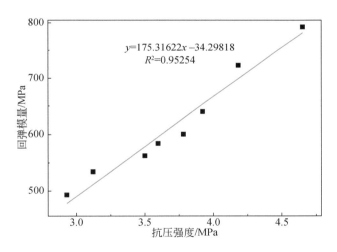

图 7. 12　水泥稳定珊瑚砂砾回弹模量与抗压强度关系图

从图 7. 12 可以看出，水泥稳定珊瑚砂砾回弹模量随着抗压强度增长而稳定增长，两者之间有很好的线性关系。根据相关路面结构研究表明，混合料模量应该均匀稳定且与面层相匹配，刚度过小，面层往往会因拉应力或拉应变过大而破坏；而刚度过大，易产生温缩或收缩裂缝，造成路面结构损坏。

研究表明：水泥稳定珊瑚砂砾与普通砂强度和刚度发展规律基本相似，都随养护龄期和水泥掺量增大而稳定增长，从而确保基层在使用后满足承载力要求。另外，水泥稳定珊瑚砂砾早期强度发展较快，这在一定程度上能够缩短工期，快速开放交通。

7.3.1.3　水泥稳定珊瑚砂砾的水稳定性

岛礁上气候反差较大，全年高温多雨，年降水量在 2000mm 以上且降雨频繁且瞬时降水量较大，路面更容易产生积水。过多的雨水通过路面下渗到基层，改变了路基干湿状况，使路基软化。这就要求水泥稳定珊瑚砂砾基层材料具有良好的水稳定性。常见的基层水损害主要分以下两类：

（1）路基软化。路基在施工碾压后，透水性差、持水性好，渗入路基内部水较难排出，基层局部易形成高含水率，饱水软化，整体刚度与强度均降低。

（2）冰冻作用。半刚性基层材料内部水在冬季与夏季易遭受冻融破坏，导致材料松散，影响路基整体稳定性。

由于岛礁全年高温气候，因此不考虑冰冻作用，只考虑第一种作用。

在路面材料性能研究中，采用软化系数来表征材料的耐水性。软化系数是耐水性性质的一个表示参数，表达式为 $K=f/F$，其中，K 为材料的软化系数，f 为材料在水饱和状态下的无侧限抗压强度，F 为材料在干燥状态下的无侧限抗压强度。软化系数的取值范围在 $0 \sim 1$，其值越大，表明材料的水稳定性或耐水性越好。

采用 5%、6%、7% 和 8% 的水泥掺量成型试件，将养护至龄期的试样分为两组，一组浸水 24 小时，另一组不浸水，测试它们的无侧限抗压强度，并同水泥稳定普通砂进行比较。

试验结果见表 7.6，试件软化前后对比如图 7.13 所示。

表 7.6　水泥稳定珊瑚砂软化系数表

水泥掺量/%	养生龄期/天	未饱水强度/MPa		饱水强度/MPa		软化系数	
		普通砂	珊瑚砂	普通砂	珊瑚砂	普通砂	珊瑚砂
5	7	2.93	2.71	2.8	2.54	0.96	0.94
	28	3.64	3.17	3.43	2.93	0.97	0.96
	90	3.86	3.48	3.79	3.12	0.98	0.98
6	7	3.36	2.93	3.19	2.88	0.97	0.98
	28	3.84	3.66	3.63	3.5	0.98	0.96
	90	4.13	3.84	4.05	3.78	0.97	0.98
7	7	3.76	3.3	3.76	3.26	0.98	0.96
	28	4.28	3.72	4.28	3.6	0.99	0.97
	90	4.37	4.03	4.73	3.92	0.99	0.97
8	7	4.12	3.8	4.01	3.9	0.98	0.98
	28	4.65	4.22	4.51	4.18	0.99	0.99
	90	5.2	4.68	5.11	4.56	0.99	0.99

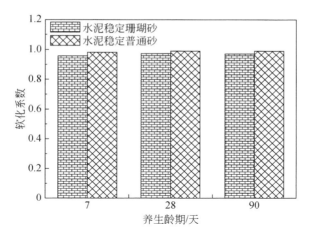

图 7.13　水泥稳定珊瑚砂和普通砂软化系数对比图

从表 7.6 可以看出，水泥稳定珊瑚砂砾各龄期软化系数均大于 0.9，且随着水泥用量和龄期增加而增大。由图 7.13 可见 7% 水泥用量下的珊瑚砂与普通砂软化系数相差不大，较多的水化产物能够填充混合料内部空隙，提高混合料密实度，增强混合料结构强度。

研究表明水泥稳定珊瑚砂砾在静水条件下具有良好的水稳定性。

7.3.2　水泥稳定珊瑚砂砾配合比设计

珊瑚砂与常规砂石材料相比，具有颗粒强度低、吸水率较大、压缩性大等特性，配合比设计与普通砂石材料有所不同。通过试验确定了水泥稳定珊瑚砂砾下基层混合料配比。

7.3.2.1　原材料及试验方法

1）原材料

试验原材料为初筛控制最大粒径 ≤50mm 的珊瑚砂、淡化海水、普通硅酸盐水泥，强度等级为 42.5MPa，并掺加水泥用量 3.0% 的缓凝剂，珊瑚砂级配检测报告如表 7.7 所示。

2）试验方法

水泥稳定层配合比设计按照《公路路面基层施工技术规范》（JTJ 034—2000）进行，无机结合料的击实、成型按照《公路工程无机结合料稳定材料试验规程》（JTG E51—2009）进行。试件在相对湿度大于 90%、温度 20±2℃ 的条件下养护 6 天、浸水 1 天。

7.3.2.2　配合比设计

水泥稳定珊瑚砂砾应用于跑道下基层，设计要求压实度为 97%，7 天无侧限抗压强度 ≥ 2.5MPa。进行了试验原材料珊瑚砂的颗粒级配复核试验，以及不同配合比的击实试验和无侧限抗压强度试验，最终确定了满足技术要求的水泥稳定珊瑚砂砾下基层生产配合比和容许延迟时间。

表 7.7　珊瑚砂级配检测报告结果表

筛前总土质量/g	4000		小于 2mm 土质量/g		2302
小于 2mm 土占总土质量/%	57. 55		小于 2mm 取试样质量/g		2302
粗筛分析				细筛分析			

孔径/mm	累计留筛土质量/g	小于该孔径土质量/g	小于该孔径土质量百分比/%	孔径/mm	累计留筛土质量/g	小于该孔径土质量/g	小于该孔径土质量百分比/%	占总土质量百分比/%
60	0	4000	100. 00	2	227	2302	100. 00	57. 55
40	392	3608	90. 20	1	405	1897	82. 41	47. 43
20	219	3389	84. 73	0. 5	618	1279	55. 56	31. 98
10	273	3116	77. 90	0. 25	607	672	29. 19	16. 80
5	587	2529	63. 23	0. 075	531	141	6. 13	3. 53
2	227	2302	57. 55	底	139	3998. 00	173. 68	99. 95
d_{60}	2. 09		d_{30}	0. 446		d_{10}	0. 213	
不均匀系数（C_u）	9. 80		曲率系数（C_c）		0. 45			
备注	d_{60}，d_{30}，d_{10} 分别为通过率 60%、30%、10% 对应的筛面尺寸							

1）筛分复核试验

对珊瑚砂进行颗粒级配试验分析，检测结果如表 7.8 所示。

表 7.8　土颗粒分析试验检测结果表

孔径/mm	累计留筛土质量/g	小于该孔径土质量/g	小于该孔径土质量百分比/%
60	0	4000	100. 00
40	392	3608	90. 20
20	219	3389	84. 73
10	273	3116	77. 90
5	587	2529	63. 23
2	227	2302	57. 55
1	405	1897	47. 43
0. 5	618	1279	31. 98
0. 25	607	672	16. 80
0. 075	531	141	3. 53
孔底	141		

注：①筛前总土质量为 4000g；②d_{60}，d_{30}，d_{10} 分别为通过率 60%、30%、10% 对应的筛面尺寸，$d_{60}=3.71$mm，$d_{30}=0.47$mm，$d_{10}=0.17$mm；③不均匀系数 $C_u=21.80$，曲率系数 $C_c=0.40$。

2）击实试验

根据《公路路面基层施工技术细则》（JTG/T F20—2015）4.6.4 节表 4.6.4 推荐有级配的碎石或砾石水泥稳定基层水泥试验剂量为 3% ~ 7%。选用 4.5%、5.0%、5.5%、6.0% 作为水泥用量进行击实试验，试验结果见表 7.9。

表 7.9　击实试验结果表

水泥剂量/%	最大干密度/（g/cm³）	最佳含水率/%
4.5	1.682	15.8
5.0	1.701	16.0
5.5	1.725	16.2
6.0	1.740	16.5

湿密度与最大干密度为

$$\rho_w = \frac{m_1 - m_2}{V} \tag{7.1}$$

$$\rho_d = \frac{\rho_w}{1 + 0.01\omega} \tag{7.2}$$

式中，ρ_w 为稳定材料的湿密度，g/cm³；ρ_d 为试样的干密度，g/cm³；m_1 为试筒与湿试样的总质量，g；m_2 为试筒与干试样的总质量，g；V 为筒的容积，cm³；ω 为试样的含水率，%。

由表 7.9 可以看出，随着水泥用量的增加，水稳珊瑚砂的最大干密度及最佳含水量均呈增大趋势。

3）无侧限抗压强度

按照《公路工程无机结合料稳定材料试验规程》（JTG E51—2009）对水泥稳定珊瑚砂砾养护 6 天、浸水 1 天，对养生后的水泥稳定珊瑚砂砾进行 7 天无侧限抗压强度试验，试验结果见表 7.10。

表 7.10　7 天无侧限抗压强度试验结果

水泥剂量/%	强度代表值/MPa	结果判定
4.5	2.1	不合格
5.0	2.4	不合格
5.5	2.8	合格
6.0	3.1	合格
6.5	3.6	合格

由表 7.10 可以看出，水稳珊瑚砂的无侧限抗压强度随着水泥剂量的增加而增加。水泥稳定珊瑚砂砾按照 5 种不同水泥掺量成型试件的 7 天无侧限抗压强度中，水泥掺量为 5.5%、6.0%、6.5% 的强度均符合设计要求。

4）确定目标配合比

经试验确定目标配合比：水泥掺量为 5.5%，缓凝剂掺量为 3%，最大干密度为 1.725g/cm³，最佳含水率为 16.2%。

5）确定生产配合比

根据《民用机场飞行区土（石）方与道面基础施工技术规范》（MH 5014—2002），厂拌法施工需要在试验室室内确定的配合比的水泥剂量基础上浮 0.5% 的水泥剂量作为生产配合比使用。

故选定生产配合比：水泥剂量为 6.0%、缓凝剂为 3%，最大干密度为 1.740g/cm³、最佳含水率：16.5%。

6）容许延迟时间

以确定配合比进行延迟试验。从加水泥拌合到无侧限制件时间延迟分别为 1 小时、2 小时、3 小时、4 小时、5 小时，经标准养护 6 天、浸水 1 天后进行无侧限抗压强度试验，延迟时间与无侧限强度的关系如图 7.14 所示。

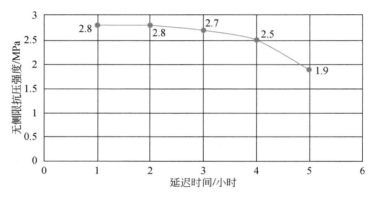

图 7.14　无侧限抗压强度与延迟时间关系图

由图 7.14 可以看出延迟时间在 4 小时以内 6% 剂量水泥稳定珊瑚砂砾无侧限抗压强度达到设计要求。因此确定 6% 剂量水泥稳定珊瑚砂砾的容许延迟时间为 4 小时。

7.4　水泥稳定珊瑚砂碎石基层应用技术

将水泥稳定珊瑚砂碎石应用于局部联络道基层，要求压实度≥98%，7 天无侧限抗压强度≥4.0MPa。

7.4.1　混合料成型特性

水泥稳定珊瑚砂碎石基层，是在水泥稳定碎石中，将珊瑚砂代替一部分石屑，经过实验室试配和现场的试验检验，混合料的成型特性与水泥稳定碎石基本保持一致。

7.4.2　水泥稳定珊瑚砂碎石配合比设计

7.4.2.1　技术指标及原材料

技术指标：7 天无侧限抗压强度≥4.0MPa。

原材料：水泥为 PT. Semen Padang Villa，等级为 42.5MPa；集料为江西瑞昌龙瑞实业产 16～31.5mm、9.5～16mm、4.75～9.5mm 碎石，0～4.75mm 石屑及 0～4.75mm 吹填珊瑚砂；水为达到施工用水标准的淡化海水；缓凝剂为掺量约占水泥的 3.0%。

7.4.2.2　配合比设计

依据《公路路面基层施工技术细则》（JTG/T F20—2015）4.5.4 节表 4.5.4 水泥稳定级配碎石或砾石的推荐级配范围，利用图解法初选及合成级配计算法调整后确定各档集料的掺配比例如表 7.11 所示。

表 7.11　混合料级配范围表

碎石规格/mm	比例/%	通过百分率（%）的级配范围/%								
		37.5	31.5	26.5	19	9.5	4.75	2.36	0.6	0.75
16～31.5	40	100	100	98.7	40.4	0.1				
9.5～16	15	100	100	100	100	58.7	31.2	0.6		
4.75～9.5	17	100	100	100	100	100	54.3	18.5	7.3	4.8
0～4.75	14	100	100	1000	100	100	100	87.1	37	13
珊瑚砂	14	100	100	100	100	100	99.2	75.3	28.8	15.6
设计级配范围/%		100	100	90～100	72～89	47～67	29～49	17～35	8～22	0～7
合成级配		100.0	100.0	99.5	76.2	53.8	41.8	26.0	10.5	4.8

1）击实试验

根据《公路路面基层施工技术细则》（JTG/T F20—2015）4.6.4 节表 4.6.4 推荐有级配的碎石或砾石水泥稳定基层水泥试验剂量为 3%～7%。选取 3.0%、4.0%、5.0% 水泥掺量的混合料进行击实试验，3.5% 和 4.5% 水泥掺量采用内插法确定，结果见表 7.12。

2）无侧限抗压强度

按照《公路工程无机结合料稳定材料试验规程》（JTG E51—2009）对水泥稳定珊瑚砂养护 6 天、浸水 1 天，对养生后的水泥稳定珊瑚砂进行 7 天无侧限抗压强度试验，试验结果如表 7.13 所示。

表 7.12　击实试验结果表

水泥掺量/%	最大干密度/(g/cm³)			最佳含水率/%		
	平行实验 I	平行试验 II	平均值	平行实验 I	平行试验 II	平均值
3.0	2.304	2.229	2.302	6.7	6.8	6.8
3.5	2.310			6.9		
4.0	2.316	2.319	2.318	6.9	7.0	7.0
4.5	2.324			7.1		
5.0	2.327	2.328	2.328	7.1	7.2	7.2

表 7.13　7 天无侧限抗压强度试验结果表

水泥掺量/%	7 天无侧限抗压强度平均值/MPa	7 天无侧限抗压强度代表值/MPa	7 天无侧限抗压强度 95% 概率值/MPa
3.0	4.5	4.4	4.1
3.5	5.4	4.4	4.9
4.0	6.9	4.5	6.2
4.5	8.7	4.4	8.0
5.0	10.8	4.5	9.6

3）确定目标配合比

依据试验结果，虽然 3% 水泥剂量满足强度要求，但考虑施工实际选用 3.5% 水泥剂量的配合比进行进一步确定。确定目标配合比：水泥剂量为 3.5%，缓凝剂为 3.0%，最大干密度为 2.316g/cm³，最佳含水率为 7.0%。

4）确定生产配合比

根据《民用机场飞行区土（石）方与道面基础施工技术规范》（MH 5014—2002）要求，厂拌法施工需在试验室室内确定的配合比的水泥剂量基础上浮 0.5% 的水泥剂量作为生产配合比使用。故确定的生产配合比：水泥剂量为 4.0%，缓凝剂为 3.0%，最大干密度为 2.316g/cm³，最佳含水率为 7.0%。

7.5　水稳（下）基层施工技术

7.5.1　原材料及配合比

7.5.1.1　原材料

1）水泥

采用普通硅酸盐水泥，强度等级为 42.5，初凝时间 2 小时，终凝时间 3 小时；为保证充足施工组织时间，终凝时间应大于 6 小时。掺加 3% 缓凝剂后，初凝时间为 3.5 小时，终凝时间为 7 小时，水泥细度、安定性、强度指标均满足《公路路面基层施工技术细则》（JTG/T F20—2015）规定。

2）珊瑚砂

珊瑚砂主要成分为文石和高镁方解石，碳酸盐含量高达96%以上，其硫酸盐含量、亚甲蓝值和有机质含量应满足《公路路面基层施工技术细则》（JTG/T F20—2015）中技术指标要求。吹填珊瑚砂经振动筛进行筛分处理，最大粒径不超过 50mm。

3）水

搅拌和养护用水采用海水淡化装置生产的淡化水，其 pH、Cl^- 含量、SO_4^{2-} 含量、碱含量、可溶物含量、不可溶物含量需满足规范要求。

4）集料

采用 16～31.5mm、9.5～16mm、4.75～9.5mm 碎石，0～4.75mm 石屑及当地自产0～4.75mm 珊瑚砂。

7.5.1.2　混合料的组成设计

混合料按照《公路工程无机结合料稳定材料试验规程》（JTG E51—2009）规定进行试验。试件在相对湿度大于90%，温度为20±2℃的条件下养生 6 天、浸水 1 天。其无侧限抗压强度符合设计要求。经过室内试验确定生产配合比为：

（1）水泥：珊瑚砂：水：缓凝剂＝6.0%：100%：16.5%：0.18%。

（2）混合料最大干密度为1.74g/cm³，最佳含水率为16.5%，水泥剂量为6%。

根据《民用机场飞行区土（石）方与道面基础施工技术规范》（MH 5014—2002），厂拌法施工需要在试验室室内确定的配合比的水泥剂量基础上浮 0.5% 的水泥剂量作为生产配合比使用。水泥稳定珊瑚砂碎石选定生产配合比：水泥剂量为 6.0%、缓凝剂为 3%，最大干密度为 1.740g/cm³、最佳含水率为 16.5%。其中，各档集料的掺配比例如下：16～31.5mm 碎石：9.5～16mm 碎石：4.75～9.5mm 碎石：0～4.75mm 石屑：0～4.75mm 珊瑚砂＝40：15：17：14：14。

7.5.2　水泥稳定珊瑚砂下基层施工工艺

7.5.2.1　施工前准备

1）下承层准备

水泥稳定珊瑚砂下基层施工前，应对土基的标高、CBR、DPT、干密度、地基反应模量（K）等各项指标进行检测并验收合格。

清除土基表层杂物，对松散部位重新洒水碾压，使其表面洁净、平整、密实、无杂物。

正式铺筑前喷洒一定量水，保持土基表面湿润；运输车辆匀速行驶，严禁急转弯、急刹车，防止土基层表面遭到破坏。

2）技术准备

施工设备全部就位、调试、运转正常，摊铺机配装天宝测量系统 ABG8820 安装就位、调试完毕。

施工放样：测量人员按道基宽度、组合摊铺宽度放置控制线；在作业面区域两侧设立全站仪基站，用于摊铺机高程、横坡施工控制。

规划运料车的往返路线，提前对道路进行平整、碾压。

3）试验段施工

在水泥稳定珊瑚砂下基层正式施工前需开展试验段施工，验证混合料配合比设计是否符合 7 天无侧限抗压强度要求，确定施工配合比；检验施工设备是否满足拌合、运输、摊铺、碾压的要求；检验施工组织、施工方法的可行性，确定施工设备最佳组合方式；确定松铺系数、碾压遍数。

试验段施工后，对其质量控制效果进行检查、测量，编写施工总结，为水泥稳定珊瑚砂大面积施工提供标准工艺与方法。

7.5.2.2　水稳珊瑚砂拌合

水稳珊瑚砂下基层可采用连续式 WCZ800 型水稳拌合站集中厂拌，拌合站额定生产能力为 800t/h，如图 7.15 所示。

图 7.15　WCZ800 型水稳拌合站

在正式拌合前，先调试场站设备，设专人进行检查监督，保证设备的安全、稳定、连续运转。保证拌料的合格性与施工连续性。试验人员需检测混合料级配、含水量、水泥用量等指标，满足设计配合比要求。

水泥稳定珊瑚砂混合料含水量对平整度、强度、压实度都有一定影响。如果含水量过大，碾压时会出现软弹现象，基层表面容易出现波浪；如果含水量过小，则不利于压实，难以形成板体且表面松散。所以在拌合混合料时，应注意含水量的控制，根据气温情况、拌合料运输距离等，合理调整含水量。一般控制集料的含水量高于最佳含水量 2%～3%，以补偿后续运输、摊铺及碾压过程中的水分损失，确保现场摊铺、碾压含水率接近最佳值。

水稳拌和站质量控制措施：

（1）试验人员负责进行混合料拌和前的原材料含水量检测，根据材料含水进行生产配合比的调整；

（2）混合料出料后进行混合料的水泥剂量检测，验证拌合站水泥秤的准确性；

（3）按照规定频次对混合料取样，做试件，养护 7 天后进行无侧限抗压强度检测，以验证生产配合比满足设计要求。

7.5.2.3　水稳珊瑚砂运输

施工前，安排专人对施工设备进行调试、对施工车辆进行检修，确保运转正常。为保持施工连续性，运输车辆一定要满足拌和与摊铺数量要求，并略有富裕。

车辆在装料前要清扫车厢，保证混合料不受污染。运料车按前、中、后分 3 次装料，以减少离析。自卸车均配有防雨毡布，遇到降雨立即对混合料进行覆盖保护，若遇高温天气覆盖以防止水分过多蒸发，如图 7.16 所示。

(a) 装料　　　　　　　　　　　　　(b) 覆盖毡布运输

图 7.16　水稳珊瑚砂运输

自卸车匀速行驶，速度控制在 30km/h 以内，以减少不均匀碾压或车辙。自卸车按照规划路线到达现场后由专人指挥，分列两边，前后相距 10m 左右。摊铺前须保证每台摊铺机前有 3 辆自卸车到达现场后再开始摊铺，保证供料能力、运输能力与摊铺速度相匹配，避免因停机待料影响水泥稳定珊瑚砂表面平整度。

利用 Trimble 系统记录自卸车装料、运输线路等信息，用以分析施工设备配置情况，同时每辆运输车都发放一张记录表，记录装料时间、到场时间及卸料时间。

7.5.2.4　水稳珊瑚砂摊铺

30cm 厚水泥稳定珊瑚砂下基层摊铺工艺采用两层连铺的方法进行，每层 15cm。根据道面设计宽度采用两台 ABG8820 摊铺机并联、梯队前进方式进行，摊铺机组装宽度均为 8m。两台摊铺机接缝搭接 20～30cm，前后相距 5～10m。摊铺、碾压机械编为 A、B 两组，每组摊铺机、单钢轮振动压路机、双钢轮压路机各一台，A 组负责下层摊铺、B 组主要负责上层摊铺。开始时，两台摊铺机并排摊铺下层，摊铺工艺如图 7.17 所示。

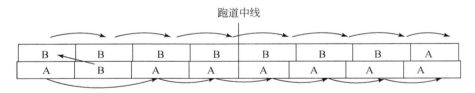

图 7.17　水稳珊瑚砂双层摊铺工艺示意图

摊铺全部采用数字化施工控制，确保高程、横坡稳定；摊铺速度在 1.8～2.5m/min，夯锤等级为 4 级。摊铺机加装 PCS900 系统（Paving Control System），1 套 PCS900 系统含两台高精度自动控制全站仪，其中 1 台引导摊铺机行进、1 台用于摊铺虚铺面的高程检查，并分别配置两台不同的棱镜。摊铺前，将下承层高程、虚铺厚度输入设备；摊铺时，通过棱镜-全站仪光学系统实时收集表面检查数据并反馈至摊铺机的控制系统，使摊铺机在行进过程中不断微调熨平板，达到实时修正高程的目的。

自卸车卸料时由专人指挥，缓慢倒车靠近摊铺机，距摊铺机 30cm 左右处停住，勿撞击摊铺机，挂空档卸料，半踏刹车，依摊铺机推动前行。当摊铺 1～2m 后，立即采用 Trimble 仪器对松铺厚度进行检测、调整，无误后继续摊铺。摊铺过程中两台摊铺机各配有 4 名劳工，对接缝、表面坑洞及洒料等现象及时处理。

在摊铺过程中测量人员按照 5m 一个断面用水准仪进行高程检测，确定虚铺厚度；经试验段施工确定摊铺的松铺系数为 1.18。摊铺速度控制在 1.8～2.5m/min，以保障摊铺机连续摊铺，水泥稳定珊瑚砂混合料摊铺过程见图 7.18。

图 7.18　水稳珊瑚砂摊铺

7.5.2.5　水稳珊瑚砂碾压

在高程检查无误、平整成型厚，混合料处于最佳含水量±1% 时，压路机开始从道肩边向跑道中线错轮碾压。碾压时重叠 1/3 轮宽，后轮超过两段的接缝处。碾压分为初压、复压和终压 3 个阶段，碾压参数见表 7.14，碾压过程如图 7.19 所示。

表 7.14　珊瑚砂碾压工艺表

碾压顺序	压路机种类	碾压方式	碾压遍数/遍	碾压速度/(km/h)
1	双钢轮	去静回振	1	1.5~2.0
2	单钢轮	弱振	1	2.0~2.5
3	单钢轮	强振	1	2.0~2.5
4	胶轮	静压	2	3.0~3.5
5	双钢轮	静压	1	2.5~3.0

图 7.19　水稳珊瑚砂碾压

通过对现场碾压工作面的观察及压实度检测，15cm 厚水泥稳定珊瑚砂经双钢轮压路机初步稳压后，采用 22t 单钢轮压路机振压 2 遍后压实度即可满足施工要求，为消除水泥稳定珊瑚砂表面细微裂纹，第二层增加胶轮压路机碾压 2 遍。

碾压段长度为 30~50m，碾压顺序延摊铺面横坡"由低向高"碾压，并且一律先边后中、先稳后振、先慢后快，轮迹重叠碾压。压路机行驶中应慢起步缓刹车，严禁压路机在已完成或正在碾压的路段上"调头"和急刹车，严禁压路机原地开振。为避免边部混合料向外推移、倾斜、塌边等，第 1 遍碾压时离边缘预留 30cm 先不压，待中部大面积碾压稳定后，再由压实面逐渐向外碾压，分多次将边部压实。压路机复压第 2 遍后，采用 3m 直尺随时检测平整度，高处人工铲平、低处采用细集料找平，双钢轮收面碾压完毕后，表面应平整、无轮迹或隆起。

碾压过程中，水泥稳定珊瑚砂基层的表面始终保持湿润，随时观察及时对表面补洒少量的水。试验检测人员应对混合料含水量、配合比、压实度，平整度、宽度、厚度、高程等各项技术指标进行现场检测，确保成型后的水泥稳定珊瑚砂各项指标符合要求。

双层连铺施工控制重点为：上层必须在下层水泥初凝之前碾压完毕。自下层开始施工至上层碾压完成所用时间基本在 2.5～3 小时，而添加缓凝剂后的水泥初凝时间在 3.5 小时，双层连铺施工可按 50m 长度进行施工。

压路机加装 CCS900 系统（Compaction Control System），虚铺完毕后，对摊铺面进行压实，实时展示并记录碾压遍数，利用 CMV 值指导施工，有效降低碾压作业不合格率，如图 7.20 和图 7.21 所示。

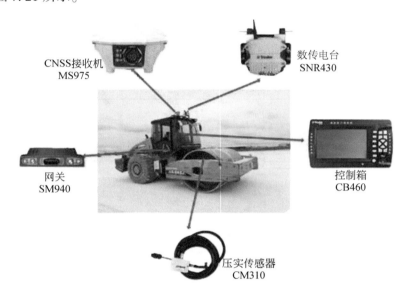

图 7.20　装有 CCS900 系统的压路机

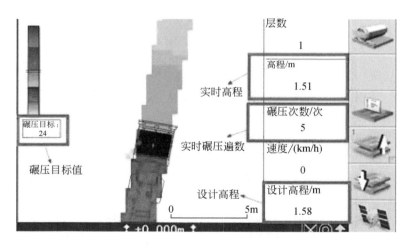

图 7.21　实时碾压遍数记录

使用 TBC 专业软件生成虚铺表面及压实面数据，对当天摊铺质量进行分析，便于及时调整、控制。

7.5.2.6 接缝处理

1）横缝处理

保证材料充足、备用机械足够，摊铺不中断，确保横缝仅设置在工作段结束后。处理时，摊铺机应驶离混合料末端，人工对端头部位进行修整整齐，先采用双钢轮横向振动碾压 2 遍，然后再纵向正常碾压，直至碾压结束；最后用 3m 直尺检测端部平整度，在平整度不符合要求处划出切割线，人工切除，废料运出现场。上下两层的端头需错缝，错缝间距为压路机轮宽以上。

2）纵缝处理

施工期间尽可能合理安排时间，在全断面范围内一次性摊铺完毕，不留纵缝。在需要设置时按以下要求控制：对纵缝进行碾压时，单钢轮压路机碾压至距离边部 30cm 位置，之后采用双钢轮压路机增加振动碾压遍数达到碾压密实，待双钢轮压路机全部收光完成后，采用 3m 直尺对边部平整度进行检测，对不合格区域进行标记，并做出一条直线，人工采用洋镐及铁锹切一条垂直缝，并清理干净。下次施工前，对纵缝侧面松散集料进行冲洗，然后人工均匀洒布水泥净浆，覆盖整个侧面。应尽量避免使用纵向接缝，必要时需垂直相接，禁止使用斜接。

7.5.2.7 水稳珊瑚砂养护

每一段水泥稳定珊瑚碾压完毕并经压实度检测合格后，应立即开始养生。首先在水泥稳定珊瑚砂基层表面上铺设塑料养护膜，再在薄膜之上覆盖土工布，薄膜与薄膜之间、土工布与土工布之间交相搭接 20cm 不留空隙。土工布边部及搭接处采用袋装珊瑚砂按照 5m 间距均匀压放，防止被风吹起。养生过程如图 7.22 所示，采用洒水车进行养生，每天洒水的次数应视天气状况而定。

(a) 覆盖土工膜、土工布   (b) 洒水养生

图 7.22 水稳珊瑚砂养生

水泥稳定珊瑚砂下基层的养生期不宜小于 7 天，期间始终保持表面湿润。养生期间，应封闭交通，禁止洒水车以外的其他车辆通行。洒水车行驶速度要控制在 30km/h 以内，避免破坏基层表面。并安排专人随时对覆盖情况进行检查，发现吹起、吹翻等情况及时进

行覆盖。

养护结束后,将覆盖物清除干净。

7.5.3　水泥稳定珊瑚砂碎石基层施工工艺

水泥稳定珊瑚砂碎石层材料及配合比同 7.4.3 节,因其设计厚度为 15cm、20cm,采用单层摊铺工艺,其他施工工艺参考水泥稳定珊瑚砂,施工过程中注意纵向、横向施工缝的留置,避免与水泥稳定珊瑚砂下基层上下贯通。

7.5.4　质量控制措施

7.5.4.1　混合料离析控制措施

(1) 混合料离析现象会导致下基层强度不均匀、表面不平整等问题,所以应在出料、装料、运输、卸料、摊铺时注意混合料离析控制。

(2) 出料时,控制出料斗与运输车间的高度,尽量减少放料时的高差;出料斗一次一放,严禁"细水长流"现象的出现。

(3) 装料时,分别向运输车的前、后、中部分 3 处堆装,发现有干湿不均、离析的混合料,立即废弃。

(4) 运输时,按规划路线匀速行驶,保持路况良好,避免颠簸振动。

(5) 卸料时,将运输车厢大角度、快速升起,使混合料整体下滑,以避免大骨料向外侧滚动和堆积造成离析;运输车卸料完成后摊铺机不宜将料斗收起,应始终保持料斗内存 1/3 的混合料,使新卸料和料斗内 1/3 混合料重新混合,在一定程度上减少混合料的离析。

(6) 每台摊铺机后设专人消除粗细集料离析现象,对粗集料窝或粗集料带及坑洼采用新混合料换填。

7.5.4.2　质量检验控制标准

水泥稳定珊瑚砂施工应按照《民用机场飞行区工程竣工验收质量检验评定标准》(MH 5007—2017) 进行质量控制,具体标准如表 7.15 所示。要求表面平整密实、无松散,施工缝平顺。

表 7.15　水泥稳定珊瑚砂基层质量检验标准表

序号	项次	检查项目	规定值或允许偏差	检查方法和频率
1	保证项目	强度/MPa	2.5	现场取样
2		压实度/%	≥97	灌砂法,每 2000m² 测 3 处

续表

序号	项次	检查项目		规定值或允许偏差	检查方法和频率
3	一般项目	平整度/mm		≤12	3m 直尺，连续 5 尺取最大值；每 2000m² 测 1 处
4		高程/mm		+5，−15	水准仪：10m×10m 方格网
5		宽度/mm		±1/1000	尺量：每 100m 测一处
6		厚度/mm	规定值	−10	钻芯取样：每 4000m² 测 6 处
			极值	−15	

7.6　马尔代夫维拉纳国际机场改扩建工程跑道基层工程应用

　　马尔代夫位于南亚，是世界上最大的珊瑚岛国，拥有大量珊瑚砂资源。近年来，岛礁上的经济得到迅速发展，岛礁上的路面铺筑成为岛礁开发中重大工程项目。在路面铺筑中需大量的砂石材料，而岛礁上往往缺乏这些砂石资源，且施工用淡水也非常匮乏。由于远洋海岛远离大陆，为了满足工程质量要求，不得不从大陆地区用船舶远距离运输砂石材料，这样导致原材料费用高昂，工期难以保证。如果能用珊瑚砂来代替普通砂石进行路面铺筑，将会取得重大的经济社会效益。

　　马尔代夫维拉纳机场新建跑道基层设计总厚度为 500mm，分为 300mm 水泥稳定珊瑚砂下基层和 200mm 水泥稳定碎石上基层。水泥稳定珊瑚砂在新建跑道、联络道、机坪及防吹坪、道肩、服务车道、巡场路下基层均予以大面积应用，掺加珊瑚砂的水泥稳定珊瑚砂碎石基层在 J 滑行道上基层中应用。通过现场取芯及试验室试块强度检测结果表明各层均能满足设计要求。检测结果统计如表 7.16 所示，检测过程如图 7.23 所示；水泥稳定珊瑚砂现场压实度、养护 7 天后无侧限抗压强度检测结果见表 7.17 所示，现场压实度检测如图 7.24 所示。

表 7.16　工程试验检测统计表

类型名称	试件/个	取芯/个	无侧限抗压强度	压实度/%
水泥稳定珊瑚砂	2775	218	最大值 3.1MPa，最小值 2.7MPa	均大于 97
水泥稳定珊瑚砂碎石	2	4	最大值 4.7MPa，最小值 4.2MPa	均大于 98

表 7.17　水泥稳定珊瑚砂检测结果

桩号	压实度/%	7 天无侧限抗压强度/MPa
P101/H100+10	98.5	2.9
P102/H100−15	99.0	3.1
P103/H100+25	98.8	2.8
P104/H100−25	98.3	2.9

(a) 现场取芯　　　　　　　　　　　　　　　　　(b) 芯样

图 7.23　水泥稳定珊瑚砂现场取芯

图 7.24　水泥稳定珊瑚砂压实度检测

　　通过现场压实度和 7 天无侧限抗压强度检测试验，发现水泥稳定珊瑚砂下基层压实度均不小于98%，芯样 7 天无侧限抗压强度基本满足设计 2.5MPa 要求。说明在该配合比下的水泥稳定珊瑚砂能满足正常施工需要。将施工过程中的水泥稳定珊瑚砂暴露在高温、高湿、强紫外线的自然环境中自然静置 28 天，观察其结构层表面，均未出现较大裂纹，其抗裂性较好。

7.7　本 章 小 结

通过试验研究验证了水泥稳定珊瑚砂砾混合料、水泥稳定珊瑚砂碎石满足机场跑道下基层、基层技术要求，并建立了一套适用岛礁机场跑道水泥稳定珊瑚砂砾和水泥稳定珊瑚砂碎石（下）基层配合比、施工工艺和关键技术指标。通过马尔代夫机场改扩建工程应用和检测，证明了水泥稳定珊瑚砂砾、砂碎石各项指标均达到设计要求。

参 考 文 献

陈国平,周益人,严士常. 2010. 不规则波作用下海堤越浪量试验研究. 水运工程, (3): 1-6.

程国勇,杨召焕. 2013. 机场柔性道面地基工作区深度研究. 公路交通科技, 30(10): 11-43.

董倩. 2013. 基于飞机滑行刚性道面位移场的跑道承载力研究. 天津: 中国民航大学硕士学位论文.

贺迎喜,董志良,王伟智,等. 2010. 沙特 RSGT 码头项目吹填珊瑚礁地基加固处理. 水运工程, 10(10): 101-104.

胡波. 2008. 三轴条件下钙质砂颗粒破碎力学性质与本构模型研究. 武汉: 中国科学院大学(中国科学院武汉岩土力学研究所)博士学位论文.

李玉成,刘大中,苏小军,等. 1997. 直墙上不规则波近破波的波浪力. 水动力学研究与进展(A 辑), (4): 456-469.

李玉成,刘大中,齐桂萍,等. 1999. 不规则波远破波对直墙的作用. 海洋学报, (2): 99-107.

李玉成,孙昭晨,董国海,等. 2002. 斜向不规则波与直墙相互作用的实验研究. 海洋工程, 20(1): 57-63.

刘崇权,汪稔. 1998. 钙质砂物理力学性质初探. 岩土力学, 19(1): 32-37.

刘崇权,汪稔. 1999. 钙质砂在三轴剪切中颗粒破碎评价及其能量公式. 工程地质学报, 7(4): 366-371.

刘汉文. 1996. 珊瑚礁砂作为回填地基材料的研究及利用. 西部探矿工程, 5(3): 1-3.

柳淑学,刘宁,李金宣,等. 2015. 波浪在珊瑚礁地形上破碎特性试验研究. 海洋工程, 33(2): 42-49.

吕布隆. 2015. 钙质珊瑚砂工程性质归纳分析. 施工技术, (S2): 146-148.

毛炎炎,雷学文,孟庆山,等. 2017. 考虑颗粒破碎的钙质砂压缩特性试验研究. 人民长江, 48(9): 75-78.

梅弢,高峰. 2013. 波浪在珊瑚礁坪上传播的水槽试验研究. 水道港口, 34(1): 13-18.

任冰,金钊,高睿,等. 2013. 波浪与斜坡堤护面块体相互作用的 SPH-DEM 数值模拟. 大连理工大学学报, 53(2): 241-248.

苏家驹. 2018. 水泥稳定珊瑚礁砂在工程上的应用. 科技创新与应用, (8): 154-155.

孙吉主,罗新文. 2006. 考虑剪胀性与状态相关的钙质砂双屈服面模型研究. 岩石力学与工程学报, 25(10): 2145-2149.

汪稔,吴文娟. 2019. 珊瑚礁岩土工程地质的探索与研究——从事珊瑚礁研究 30 年. 工程地质学报, 27(1): 202-207.

王登婷,左其华. 2003. 近岸区直墙波浪力的模拟. 海洋工程, (3): 40-49.

王红凯,尚涛,胡勇. 2018. 水泥稳定珊瑚砂路面底基层材料研究. 西藏科技, 3: 17-19.

王以贵. 1988. 珊瑚混凝土在港工中应用的可行性. 水运工程, 9: 46-48.

吴京平,褚瑶,楼志刚. 1997. 颗粒破碎对钙质砂变形及强度特性的影响. 岩土工程学报, 19(5): 51-57.

吴宋仁. 2000. 海岸动力学. 北京:人民交通出版社.

杨正已,贺辉华,潘少华. 1981. 波浪作用下抛石堤的稳定性及消浪特性. 水利水运科学研究, (3): 34-45.

姚宇,杜睿超,袁万成,等. 2015. 珊瑚岸礁破碎带附近波浪演化实验研究. 海洋学报, 37(12): 66-73.

俞聿修. 1985. 在规则波和不规则波作用下斜堤块体的稳定性试验研究. 大连工学院学报, (1): 81-86.

俞聿修, 魏德彬. 1992. 不规则波越浪量的试验研究. 海岸工程, 11(1): 1-12.

俞聿修, 柳淑学, 朱传华. 2002. 多向不规则波作用下斜坡式建筑物护面块体的稳定性. 海洋学报(中文版), (4): 92-104.

张家铭, 汪稔, 石祥锋, 等. 2005. 侧限条件下钙质砂压缩和破碎特性试验研究. 岩石力学与工程学报, 24(18): 3327-3331.

张家铭, 张凌, 蒋国盛, 等. 2008. 剪切作用下钙质砂颗粒破碎试验研究. 岩土力学, 29(10): 2789-2793.

张家铭, 蒋国盛, 汪稔. 2009. 颗粒破碎及剪胀对钙质砂抗剪强度影响研究. 岩土力学, 30(7): 2043-2048.

Ali M. 2000. Reef island geomorphology: formation development and prospectives of islands in Eta atoll, South Maalhosmadulu. PhD thesis, University of New South Wales.

Anderson R C. 1998. Submarine topography of Maldivian atolls suggests a sea level of 130 metres below present at the last glacial maximum. Coral Reefs, 17: 339-341.

Arumugam R A, Ramamurthy K. 1996. Study of compressive strength characteristics of coral aggregate concrete. Magazine of Concrete Research, 48(176): 141-148.

Battjes J A. 1982. Effects of short-crestedness on wave loads on long structures. Applied Ocean Research, 4(3): 165-172.

Blenkinsopp C E, Chaplin J R. 2008. The effect of relative crest submergence on wave breaking over submerged slopes. Coastal Engineering, 55(12): 967-974.

Daouadji A, Hicher P Y, Rahma A. 2001. An elastoplastic model for granular materials taking into account grain breakage. European Journal of Mechanics, 20(1): 113-137.

Gourlay M R. 1994. Wave transformation on a coral reef. Coastal Engineering, 23: 17-42.

Hardin B O. 1985. Crushing of soil particles. Journal of Geotechnical Engineering, 111(10): 1177-1192.

Hardy T A, Young I R, Nelson R C, et al. 1991. Wave attenuation on an offshore coral reef. 22nd International Conference on Coastal Engineering, 330-344.

Harris D L, Webster J M, De Carli E V, et al. 2011. Geomorphology and morphodynamics of a sand apron. One Tree Reef, Southern Great Barrier Reef, ICS2011 Proceedings Journal of Coastal Research, Special Issue, 64: 760-764.

Howdyshell P A. 1974. The use of coral as an aggregate for Portland cement concrete structures. Construction Engineering Research Lab (Army) Champaign IL.

Hudson R Y. 1959. Laboratory Investigation of Rubble-Mound Breakwaters. Proc Asce, 85: 93-122.

Jensen M S, Burcharth H F, Brorsen M. 2005. Wave energy dissipation of waves breaking on a reef with a steep front slope. The International Symposium on Ocean Wave Measurements and Analysis.

Kench P S, Parnell K, Brander R. 2003. A process based assessment of engineered structures on reef island of the Maldives. Coasts & Ports Australasian Conference 2003.

Kench P S, Mclean R F, Brander R W, et al. 2006. Geological effects of tsunami on mid-ocean atoll islands: the Maldives before and after the Sumatran tsunami. Geological Society of America, 34(3): 177-180.

Knappett J A, Craig R F. 2012. Craig's Soil Mechanics, 8th Edition. London: Spon Press.

Lara J L, Losada I J, Guanche R. 2008. Wave interaction with low-mound breakwaters using a RANS model. Ocean Engineering, 35(13): 1388-1400.

Mitchell J K, Soga K. 2005. Fundamentals of Soil Behavior, third Edition. Hoboken: John Wiley & Sons Inc.

Owen M W. 1980. Design of seawalls allowing for wave overtopping. Report EX924, HR Walling-ford, United Kingdom.

Shahnazari H, Rezvani R. 2013. Effective parameters for the particle breakage of calcareous sands: an experimental study. Engineering Geology, 159(9): 98-105.

Shin S, Kim Y T, Lee J I. 2016. Physical and numerical modeling of irregular wave transformation over a fringing reef. Journal of Coastal Research, 75(2): 922-926.

Van der Meer J W. 1987. Stability of breakwater armour layers- design formulae. Coastal Engineering, 11(3): 219-239.

Van der Meer J W. 2002. Technical report wave run- up and wave overtopping at dikes. Technical Advisory Committee on Flood Defence, Delft.